普通高等职业院校计算机基础教育系列教材
计算机教育信息化教材

U0711407

计算机基础

主　编　王　红　张文华　胡恒基
副主编　岳秀明　尚现娟　张　鲁
参　编　张艳华　郭　恩　李雪玉
　　　　郑　娜　樊冬梅　孟　真

北京理工大学出版社
BEIJING INSTITUTE OF TECHNOLOGY PRESS

内 容 简 介

本书按照应用型技能人才培养的特点，从计算机应用的实际出发，综合分析了医、护、理、工、文、经等多种专业对计算机基础的教学要求，较全面地介绍了计算机基础知识、Windows 操作系统、Office 2016 和 WPS 办公软件、数据库系统、计算机网络与信息安全知识，同时融入计算思维、新一代信息技术等方面的知识，拓宽学生解决实际问题的思维。

本书可作为高等职业院校、高等专科院校及成人高校计算机相关专业的教材，也可供相关培训机构以及企业管理人员使用。

图书在版编目（CIP）数据

计算机基础 / 王红，张文华，胡恒基主编 . -- 北京：
北京理工大学出版社，2021.8
 ISBN 978-7-5763-0255-4

 Ⅰ. ①计… Ⅱ. ①王… ②张… ③胡… Ⅲ. ①电子计
算机 Ⅳ. ①TP3

 中国版本图书馆 CIP 数据核字（2021）第 173286 号

出版发行 / 北京理工大学出版社有限责任公司
社　　址 / 北京市海淀区中关村南大街 5 号
邮　　编 / 100081
电　　话 / (010) 68914775（总编室）
　　　　　　(010) 82562903（教材售后服务热线）
　　　　　　(010) 68944723（其他图书服务热线）
网　　址 / http：//www.bitpress.com.cn
经　　销 / 全国各地新华书店
印　　刷 / 涿州市新华印刷有限公司
开　　本 / 787 毫米×1092 毫米　1/16
印　　张 / 15.5
字　　数 / 360 千字
版　　次 / 2021 年 8 月第 1 版　2021 年 8 月第 1 次印刷
定　　价 / 43.00 元

责任编辑 / 陈莉华
文案编辑 / 陈莉华
责任校对 / 刘亚男
责任印制 / 施胜娟

前言
Preface

建设数字中国、智慧社会，是推动经济社会发展、促进国家治理体系和治理能力现代化的必然要求，我国经济社会数字化转型全面提速，信息技术的创新引领作用日益突出。

信息技术的普及一个共同特点就是面向应用，应用是计算机发展的原动力，也是计算机教育的生命力。同时人类社会正在加速迈入信息文明时代，在新的历史发展时期，区块链、大数据、云计算、人工智能等新技术日益成为推进国家治理体系和治理能力现代化必不可少的创新工具，掌握新技术的基本概念、运行机理、发展趋势和创新作用，成为大学生的基本素养之一，也是社会大众紧跟时代创新脉搏的公共课程之一。

本书编写根据教育部《关于进一步加强高等学校计算机基础教学的意见》和《高等学校非计算机专业计算机基础课程教学基本要求》，采用项目案例教学方式编写。全书共涵盖九章内容，分别是计算机基础知识、Windows 操作系统、字处理软件、电子表格软件、演示文稿软件、计算思维、数据库系统、计算机网络与信息安全、新一代信息技术。

本书的知识点结合普通高等教育专科升本科招生考试计算机（公共课）考试要求，每章配有思考与练习。案例素材融入了中国元素，潜移默化地培养学生家国情怀和社会责任感。本书含有配套的教学课件、教学素材等电子资源。

本书由山东协和学院计算机基础教材编写团队编写，王红、张文华和胡恒基担任主编，岳秀明、尚现娟和张鲁担任副主编，张艳华、郭恩、李雪玉、郑娜、樊冬梅和孟真参编。由于编者水平有限，加之时间仓促，书中难免存在不足之处，恳请广大读者给予批评指正。

编　者
2021 年 8 月

目录 Contents

第1章　计算机基础知识

【教学目标】

(1) 掌握数据、信息、信息技术、信息社会、计算机文化的基本概念。

(2) 掌握计算机的起源、特点，了解计算机的应用及发展趋势。

(3) 掌握计算机中信息的表示、存储与处理，进制及其相互转换，熟悉信息的编码。

(4) 掌握计算机系统的组成，包括硬件系统的组成、软件系统的组成。

(5) 了解微型计算机的分类、性能指标及常见硬件设备。

计算机也称为"电脑"，是一种具有计算功能、记忆功能和逻辑判断功能的机器设备，它是 20 世纪人类最重大的科学技术发明之一。目前计算机应用领域日益广泛，对人类社会的生产方式、生活方式和学习方式都产生了极其深远的影响。

1.1　信息与信息技术

1.1.1　信息与信息技术概述

1. 数据

数据是指存储在某种媒体上可以加以鉴别的符号资料。数据的概念包括两个方面：一方面，数据内容是反映或描述事物特性的；另一方面，数据是存储在某一媒体上的，它是描述、记录现实世界客体的本质、特征以及运动规律的基本量化单元。

从计算机角度看，数据就是用于描述客观事物的数值、字符等一切可以输入计算机中，并可由计算机加工处理的符号集合。所谓"符号"不仅指数字、字母、文字和其他特殊字符，而且还包括图形、图像、动画、声音及视频等多媒体数据。

2. 信息

信息论的创始人，美国数学家香农（Shannon）在 1948 年给信息的定义是：信息是能够用来消除不确定性的东西。控制论的创始人，美国数学家维纳（Weiner）认为：信息是我们适应外部世界、感知外部世界的过程中与外部世界进行交换的内容，即信息就是控制系统相互交换、相互作用的内容。系统科学认为，客观世界由物质、能量和信息三大要素组成，信息是物质系统中事物的存在方式或运动状态，以及对这种方式或状态的直接或间接表述。

总之，信息是一个复杂的综合体，其基本含义是：信息是客观存在的事实，是物质运动轨迹的真实反映。信息一般泛指包含于消息、情报、指令、数据、图像、信号等形式之中的知识和内容。在现实生活中，人们总是在自觉或不自觉地接收、传递、存储和利用着信息。

3. 信息技术

所谓信息技术，就是利用科学的原理、方法及先进的工具和手段，有效地开发和利用信息资源的技术体系。人类在认识环境、适应环境与改造环境的过程中，为了应付日趋复杂的环境变化，需要不断地增强自己的信息能力，即扩展信息器官的功能，主要包括感觉器官、神经系统、思维器官和效应器官的功能。由于人类的信息活动愈来愈走向更高级、更广泛、更复杂的地步，人类信息器官的天然功能已愈来愈难以适应需要。信息技术就是人类创立和发展起来的，用于不断扩展人类信息器官功能的一类技术的总称。确切地说，信息技术是指对信息的获取、传递、存储、处理、应用的技术。人们对信息技术的认识是逐步深入的。最初，人们认为信息技术就是计算机的硬件设备。后来，人们认为信息技术是计算机硬件加软件技术。再后来，人们认为计算机技术（包括硬件和软件技术）和通信技术的结合就是全部的信息技术。现在人们普遍认为信息技术是以现代计算机技术为核心的，融合智能技术、通信技术、感测技术和控制技术在一起的综合技术。

4. 信息社会

信息社会也称信息化社会，是脱离工业化社会以后，信息将起主要作用的社会。所谓信息社会，是以电子信息技术为基础，以信息资源为基本发展资源，以信息服务性产业为基本社会产业，以数字化和网络化为基本社会交往方式的新型社会。

进入 21 世纪，信息化对经济社会发展的影响愈加深刻。作为当代大学生，应正确认识全球信息化发展大趋势，主动应对，趋利避害，为加快发展信息产业、积极推进国民经济和社会信息化奉献自己的力量，为创新型国家和社会主义和谐社会建设做贡献。

1.1.2 计算机文化的内涵

1. 文化

文化的产生和发展与人类的形成和发展是同时进行的，有一个由低级向高级发展的进化过程。文化是人类在物质和精神两个方面创造力的一种表现，是人类对客观世界把握的一种能力，也是人类进步的一种标志。因此，文化具有信息传递和知识传授的能力，对人类社会的生产方式、工作方式、学习方式和生活方式都会产生广泛而深刻的影响。

2. 文化的属性

文化具有广泛性、传递性、教育性及深刻性四个方面的基本属性。

3. 计算机文化

所谓计算机文化是以计算机为核心，集网络文化、信息文化、多媒体文化为一体，对社会生活和人类行为产生广泛、深远影响的新型文化。

当代大学生是 21 世纪信息社会的建设者和栋梁，应该掌握"计算机文化"的相关知识，培养"计算思维"，具备利用计算机解决各类实际问题的能力，如文字处理、数据处理和分析能力、各类软件的使用能力、资料数据查询和获取能力、信息的归类和筛选能力等。

1.2　计算机的发展与应用

1.2.1　计算机的起源与发展

1. 计算机的起源

1946 年 2 月，第一台电子数字计算机 ENIAC（埃尼阿克）在美国宾夕法尼亚大学问世，ENIAC 用了 18 000 个电子管和 86 000 个其他电子元件，有两个教室那么大，耗电 30 kW，运算速度却只有每秒 5 000 次加法运算或 300 次各种运算，耗资 100 万美元以上。尽管 ENIAC 有许多不足之处，但它的诞生揭开了计算机时代的序幕，从此开创计算机发展的新时代。如图 1.1 所示为第一台电子管计算机（ENIAC）。

图 1.1　第一台电子管计算机（ENIAC）

2. 计算机的发展历程

按计算机所采用的电子器件来划分，计算机的发展到目前为止共经历了以下几个时代。

（1）第一代计算机（1946—1958 年）。

这段时期被称为"电子管计算机时代"，采用的电子元器件是电子管，内存储器采用水银延迟线，外存储器采用纸带、卡片、磁鼓、磁芯和磁带等，运算速度仅为每秒几千次，程序设计语言采用机器语言和汇编语言，第一代计算机主要用于科学研究和军事计算。

（2）第二代计算机（1958—1964 年）。

由于采用了比电子管更先进的晶体管，所以将这段时期称为"晶体管计算机时代"，内存储器采用磁性材料制成的磁芯，外存储器有磁盘、磁带等，晶体管比电子管小得多，消耗能量较少，处理更迅速、更可靠。运算速度提高到每秒几十万次，出现了 ALGOL、FORTRAN 和 COBOL 等高级程序设计语言，第二代计算机的应用扩展到了数据处理、工业过程控制等领域。

（3）第三代计算机（1964—1971 年）。

中小规模集成电路被应用到计算机中来，因此这段时期被称为"中小规模集成电路计算机时代"，集成电路（Integrated Circuit，简称 IC）是做在晶片上的一个完整的电子电路，这个晶片比手指甲还小，却包含了几千个晶体管元件，内存储器采用了半导体存储器芯片。第三代计算机的特点是体积更小、价格更低、可靠性更高、计算速度达每秒几十万次到几百万次。高级程序设计语言在这一时期得到了很多发展，出现了操作系统和会话式语言 BASIC。计算机的应用延伸至各个领域。

（4）第四代计算机（1971 至今）。

这段时期被称为"大规模集成电路计算机时代"，使用的元件是大规模集成电路（LargeScale Integrated Circuit，简称 LSI）和超大规模集成电路（Very Large Scale Integrated Circuit，简称 VLSI），内存储器采用半导体存储器，外存储器有磁盘、磁带、光盘、闪存等大容量存储器，运算速度达到了每秒上亿次，甚至上千万亿次的数量级，操作系统不断完善；计算机开始深入人类生活的各个方面。

（5）新一代计算机。

新一代计算机是将信息采集、存储、处理、通信同人工智能结合在一起的智能计算机系统。它能进行数值计算或处理一般的信息，主要面向知识处理，具有形式化推理、联想、学习和解释的能力，能够帮助人们进行判断、决策、开拓未知领域和获得新的知识，其研究领域大体包括人工智能、系统结构、软件工程和支援设备，以及对社会的影响等。

新一代计算机的发展，必将与人工智能、知识工程和专家系统等的研究紧密相连，并为其发展提供新基础。目前的电子计算机的基本工作原理是先将程序存入存储器中，然后按照程序逐次进行运算。这种计算机是由美国物理学家冯·诺伊曼首先提出理论和设计思想的，因此又称诺伊曼机器。新一代的计算机系统结构将突破传统的诺伊曼机器的概念，这方面的研究课题应包括逻辑程序设计机、函数机、相关代数机、抽象数据型支援机、数据流机、关系数据库机、分布式数据库系统、分布式信息通信网络等。

3. 我国计算机的发展历程

1956 年 8 月 25 日我国第一个计算技术研究机构——中国科学院计算技术研究所筹备委员会成立，著名数学家华罗庚任主任。这就是我国计算技术研究机构的摇篮。1958 年 8 月 1 日我国第一台数字电子计算机——103 机诞生。进入 20 世纪 70 年代，我国对于超级计算机的需求日益激增，中长期天气预报、模拟风洞试验、三维地震数据处理，以至于新武器的开发和航天事业都对计算能力提出了新的要求。为此开始了对超级计算机的研发，并于 1983 年 12 月 4 日研制成功银河一号超级计算机，使中国成为继美国、日本之后第三个能独立设计和研制超级计算机的国家。

国际超算大会公布的全球超算 TOP500 的名单中，天河二号从 2010 年开始蝉联冠军，连续六连冠，2016 年 6 月 20 日神威·太湖之光取代天河二号登上榜首。2019 年的 TOP500 名单中，从超算总数来看，中国以 219 台上榜数继续位列第一位，美国以 116 台排第二位，神威·太湖之光超级计算机位居榜单第三位，天河二号超级计算机位居第四位。神威·太湖之光如图 1.2（a）所示，天河二号如图 1.2（b）所示。

（a）　　　　　　　　　　　　　　　　　（b）

图 1.2　超级计算机

（a）神威·太湖之光；（b）天河二号

1.2.2　计算机的特点及分类

1. 计算机的特点

（1）运算速度快。

计算机的运算部件采用的是电子器件，其运算速度远非其他计算工具所能比拟，而且运算速度还以每隔几个月提高一个数量级的速度在快速发展。

（2）计算精度高。

计算机的计算精度取决于计算机的字长，而非取决于它所用的电子器件的精确程度。计算机的计算精度在理论上不受限制，一般的计算机均能达到 15 位有效数字，经过技术处理可以满足任何精度要求。

（3）存储容量大。

计算机的存储性是计算机区别于其他计算工具的重要特征。计算机的存储器可以把原始数据、中间结果、运算指令等存储起来，以备随时调用。存储器不但能够存储大量的信息，而且能够快速准确地存入或取出这些信息。

（4）具有逻辑判断能力。

思维能力本质上是一种逻辑判断能力，也可以说是因果关系分析能力。借助于逻辑运算，可以让计算机做出逻辑判断，分析命题是否成立，并可根据命题成立与否采取相应的对策。

（5）工作自动化。

计算机内部的操作运算是根据人们预先编制的程序自动控制执行的。只要把包含一连串指令的处理程序输入计算机，计算机便会依次取出指令，逐条执行，完成各种规定的操作，直到得出结果为止。

（6）通用性强。

通用性是计算机能够应用于各种领域的基础。任何复杂的任务都可以分解为大量的基本的算术运算的逻辑操作，计算机程序员可以把这些基本的运算和操作按照一定算法写成一系列操作指令，加上运算的数据，形成适当的程序就可以完成各种各样的任务。

2. 计算机的分类

计算机的分类方法较多，常见的分类如表 1.1 所示。

表 1.1　计算机的分类

分类的依据	类型
处理的对象	数字计算机、模拟计算机、混合计算机
计算机的用途	专用计算机、通用计算机
计算机的性能	超级计算机、大型计算机、小型计算机、微型计算机、工作站、服务器

1.2.3　计算机的应用及发展趋势

1. 计算机的应用领域

计算机的应用领域已渗透到社会的各行各业，正在改变着传统的工作、学习和生活方式，推动着社会的发展。计算机的主要应用领域如下：

（1）科学计算（或数值计算）。

科学计算是指利用计算机来完成科学研究和工程技术中提出的数学问题的计算。利用计算机的高速计算、大存储容量和连续运算的能力，解决人工无法解决的各种科学计算问题。

（2）数据处理（或信息处理）。

数据处理是指对各种数据进行收集、存储、整理、分类、统计、加工、利用、传播等一系列活动的统称。据统计，80%以上的计算机主要用于数据处理，这类工作量大，涉及面宽，决定了计算机应用的主导方向。

（3）辅助技术（或计算机辅助设计与制造）。

计算机辅助设计（Computer Aided Design，简称 CAD），是指利用计算机系统辅助设计人员进行工程或产品设计，以实现最佳设计效果的一种技术。

计算机辅助制造（Computer Aided Manufacturing，简称 CAM），是指利用计算机系统进行生产设备的管理、控制和操作的过程。

计算机辅助教学（Computer Aided Instruction，简称 CAI），是指利用计算机系统使用课件来进行教学。CAI 的主要特色是交互教育、个别指导和因人施教。

计算机辅助测试（Computer-aided test），是指利用计算机协助进行测试的一种方法。计算机辅助测试可以用在不同的领域，在教学领域，可以使用计算机对学生的学习效果进行测试和学习能力估量，一般分为脱机测试和联机测试两种方法；在软件测试领域，可以使用计算机来进行软件的测试，提高测试效率。

（4）过程控制。

过程控制又称实时控制，是利用计算机及时采集检测数据，按最优值迅速地对控制对象进行自动调节或自动控制。采用计算机进行过程控制，不仅可以大大提高控制的自动化水平，而且可以提高控制的及时性和准确性，从而改善劳动条件、提高产品质量及合格率。

（5）人工智能。

人工智能（Artificial Intelligence，简称 AI）是计算机模拟人类的智能活动，诸如感知、判断、理解、学习、问题求解和图像识别等。现在人工智能的研究已取得不少成果，有些已开始走向实用阶段。

（6）网络应用。

随着计算机网络的飞速发展，网络应用已成为计算机技术最重要的应用领域之一。电子邮件、WWW 服务、资料检索、IP 电话、电子商务、电子政务、BBS、远程教育等，不一而足。计算机网络已经并将继续改变人类的生产和生活方式。

（7）多媒体应用。

目前，在观光旅游、文化教育、技术培训、电子图书及家庭应用等方面，已经出现了不少深受人们欢迎和喜爱的、以多媒体技术为核心的电子出版物，它们以音频、视频、图片、动画等易接受的媒体素材将内容生动、形象地展现给读者。

2. 计算机的发展趋势

（1）巨型化。

指研制速度更快、存储容量更大和功能更强的超大型计算机。主要用于大型工程计算、科学计算、数值仿真、大范围天气预报、地质勘探、核反应处理等尖端科学技术研究和军事领域。

（2）微型化。

指利用微电子技术和超大规模集成电路技术，把计算机的体积进一步缩小，价格进一步降低。

（3）网格化。

网格（Grid）技术可以更好地管理网上的资源，它把整个互联网虚拟成一台空前强大的一体化信息系统，犹如一台巨型机，在这个动态变化的网络环境中，实现计算资源、存储资源、数据资源、信息资源、知识资源、专家资源的全面共享，从而让用户从中享受可灵活控制的、智能的、协作式的信息服务，并获得前所未有的使用方便性和超强能力。

（4）智能化。

计算机智能化是指使计算机具有模拟人的感觉和思维过程的能力。智能化的研究包括模拟识别、物形分析、自然语言的生成和理解、博弈、定理自动证明、自动程序设计、专家系统、学习系统和智能机器人等。

1.3　计算机中信息的表示

1.3.1　计算机进制

所谓进位计数制，是指用进位的方法进行计数的数制，简称进制。常见的名词术语如下。

数码：一组用来表示某种数制的符号。例如：1、2、3、A、B、C 等。

基数：数制所使用的数码个数称为"基数"或"基"，常用"R"表示，称为 R 进制。

位权：是指一个数码在某个固定位置上所代表的值，处在不同位置上的数码所代表的值不同，每个数码的位置决定了它的值或者位权。位权与基数的关系是：各进位制中位权的值是基数的若干次幂。

1. 常用的进位计数制

常用的进制有十进制（Decimal System）、二进制（Binary System）、八进制（Octal System）、十六进制（Hexadecimal System），如表 1.2 所示。其中，二进制和十六进制都是计算机中常用的数制。

表 1.2　常用进制

进制	数码	基数	位权	表示方法
十进制	0、1、2、3、4、5、6、7、8、9	10	以 10 为底的幂	$(65)_{10}$ 或 65D（可省略下标 10 或字母 D）
二进制	0、1	2	以 2 为底的幂	$(100)_2$ 或 100B
八进制	0、1、2、3、4、5、6、7	8	以 8 为底的幂	$(15)_8$ 或 15O
十六进制	0、1、2、3、4、5、6、7、8、9、A、B、C、D、E、F	16	以 16 为底的幂	$(C65)_{16}$ 或 C65H

2. 数制的转换

（1）二进制数、八进制数、十六进制数转化为十进制数。

对于任何一个二进制数、八进制数、十六进制数，均可以先写出它的位权展开式，然后再按十进制进行计算即可将其转换为十进制数。

（2）十进制数转换为二进制数、八进制数、十六进制数。

十进制数转换成 R 进制数，须将整数部分和小数部分分别进行转换。

1）整数部分转换：除 R 取余法，第一步用 R 去除给出的十进制数的整数部分，取其余数作为转换后的 R 进制数据的整数部分最低位数字；第二步再用 R 去除所得的商，取其余数作为转换后的 R 进制数据的高一位数字；第三步重复执行第二步操作，一直到商为 0 为止。

2）小数部分转换：乘 R 取整法，第一步用 R 去乘给出的十进制数的小数部分，取乘积的整数部分作为转换后 R 进制小数点后第一位数字；第二步再用 R 去乘上一步乘积的小数部分，然后取新乘积的整数部分作为转换后 R 进制小数的低一位数字；重复第二步操作，一直到乘积为 0，或已得到要求精度数位为止。

（3）二进制数与八进制数的相互转换。

因为 $8 = 2^3$，所以每一个八进制数都可用 3 位二进制数表示。二进制数转换成八进制数的方法是：将二进制数从小数点开始，对二进制整数部分向左每 3 位分成一组，不足 3 位的向高位补 0；对二进制小数部分向右每 3 位分成一组，不足 3 位的向低位补 0 凑成 3 位。每一组有 3 位二进制数，分别转换成八进制数码中的一个数字，全部连接起来即可。

（4）二进制数与十六进制数的相互转换。

因为 $16 = 2^4$，所以每一个十六进制数都可用 4 位二进制数表示。具体转换方式与二进制数与八进制数的相互转换类似。

具体应用实例扫描右侧二维码。

进制的转换

3. 二进制的运算规则

（1）算术运算规则。

加法规则：$0 + 0 = 0$；$0 + 1 = 1$；$1 + 0 = 1$；$1 + 1 = 10$（向高位进位）

减法规则：$0 - 0 = 0$；$10 - 1 = 1$（向高位借位）；$1 - 0 = 1$；$1 - 1 = 0$

乘法规则：$0 \times 0 = 0$；$0 \times 1 = 0$；$1 \times 0 = 0$；$1 \times 1 = 1$

除法规则：$0 / 1 = 0$；$1 / 1 = 1$

（2）逻辑运算规则。

逻辑与运算（AND）：$0 \wedge 0 = 0$；$0 \wedge 1 = 0$；$1 \wedge 0 = 0$；$1 \wedge 1 = 1$

逻辑或运算（OR）：$0 \vee 0 = 0$；$0 \vee 1 = 1$；$1 \vee 0 = 1$；$1 \vee 1 = 1$

逻辑异或运算（XOR）：$0 \oplus 0 = 0$；$0 \oplus 1 = 1$；$1 \oplus 0 = 1$；$1 \oplus 1 = 0$

逻辑非运算（NOT）：$\overline{1} = 0$；$\overline{0} = 1$

1.3.2　信息的编码

1. 计算机中数据的单位

（1）位（bit）。

位简记为 b，也称为比特，是计算机存储数据的最小单位。

（2）字节（Byte）。

字节简记为 B。规定 8 bit＝1 B。字节是存储信息的基本单位。微型计算机存储器是由一个个存储单元构成的，每个存储单元的大小就是一个字节，所以存储容量大小也以字节数来度量。常用到的其他度量单位有 KB、MB、GB、TB、PB、EB、ZB、YB，其换算关系为：

$1 KB＝2^{10} B$，$1 MB＝2^{10} KB＝2^{20} B$，$1 GB＝2^{10} MB＝2^{30} B$，$1 TB＝2^{10} GB＝2^{40} B$，

$1 PB＝2^{10} TB＝2^{50} B$，$1 EB＝2^{10} PB＝2^{60} B$，$1 ZB＝2^{10} EB＝2^{70} B$，$1 YB＝2^{10} ZB＝2^{80} B$

2. 数值的表示

在计算机中，所有数据都以二进制的形式表示。数的正负号也用"0"和"1"表示。通常规定一个数的最高位作为符号位，"0"表示正，"1"表示负。把在机器内存放的正负号数码化后的数称为机器数；机器数可以用不同的码制来表示，常用的有原码、反码、补码表示法，其中正数的原码、反码、补码是它本身，而负数的原码、反码和补码如下描述：

（1）负数原码：负数的原码是它本身。

（2）负数反码：最高符号位不变，其他位按位取反。

（3）负数补码：负数反码的基础上末位加 1。

3. 西文字符的编码

微型计算机中常用的字符（西文字符）编码是 ASCII 码，它是 American Standard Code for Information Interchange（美国标准信息交换代码）的缩写，已被国际标准化组织 ISO 采纳，作为国际通用的信息交换标准代码。ASCII 码是一种西文机内码，有 7 位 ASCII 码（标准 ASCII 码）和 8 位 ASCII 码（扩展 ASCII 码）两种。7 位标准 ASCII 码用一个字节（8 位）表示一个字符，并规定其最高位为 0，实际只用到 7 位，因此可表示 128 个不同字符，其中控制字符 34 个、阿拉伯数字 10 个、大小写英文字母 52 个、各种标点符号和运算符号 32 个。比较字符的大小其实就是比较字符 ASCII 码值的大小。一般来说，ASCII 码值的大小规律为：可见控制符号<数字<大写字母<小写字母。

4. 汉字信息编码

（1）汉字信息交换码（国标码）。

1980 年，我国颁布了第一个汉字编码字符集标准，即 GB 2312—1980《信息交换用汉字编码字符集基本集》，该标准编码简称国标码，是我国大陆地区及新加坡等海外华语区通用的汉字交换码，奠定了中文信息处理的基础。

（2）汉字输入码。

将汉字通过键盘输入计算机采用的代码称为汉字输入码，也称为汉字外部码（外码）。汉字输入码的编码原则应该易于接受、学习、记忆和掌握，码长尽可能短。根据编码规则，汉字输入码可分为：

1）音码：以汉语拼音字母和数字为汉字编码，例如搜狗拼音输入法。

2）音形码：以拼音为主，辅以字形字义进行编码，例如自然码输入法。

3）形码：根据汉字的字形结构对汉字进行编码，例如五笔字型输入法。

4）数字码：直接用固定位数的数字给汉字编码，例如区位输入法。

（3）汉字机内码。

汉字机内码是在计算机内部对汉字进行处理、存储和传输而编制的汉字编码，应能满足

存储、处理和传输的要求，不论用何种输入码，输入的汉字在机器内部都要转换成统一的汉字机内码，然后才能在机器内传输、处理。

（4）汉字地址码。

汉字地址码是指汉字库（这里主要指整字形的点阵式字模库）中存储汉字字形信息的逻辑地址码。汉字库中，字形信息都是按一定顺序（大多数按标准汉字交换码中汉字的排列顺序）连续存放在存储介质上，所以，汉字地址码也大多是连续有序的，而且与汉字内码间有着简单的对应关系，以简化汉字内码到汉字地址码的转换。

（5）汉字字形码。

汉字字形码是用来将汉字显示到屏幕上或打印到纸上所需的图形数据。汉字字形码记录汉字的外形，是汉字的输出形式。记录汉字字形通常有两种方法：点阵法和矢量法，分别对应两种字形编码：点阵码和矢量码。所有的不同字体、字号的汉字字形构成汉字库。

1.4　计算机系统

一个完整的计算机系统由硬件系统和软件系统两大部分组成，并按照"存储程序"的方式工作。

1.4.1　计算机工作过程

计算机能够自动完成运算或处理过程的基础是"存储程序"。"存储程序"工作原理是美籍匈牙利科学家冯·诺依曼提出来的，故称为冯·诺依曼原理。其基本思想是存储程序与程序控制。

（1）存储程序控制：把某个工作任务的执行步骤编成程序，存储在计算机中，再启动计算机自动执行，也称为"程序存储"。

（2）采用二进制：在计算机内部，程序和数据等所有信息均采用二进制代码表示。

（3）计算机的基本结构：为实现"存储程序控制"，计算机的体系结构应包括控制器、运算器、存储器、输入设备和输出设备五大基本功能部分。

存储程序是指人们必须实现把计算机的执行步骤序列及运行中所需的数据，通过一定方式输入并存储在计算机的存储器中；程序控制是指计算机运行时能自动地逐一取出程序中的一条指令，加以分析并执行规定的操作。

1.4.2　计算机硬件系统

1. 输入设备

输入设备的主要功能是，把原始数据和处理这些数据的程序转换为计算机能够识别的二进制代码，通过输入接口输入计算机的存储器中，供 CPU 调用和处理。常用的输入设备有键盘、鼠标、触摸屏、手写笔、麦克风、数码相机等。

2. 运算器

运算器由算术逻辑单元（ALU）、累加器、状态寄存器、通用寄存器等组成，是计算机的中心部件。计算机运行时，运算器的操作和操作种类由控制器决定。运算器处理的数据来自存储器；处理后的结果数据通常送回存储器，或暂时寄存在运算器中。

3. 控制器

它主要由程序计数器、指令寄存器、指令译码器、时序产生器和操作控制器组成，完成协调和指挥整个计算机系统的操作。具体地说，要完成一次运算，首先要从存储器中取出一条指令，这称为取指过程。接着，它对这条指令进行分析，指出这条指令要完成何种操作，并按寻址特征指明操作数的地址，这称为分析过程。最后，根据操作数所在地址取出操作数，让运算器完成某种操作，这称为执行过程。以上就是通常所说的完成一条指令操作的取指、分析、执行三个阶段。

运算器（ALU）和控制器（CU）两大部件构成了计算机的中央处理器（CPU）。中央处理器是计算机的心脏，是运算器、控制器、高速缓存集成在一起的超大规模集成电路芯片。CPU品质的高低直接决定了计算机系统的档次。能够处理的数据位数是CPU的一个最重要的品质标志。人们通常所说的32位机和64位机即指CPU可同时处理32位和64位的二进制数据。CPU的主要性能指标有：主频、字长、缓存、核心数量、内核电压等。

4. 存储器

存储器是计算机中用于存放程序和数据的部件，并能在计算机运行过程中高速、自动地完成程序或数据的存放。存储器分为内存储器和外存储器两大类，简称为内存和外存。

（1）内存。

内存是CPU可直接访问的存储器，是计算机中的工作存储器，当前正在运行的程序与数据都必须存放在内存中。内存分为ROM、RAM和Cache。

1）只读存储器（ROM）。

ROM中的数据或程序一般是在将ROM装入计算机前事先写好的。一般情况下，计算机工作过程中只能从ROM中读出事先存储的数据，而不能改写。ROM常用于存放固定的程序和数据，且断电后仍长期保存。ROM的容量较小，一般存放系统的基本输入输出系统等。

2）随机存储器（RAM）。

随机存储器的容量与ROM相比要大得多，目前微机一般配置8 GB左右。CPU从RAM中既可读出信息也可写入信息，但断电后所存的信息就会丢失。

3）高速缓存（Cache）。

随着CPU主频的不断提高，CPU对RAM的存储速度加快了，而RAM的响应速度相对较慢，造成了CPU等待。为协调二者之间的速度差，在内存和CPU之间设置一个与CPU速度接近，高速的、容量相对较小的存储器，把正在执行的指令地址附近的一部分指令或数据从内存调入这个存储器，供CPU在一段时间内使用。这个高速小容量存储器称作高速缓冲存储器，一般简称为缓存。

（2）外存。

外存是主机的组成部件，存储速度较内存慢得多，用来存储大量的暂时不参加运算或处理的数据和程序，一旦需要，可成批地与内存交换信息。外存是内存的补充，但是CPU不可以直接访问外存数据。外存的特点是存储容量大、可靠性高、价格低，断电后可以永久地保存信息。常用的外存有硬盘、U盘、光盘等。

5. 输出设备

输出设备是指从计算机中输出信息的设备。它的功能是将计算机处理的数据、计算结果等内部信息转换成人们习惯接受的信息形式（如字符、图像、声音等），然后将其输出。最常用的输出设备是显示器、打印机、音响、绘图仪、投影仪等。

1.4.3 计算机软件系统

1. 计算机软件

软件是指使计算机运行所需的程序、数据和有关文档的总和。计算机是按照一定的指令工作的，通常一条指令对应一种基本操作，一条指令必须包括操作码和地址码（或称操作数）两部分。操作码指出该指令完成操作的类型，如加、减、乘、除、传送等。地址码指出参与操作的数据和操作结果存放的位置。计算机所能实现的全部指令的集合称为该计算机的指令系统。程序是按事先设计的功能和性能要求执行的指令序列；数据是程序的处理对象；文档则是与程序的开发、维护和使用相关的各种图文资料。

计算机软件通常分为系统软件和应用软件两大类。

（1）系统软件。

系统软件是管理、监控和维护计算机资源、开发应用软件的软件。系统软件居于计算机系统中最靠近硬件的一层，主要包括操作系统、语言处理程序、数据库管理系统和支撑服务软件等。

（2）应用软件。

为解决计算机各类应用问题而编写的软件称为应用软件。应用软件具有很强的实用性。随着计算机应用领域的不断拓展和计算机应用的广泛普及，各种各样的应用软件与日俱增。如 QQ、WPS、美图秀秀等。

2. 程序设计语言

程序设计语言经历了机器语言、汇编语言和高级语言三个阶段。

（1）机器语言。

在 1952 年以前，人们只能直接利用硬件提供的指令机器编写程序，用这种机器指令写出来的程序就是由 0 和 1 组成的指令序列，计算机能够直接执行。机器语言是计算机系统唯一能识别的、不需要翻译、直接供机器使用的程序设计语言。

（2）汇编语言。

汇编语言和机器语言基本上是一一对应的，但在表示方法上做了改进，用一种助记符来代替操作码，用符号来表示操作地址。用助记符和符号地址来表示指令，容易辨认，给程序的编写带来了很大的方便。

虽然汇编语言比机器语言有了很大的改进，但是仍属于面向机器的语言，它依赖于具体的机器，很难在系统间移植，所以，程序编写困难且可读性差。

机器语言和汇编语言都称为低级语言。

（3）高级语言。

为了更好、更方便地进行程序设计工作，必须屏蔽机器的细节，摆脱机器指令的束缚，使用接近人类思维逻辑系统，容易读、写和理解的程序设计语言。如 C、Java、Python 等。

1.5 微型计算机

1.5.1 微型计算机的分类

微型计算机简称微机，不同的分类方法得到的分类结果有所不同，如表 1.3 所示。

表 1.3 微型计算机的分类

分类的依据	类型
机器组成	单片机、单板机、个人计算机
机器字长	4 位微处理器、8 位微处理器、16 位微处理器、32 位微处理器

1.5.2 微机的主要性能指标

一台微型计算机功能的强弱或性能的好坏，是由它的系统结构、指令系统、硬件组成、软件配置等多方面的因素综合决定的。对于大多数普通用户来说，可以从以下几个指标来大体评价计算机的性能。

1. 主频

主频即 CPU 内核工作的时钟频率，是指 CPU 在单位时间（1 秒）内发出的脉冲数，它在很大程度上决定了计算机的运算速度，主频的单位是赫兹（Hz）。但 CPU 的主频与 CPU 实际的运算能力并没有直接关系。

2. 字长

计算机在同一时间内处理的一组二进制数称为一个计算机的"字"，而这组二进制数的位数就是"字长"。字长越大计算机处理数据的速度就越快。

3. 内核

随着社会对 CPU 处理效率的要求的提高，尤其是对多任务处理速度的要求的提高，Intel 和 AMD 分别推出了双核心处理器、四内核甚至更多内核的 CPU。所谓双核心处理器就是在一块 CPU 基板上集成两个处理器核心，通过并行总线将各处理器核心连接起来。多核心处理器的推出大大地提高了 CPU 的多任务处理性能。多核心处理器正成为市场的主流。

4. 存储容量

存储器可容纳的二进制信息量称为存储容量。衡量计算机的存储容量包括内存（RAM、Cache）容量和外存（主要指硬盘）容量。内存容量越大，能同时运行的程序就越多，处理能力就越强，运算速度也就越大。硬盘容量越大，表明作为后备数据仓库的容量越大，计算机的数据存储能力越强。

5. 存取周期

把信息代码存入存储器，称为"写"，把信息代码从存储器中取出，称为"读"。存储器进行一次"读"或"写"操作所需的时间称为存储器的访问时间（或读写时间），而连续启动两次独立的"读"或"写"操作（如连续的两次"读"操作）所需的最短时间，称为存取周期。

6. 运算速度

通常所说的计算机运算速度（平均运算速度），是指每秒钟所能执行的指令条数，一般用 MIPS（Million Instruction Per Second，百万条指令/秒）来描述。影响计算机运算速度的因素很多，一般来说，主频越高，运算速度越快；字长越长，运算速度越快；内存容量越大，运算速度越快；存取周期越短，运算速度越快。

除上述主要性能指标外，计算机的可靠性、可维护性、平均无故障时间和性能价格比等都是计算机的技术指标。计算机系统的总体性能是由各个部件的技术指标综合决定的。

1.5.3 常见微机的硬件设备

微型计算机是最普及的计算机，和一般计算机硬件系统一样，也包括五大组成部分。微型计算机的主体是主机箱，里面一般有电源、主板、CPU、内存、显卡、硬盘、声卡、光驱等；外部设备一般有显示器、键盘、鼠标、打印机、音箱等。

常见微机的硬件设备详细内容扫描右侧二维码。

常见微机的硬件
设备详细内容

1.6 思考与练习

1. 单项选择题

（1）关于数据的描述中，错误的是（   ）。

A. 数据可以是数字、文字、声音图像

B. 数据可以是数值型数据和非数值型数据

C. 数据是数值、概念或指令的一种表达形式

D. 数据就是指数值的大小

（2）第一代电子计算机采用的电子元器件是（   ）。

A. 晶体管　　　　　B. 电子管　　　　　C. 集成电路　　　　D. 大规模集成电路

（3）将十进制数 56 转换成二进制数是（   ）。

A. 111000　　　　　B. 000111　　　　　C. 101010　　　　　D. 100111

（4）汉字信息交换码（   ）是我国颁布的国家标准。

A. GB 2312—1980　B. UTF-8　　　　　C. 原码　　　　　　D. 补码

（5）下列不属于系统软件的是（   ）。

A. 数据库管理系统　　　　　　　　　B. 操作系统

C. 程序语言处理系统　　　　　　　　D. 电子表格处理软件

（6）下列关于计算机语言的描述中，错误的是（   ）。

A. 计算机可以直接执行的是机器语言程序

B. 汇编语言是一种依赖于计算机的低级语言

C. 高级语言可读性好、数据结构丰富

D. 与低级语言相比，高级语言程序的执行效率高

2. 多项选择题

(1) 计算机的特点主要有（　　　）。

A. 具有记忆和逻辑判断能力

B. 运算速度快，但精确度低

C. 可以进行科学计算，但不能处理数据

D. 存储容量大、通用性强

(2) 下列属于输入设备的是（　　　）。

A. 显示器　　　　　　B. 打印机　　　　　　C. 鼠标　　　　　　D. 扫描仪

(3) 相对于外部存储器，内存具有的特点是（　　　）。

A. 存取速度快　　　B. 容量相对大　　　C. 价格较贵　　　　D. 永久性存储

(4) 下列选项中，属于微机主要性能指标的有（　　　）。

A. 运算速度　　　　　　　　　　　　B. 内存容量

C. 能配备的设备数量　　　　　　　　D. 接口数

(5) 微型计算机中的总线包含地址总线、（　　　）。

A. 内部总线　　　　B. 数据总线　　　　C. 控制总线　　　　D. 系统总线

3. 填空题

(1) 二进制运算：$(110)_2 - (101)_2 =$ _____。

(2) 内存容量为 8 GB，其中 B 指_____。

(3) 计算机中英文字符的最常用的编码是_____码。

(4) _____表示 CPU 每次处理数据的能力，常见有 32 位 CPU、64 位 CPU。

(5) CPU 的时钟频率称为_____。

4. 判断题

(1) 事务处理、情报检索和知识系统等是计算机在科学计算领域的应用。　　　　　（　　　）

(2) RAM 的特点是断电后所存的信息会丢失。　　　　　（　　　）

(3) 从信息的输入输出角度来说，磁盘驱动器和磁带机既可以看作输入设备，又可以看作输出设备。　　　　　（　　　）

(4) 要提高计算机的运算速度，只要采用高速 CPU，而主存储器没有速度要求。

（　　　）

第 2 章　Windows 操作系统

【教学目标】

（1）掌握操作系统的概念、功能、特征及分类；了解常见的操作系统。

（2）掌握 Windows 基本知识、桌面及桌面操作、窗口的组成、对话框和控件的使用、剪贴板的基本操作。

（3）掌握文件及文件夹的基本概念及操作。

（4）掌握控制面板的常用操作；熟悉实用工具的使用；了解系统维护与性能优化。

在计算机中，操作系统（Operation System，简称 OS）是其最基本也是最重要的基础性系统软件。同时，操作系统也为用户提供一个与系统交互的操作界面。经过几十年来的发展，再加上用户需求的多样化，计算机操作系统已经成为复杂、庞大的计算机软件。

2.1　操作系统概述

2.1.1　操作系统的基本知识

操作系统是指管理和控制计算机硬件与软件资源，控制程序运行，为应用程序提供运行环境和改善人机界面的系统软件，能够直接运行在"裸机"上，任何其他的系统软件和应用软件都必须在操作系统的支持下才能运行。

1. 操作系统的功能

操作系统的宗旨是提高系统资源的利用率和方便用户。为此，它的首要任务就是管理系统中的各种资源，使程序有条不紊地运行。为方便用户，操作系统有如下功能。

（1）处理机管理。

计算机系统中处理机是最宝贵的系统资源，处理机管理的目的是要合理地安排时间，以保证多个作业能顺利完成并且尽量提高 CPU 的效率。操作系统对处理机管理策略不同，提供作业处理方式也就不同，例如，批处理方式、分时处理方式和实时处理方式。

（2）存储管理。

存储管理的主要工作是对内存储器进行合理分配、有效保护和扩充。

（3）设备管理。

当用户程序要使用外部设备时，设备管理控制（或调用）驱动程序使外部设备工作，并随时对该设备进行监控，处理外部设备的中断请求等。

（4）文件管理。

以上三种管理都是针对计算机的硬件资源的管理。文件管理则是对软件资源的管理。为了管理庞大的系统软件资源及用户提供的程序和数据，操作系统将它们组织成文件的形式，操作系统对软件的管理实际上是对文件系统的管理。

（5）作业管理。

作业管理是操作系统对用户提交的诸多作业进行管理，包括作业的组织、控制和调度等，从而尽可能高效地利用整个系统的资源。

2. 操作系统的特征

操作系统作为一种系统软件，区别于其他软件，有其自身的特征，具体如下所述。

（1）并发性。

并行性是指两个或多个事件在同一时刻发生，并发性（Concurrence）是指两个或多个事件在同一时间间隔内发生。

（2）共享性。

共享性（Sharing）是指系统中的资源（包括硬件资源和软件资源）可供内存中多个并发执行的进程（线程）共同使用。

（3）虚拟性。

虚拟性是通过某项技术把一个物理实体变为若干个逻辑上的对应物的技术。

（4）异步性。

异步性（Asynchronism）又称随机性。系统中的多个进程按各自独立的、不可预知的速度向前推进。内存中一个进程什么时候能获得处理器，执行多少时间都是不可知的。

3. 操作系统的分类

根据操作系统具备的功能、特征及提供的应用环境等方面的差别，其可以划分为不同的类型，基本类型有三种，分别为批处理操作系统、分时操作系统和实时操作系统。随着计算机系统的发展，又出现了一些新型的操作系统，主要有网络操作系统、分布式操作系统和嵌入式操作系统等。

（1）批处理操作系统（Batch Processing Operation System）。

批处理是指用户将一批作业提交给操作系统后就不再干预，由操作系统控制它们自动运行。这种采用批量处理作业技术的操作系统称为批处理操作系统。批处理操作系统分为单道批处理系统和多道批处理系统。批处理操作系统不具有交互性，它是为了提高 CPU 的利用率而提出的一种操作系统。

（2）分时操作系统（Time Sharing Operating System）。

使一台计算机同时为几个、几十个甚至几百个用户服务的一种操作系统。把计算机与许多终端用户连接起来，分时操作系统将系统处理机时间与内存空间按一定的时间间隔，轮流地切换给各终端用户的程序使用。由于时间间隔很短，每个用户的感觉就像他独占计算机一样。分时操作系统的特点是可有效增加资源的使用率。

（3）实时操作系统（Real Time Operating System）。

实时操作系统是指当外界事件或数据产生时，能够接受并以足够快的速度予以处理，其处理的结果又能在规定的时间之内来控制生产过程或对处理系统做出快速响应，并控制所有实时任务协调一致运行的操作系统。提供及时响应和高可靠性是其主要特点。

其他类型操作系统扫描右侧二维码。

其他类型操作
系统

2.1.2 常见的操作系统

下面介绍几种常见的操作系统。

1. Windows 操作系统

Windows 操作系统由美国微软（Microsoft）公司开发，大多数用于我们平时的台式电脑和笔记本电脑，其用户界面友好、操作简单。目前比较流行的是 Windows 10 操作系统。

2. UNIX 操作系统

UNIX 操作系统一般安装在服务器上，也可以作为单机操作系统使用，目前主要用于工程应用和科学计算等领域。

3. Linux 操作系统

Linux 操作系统是一个多用户、多任务的操作系统，是一种免费使用和自由传播的类 UNIX 操作系统，具有开放源码、没有版权、技术社区用户多等特点。

4. 苹果操作系统

苹果操作系统由美国苹果公司（Apple Inc.）开发。其中 macOS 是一套基于 UNIX 运行在 Macintosh 系列电脑上的操作系统，追求良好的用户体验；iOS 是基于 UNIX 开发的移动操作系统，最初是设计给 iPhone 使用的，后来陆续套用到 iPod touch、iPad 上。

5. 安卓（Android）操作系统

安卓由美国 Google 公司和开放手机联盟领导及开发，是一种基于 Linux 内核（不包含 GNU 组件）的自由及开放源代码的操作系统，主要使用于移动设备，如智能手机和平板电脑，目前也应用于其他领域上，如电视、游戏机、数码相机、智能手表等。

6. 鸿蒙操作系统

2012 年，华为开始规划自有操作系统"鸿蒙"。2019 年 8 月 9 日，华为正式发布鸿蒙操作系统。鸿蒙操作系统主要应用于手机，在物联网设备上也有所应用。"鸿蒙"是时代的产物，是中国解决诸多卡脖子问题的一个带动点，是拉开永久性改变操作系统全球格局的序幕。

2.2 Windows 基础

2.2.1 Windows 的发展

1983 年，微软公司正式宣布开始设计 Windows，其定位是一个为个人电脑用户设计的图形界面操作系统。于 1985 年，正式发布 Microsoft Windows 1.0 版本，此后在十年间发布 Windows 2.0、Windows 3.0、Windows NT 3.1 等版本，并于 1995 年正式发布 Windows 95，标志着 Windows 系统进入现代时代的开始。随后，Windows 98、Windows 2000、Windows XP、Windows Vista、Windows 7、Windows 8、Windows 10 等系统陆续推出，其中 Windows 10 在操作系统的易用性和安全性上有了极大的提升，除了针对云服务、智能移动设备、自然人机交互等新技术的融合之外，还对固态硬盘、生物识别、高分辨率屏幕等硬件进行优化和完善。

2.2.2 Windows 的相关知识

本书所有图示皆以 Windows 10 系统为例。

1. 桌面

桌面是打开计算机并登录到 Windows 之后看到的主屏幕区域，主要包括桌面背景、桌面图标和任务栏三部分。

（1）桌面背景。

应用于桌面的颜色或图片，处于桌面的最底层，主要用于修饰桌面，可以根据自己的喜好修改桌面背景。

（2）桌面图标。

桌面图标是代表文件、文件夹、程序和其他项目的小图片，双击桌面图标会启动或打开它所代表的项目。桌面图标有系统图标、普通图标和快捷图标三种类型，如图 2.1、图 2.2、图 2.3 所示。

图 2.1　系统图标　　　　　　图 2.2　普通图标　　　　　　图 2.3　快捷图标

1）系统图标：安装完操作系统后，桌面上的计算机、回收站、网络等就属于系统图标。

2）普通图标：存储在桌面上的文件或文件夹，出现的就是普通图标。

3）快捷图标：应用程序的快捷启动方式，图标的左下方带有箭头标志。

（3）任务栏。

任务栏是位于屏幕底部的水平长条。与桌面不同的是，桌面可以被打开的窗口覆盖，而任务栏几乎始终可见，它有三个主要部分：【开始】按钮、中间部分、通知区域，此外在 Windows 10 系统任务栏中新加入了语音助手 Cortana，中文名小娜，如图 2.4 所示。

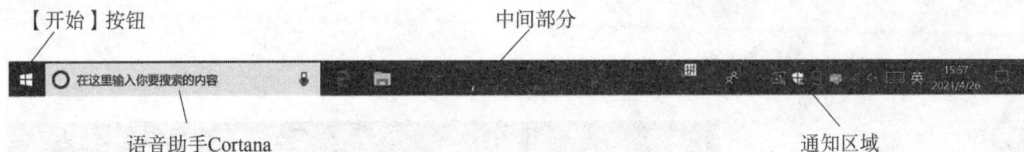

图 2.4　任务栏

1）【开始】按钮：用于打开【开始】菜单。

2）中间部分：显示已打开的程序和文件，并可以在它们之间进行快速切换。

3）通知区域：包括时钟以及一些告知特定程序和计算机设置状态的图标。

4）语音助手 Cortana：提供搜索文件、搜索程序、执行语音命令等功能。

2.【开始】菜单

【开始】菜单是计算机程序、文件夹和设置的主门户。使用【开始】菜单可执行这些常见的活动：启动程序，打开常用的文件夹，搜索文件、文件夹和程序，调整计算机设置，获取有关 Windows 操作系统的帮助信息，关闭计算机，注销 Windows 或切换到其他用户账户等。

2.2.3 应用案例：Windows 基本操作

1. 案例描述

更改桌面背景，将屏幕保护程序设置为"彩带"，等待时间为 10 min，将屏幕分辨率调整为 1 280×960，将任务栏中打开程序的显示方式设置为"当任务栏被占满时合并"，并在电脑桌面模式下隐藏任务栏。

2. 任务要点

（1）掌握桌面背景和图标设置。

（2）掌握任务栏和【开始】菜单及屏幕保护程序的设置。

3. 操作步骤

（1）桌面背景和屏幕保护程序设置。

右击桌面空白处，在弹出的快捷菜单中选择【个性化】命令，打开【个性化】窗口，如图 2.5 所示。

图 2.5 【个性化】窗口

步骤 1：单击【个性化】对话框右侧的【背景】，出现桌面背景窗口，如图 2.5 所示，单击【浏览】按钮，查找喜欢的壁纸，在【背景】下拉列表框中选择背景类型，在【选择契合度】下拉列表框中选择【填充】【拉伸】等选项更改背景契合度，单击右上方关闭按钮即可完成背景图片更改。

步骤 2：单击【个性化】对话框右侧的【锁屏界面】，滑动窗口至最下方，选择【屏幕保护程序设置】，弹出【屏幕保护程序设置】对话框，在【屏幕保护程序】下拉菜单中选择"彩带"，在【等待】后面的文本框中输入"10"，单击【确定】按钮。如图 2.6 所示。

（2）屏幕分辨率设置。

右击桌面空白处，在弹出的快捷菜单中选择【显示设置】，弹出【显示设置】窗口，在【分辨率】下拉列表框中选择"1 280×960"，完成屏幕分辨率设置。

（3）任务栏设置。

在任务栏的任意空白处右击，在弹出的快捷菜单中选择【任务栏设置】，弹出【任务栏】窗口，如图2.7所示。

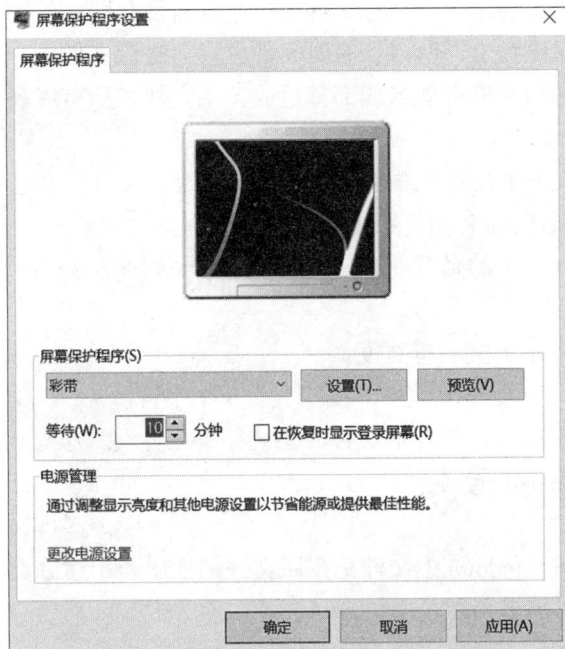

图 2.6　【屏幕保护程序设置】对话框　　　　图 2.7　【任务栏】窗口

步骤1：在【合并任务栏按钮】的下拉列表中选择"任务栏已满时"。

步骤2：在【在桌面模式下自动隐藏任务栏】的开关按钮中，单击打开，设置桌面模式任务栏隐藏。

2.3　文件与文件夹管理

2.3.1　文件与文件夹

1. 文件

文件是在逻辑上具有完整意义的信息集合，它用名字进行识别。不同的操作系统对文件名的命名规则不同，文件名长度也因系统而异。文件具有驻留性和长度可变性，是操作系统管理信息和能独立存取的最小单位。

2. 文件夹

操作系统采用目录树或称为树形文件系统的结构形式来组织系统中的所有文件。目录即文件夹，是用于存储程序、文档、快捷方式和其他子文件夹的容器。当用户打开一个文件夹时，将以窗口形式呈现在屏幕上。使用文件夹，可以访问大部分应用程序和文档，很容易实现对象的移动、复制和删除。文件夹还可以放置控制面板、回收站、打印机、软盘、硬盘、光盘等。文件夹和文件的命名规则相同，一般可根据图标来划分文件和文件夹。

2.3.2 文件管理

1. 文件的命名

每个文件必须有且只能有一个标记，称为文件全名，简称文件名，文件名是存取文件的依据，操作系统对文件以文件名的方式存储在磁盘上，所以，有时文件也称为磁盘文件。一个完整的文件名由盘符名、路径名、主文件名和文件扩展名四部分组成，主文件名和扩展名之间一般用分隔符"."分隔。

Windows 支持长文件名，包括驱动器名和文件夹名，最长可达 255 个字符。文件的命名提倡"见名知意"，Windows 操作系统对文件名的命名和使用规则是：

（1）文件名可以使用 26 个英文字母、0~9 的数字和一些特殊符号，如 ¥、#、&、@ 、%、（、）、⌒、-、{、}、! 等。

（2）文件名可以使用汉字，一个汉字占两个英文字符宽度。

（3）文件名中禁用 "?" " * " " " " / " " \ " " | " " < " " > " " : " 9 个字符。

（4）系统保留用户指定文件名的大、小写格式，但存取文件时系统并不区分大、小写。

（5）同一个文件夹中的文件名或文件夹名不能同名。

2. 文件的类型

文件扩展名可用来标识该文件的类型，在 Windows 中文件是按照文件的性质和用途分类的，常见的有约定的扩展名，如表 2.1 常用扩展名所示。

表 2.1　常用扩展名

文件类型	扩展名	文件类型	扩展名
文本文件	.txt、.doc、.docx	电子表格文件	.xls、.xlsx
图形文件	.bmp、.wmf、.jpg、.gif、.png	数据库	.mdb、.accdb
声音文件	.wav、.mp3、.mp4、.au、.mid	其他类型	.ppt、.pdf
网页文件	.htm、.html、.asp、.php	程序文件	.exe

3. 文件资源管理器

Windows 利用文件资源管理器对文件进行管理。

（1）打开文件资源管理器的方法。

方法一：在【开始】按钮上右键单击，在弹出的菜单中选择【文件资源管理器】命令。

方法二：通过 Win ▦+E 快捷键。

方法三：单击【开始】按钮，选择【Windows 系统】，然后选择【文件资源管理器】。

文件资源管理器用户区被分隔成左右两个窗格，左右窗格之间有分隔条，鼠标指向分隔条呈现双箭头时，可拖动鼠标改变左右两个窗格的大小。左边的窗格是"文件夹"窗格，它由快速访问、此电脑和网络三部分组成，每一部分下是以树形结构显示的各个文件夹的内容（不包括文件）。右边的窗格中则显示地址栏或左窗格中被打开的驱动器或文件夹中的内容。在左窗格或地址栏中选择另外一个驱动器、文件夹时，右窗格中会同步地显示相应驱动器、文件夹中的内容。

文件资源管理器的底部是状态栏，显示当前文件夹中文件的个数。

（2）资源管理器的基本操作。

1）改变文件显示的方式。

在【文件夹】窗格单击【查看】选项卡，单击【布局】栏中任一选项，可改变文件显示形式，如图 2.8 所示。

2）文件或文件夹属性的查看与设置。

文件/文件夹属性是它们在文件系统中具有的性质。要了解或设定文件或文件夹的有关属性，可右键单击文件或文件夹，从弹出的快捷菜单中选择【属性】命令，就可显示出选中对象的属性。文件的常规性质包括：文件名、文件类型、文件存放位置、文件大小、占用空间、创建时间、文件读写属性等。文件夹或文件读写属性有只读、隐藏两种属性。其中只读属性设定后可防止文件被修改或意外删除；一般情况下，隐藏文件将不出现在桌面，我们可以通过【查看】选项卡的【显示/隐藏】栏，将隐藏的文件显示出来，如图 2.8 所示。

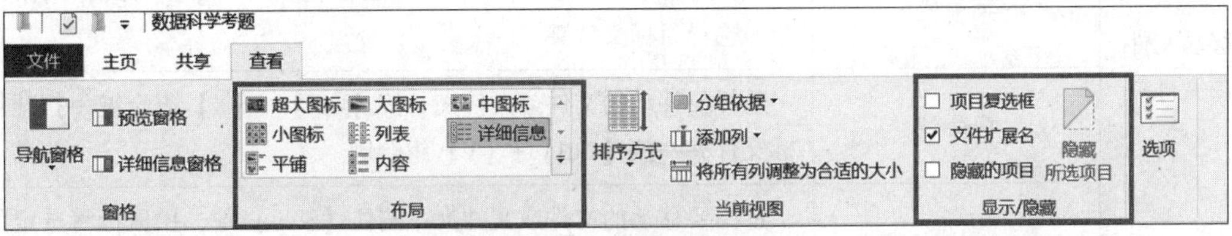

图 2.8　文件夹菜单窗格

4. 文件与文件夹常用操作

文件与文件夹常用的操作如表 2.2 所示。

表 2.2　文件（夹）操作方法

操作	使用方法	具体操作步骤
创建文件夹	菜单栏	选择【新建文件夹】菜单命令
	工具栏	单击【新建文件夹】按钮
	快捷菜单	在窗口空白处右键单击【新建】→【文件夹】命令
选定文件或文件夹	选定单个文件（夹）	单击要选定的对象
	选定多个连续的文件（夹）	单击第一个文件或文件夹→按住【Shift】键，再单击最后一个文件或文件夹→松开【Shift】键
	选定多个不连续的文件（夹）	按住【Ctrl】键，再依次单击要选定的文件或文件夹→选取结束后，松开【Ctrl】键
	选定所有文件（夹）	选择菜单栏【全部选择】命令，或按【Ctrl】+【A】组合键
	取消选定	在窗口空白处单击

续表

操作	使用方法	具体操作步骤
复制文件或文件夹	快捷菜单	选择要复制的文件或文件类→右击鼠标→选择【复制】命令→打开目标文件夹→单击窗口任意空白处→右击鼠标→选择【粘贴】命令
	菜单栏	选择要复制的文件或文件夹→单击菜单栏中【复制到】菜单命令→选择目标文件夹
	快捷键	选择要复制的文件或文件夹→按【Ctrl】+【C】组合键→打开目标文件夹→按【Ctrl】+【V】组合健
	鼠标	选择要复制的文件或文件夹→按住【Ctrl】键→用鼠标将选定的对象拖曳到目标文件夹。如果是在不同的盘符间进行复制，则不需要按住【Ctrl】健，直接拖曳即可
移动文件或文件夹	快捷菜单	选择要移动的文件或文件夹→右击鼠标→选择【剪切】命令→打开目标文件夹→右击窗口任意空白处→选择【粘贴】命令
	菜单栏	选择要移动的文件或文件夹→单击菜单栏中【移动到】菜单命令→选择目标文件夹
	快捷键	选择要移动的文件或文件夹→按【Ctrl】+【X】组合键→打开目标文件夹→按【Ctrl】+【V】组合键
	鼠标	选择要移动的文件或文件夹→按住【Shift】键，用鼠标将选定的对象拖曳到目标文件夹
临时删除文件或文件夹	菜单栏	选择要删除的文件或文件夹→单击菜单栏中的【组织】→单击【删除】菜单命令
	键盘	选择要删除的文件或文件夹→按【Delete】键
	快捷菜单	选择要删除的文件或文件夹→右击鼠标→选择【删除】菜单命令
	鼠标	直接将要删除的文件或文件夹拖曳至【回收站】
永久删除文件或文件夹	键盘	选择要删除的文件或文件夹→按【Shift】+【Delete】组合健
重命名文件或文件夹	鼠标	选择要重命名的文件或文件夹→再次单击该文件或文件夹，然后输入新的文件名并按【Enter】键
	菜单栏	选择要重命名的文件或文件夹→单击菜单栏中的【组织】→单击【重命名】命令→输入新的文件名并按【Enter】键
	快捷菜单	选择要重命名的文件或文件夹→右击鼠标→选择【重命名】命令→输入新的文件名并按【Enter】键
创建快捷方式	快捷菜单	右击要创建快捷方式的文件或文件夹→选择【创建快捷方式】

续表

操作	使用方法	具体操作步骤
查找文件和文件夹	【搜索】文本框	在地址栏选择要搜索的盘符或文件夹→在【搜索】文本框中输入要查找的文件名并按【Enter】键
改变文件的显示方式	菜单栏	单击【查看】菜单→【布局】选项卡，选择"超大图标、大图标、中等图标、小图标、列表、详细信息、平铺、内容"中的一种
改变文件排序方式	菜单栏	单击【查看】菜单→选择【排序方式】命令，然后选择按名称、日期、类型、大小或标记进行递增或递减排序
设置【文件夹选项】属性	菜单栏	单击【查看】菜单→选择【选项】命令→打开【文件夹选项】对话框→单击【查看】选项卡→在【高级设置】中选中需要项→单击【确定】按钮

2.3.3　应用案例：文件与文件夹的管理

1. 案例描述

打开【此电脑】窗口，在 E 盘内创建一个名为"第二章"的文件夹，在"第二章"文件夹内新建三个文件夹，分别命名为"Word""Excel""图片"，在"Word"文件夹内新建"个人练习.docx"和"个人练习.txt"两个文档。

将"个人练习.txt"文档复制到"Excel"文件夹中，并将其重命名为"练习.txt"，将该文件属性设置为"只读"；删除"Excel"文件夹，并将回收站清空。

2. 任务要点

（1）文件与文件夹的新建、复制、移动、删除等基本操作。

（2）文件属性的设置。

3. 操作步骤

（1）文件及文件夹的新建。

1）双击桌面上的【此电脑】图标，在打开的窗口中双击 E 盘。

2）右击 E 盘的空白位置，在弹出的快捷菜单中选择【新建】→【文件夹】命令，将"新建文件夹"更改为"第二章"，然后按【Enter】键。

3）双击"第二章"文件夹，参照 2）的步骤，在"第二章"文件夹中分别创建"Word""Excel""图片"三个文件夹。

4）双击"Word"文件夹，在空白位置右击，在弹出的快捷菜单中选择【新建】→"Microsoft Word 文档"，输入文件名"个人练习"，按【Enter】键，完成"个人练习.docx"文档的创建。

5）右击任意空白处，在弹出的快捷菜单中选择【新建】→【文本文档】命令，输入文件名"个人练习"，按【Enter】键，完成"个人练习.txt"文档的创建。

（2）文件及文件夹的复制、移动、删除操作。

1）右击"个人练习.txt"文档，在弹出的快捷菜单中选择【复制】命令，双击"Excel"文件夹，在空白处右击，在弹出的快捷菜单中选择【粘贴】命令。

2) 在"Excel"文件夹中右击"个人练习.txt"文档,在弹出的快捷菜单中选择【重命名】命令,将文件名重命名为"练习.txt"。

3) 在"Excel"文件夹中右击"个人练习.txt",在弹出的快捷菜单中选择【属性】命令,在弹出的【属性】对话框中将文档的属性设置为"只读"。

4) 右击"图片"文件夹,在弹出的快捷菜单中选择【删除】命令,将该文件夹转移到回收站。

5) 双击桌面的【回收站】图标,右击任意空白处,在弹出的快捷菜单中选择【清空回收站】命令。

2.4 管理和控制 Windows

2.4.1 控制面板

控制面板可以用来更改 Windows 的设置。控制面板中的设置几乎控制了有关 Windows 外观和工作方式的所有设置,并允许用户对 Windows 进行设置,使其适合用户的需要。其中主要包括系统和安全、网络和 Internet、用户账户、程序等设置,如图 2.9 所示。

图 2.9 控制面板

2.4.2 系统维护与性能优化

系统维护主要是通过不同方法,加强对系统使用过程的管理,以保护系统的正常运行;系统性能优化主要通过调整系统设置,合理进行软件与硬件配置,使得操作系统能正常高效地运行。系统维护与优化可以通过以下几个方面来完成。

1. 磁盘管理

(1) 磁盘格式化和磁盘卷标。

打开【此电脑】,右击要操作的磁盘的图标,在出现的快捷菜单中单击【格式化】选项，将出现【格式化】对话框，如图 2.10 所示。在【格式化】对话框选择相应的选项，单击【开始】按钮，即可对该磁盘进行格式化（一般称为完全格式化）。如果在单击【开始】按钮前，选中【快速格式化】复选框，则可以对磁盘进行快速格式化。注意，从未格式化的白盘不能进行快速格式化。

简单来说，磁盘的卷标就是该磁盘的别名，其命名规则同文件名完全相同。在磁盘【格式化】对话框中，只要在【卷标】栏中输入适当字符，即可设置该磁盘的卷标。将【卷标】栏清空，即可去掉该磁盘的卷标。

（2）磁盘的其他管理。

右击要操作的磁盘图标，从快捷菜单中选择【属性】命令，弹出【属性】对话框，如图 2.11 所示。该对话框有【常规】【工具】【硬件】【共享】等 8 个选项卡。

利用【常规】选项卡，可以设置卷标，单击【磁盘清理】按钮，可以减少硬盘上不需要的文件数量，包括清理回收站、系统使用过的临时文件、删除不用的程序和可选 Windows 组件等，以释放磁盘空间让计算机运行得更快。

利用【工具】选项卡，可以检查磁盘中的错误、备份文件、进行磁盘整理。

利用【硬件】选项卡，可以更改相关硬件的驱动程序等。

利用【共享】选项卡，可以设置该磁盘是否允许网络上的其他用户共享等。

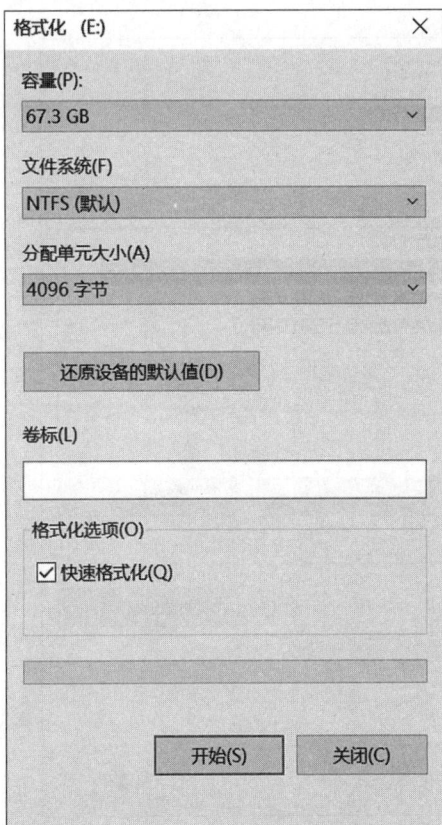

图 2.10　【格式化】对话框

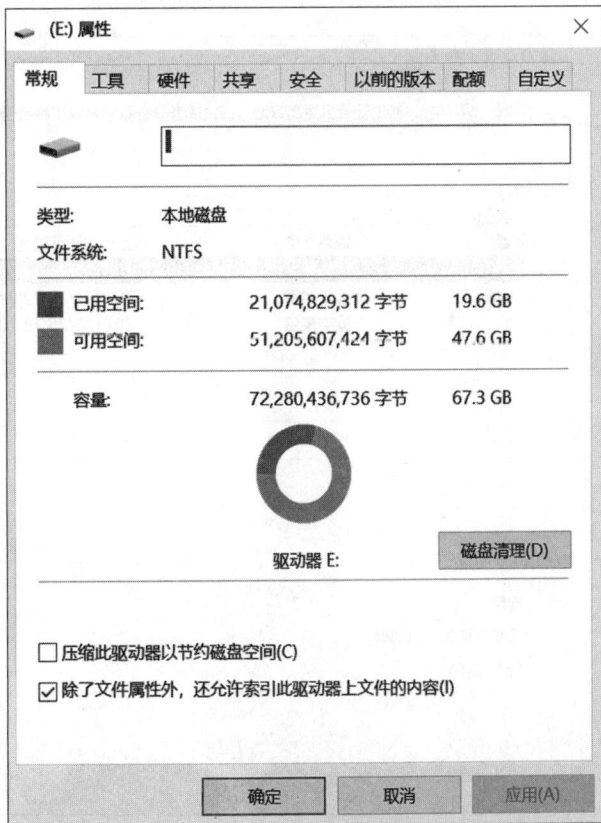

图 2.11　【属性】对话框

2. 磁盘碎片整理

磁盘碎片应该称为文件碎片，主要是因为文件被分散保存到整个磁盘的不同地方，而不是连续地保存在磁盘连续的簇中形成的。文件碎片一般不会在系统中引起问题，但文件碎片过多会降低硬盘的运行速度，引起系统性能下降，严重的还会缩短硬盘寿命。另外，过多的磁盘碎片还有可能导致存储文件的丢失。通过磁盘碎片整理程序可以重新排列碎片数据，以便磁盘和驱动器能够更有效地工作。

（1）整理前的准备工作。

1）把硬盘中的垃圾文件和垃圾信息清理干净。

打开【此电脑】，右击磁盘图标，选择【属性】选项，单击【磁盘清理】命令，将硬盘里的垃圾文件和垃圾信息清理干净。

2）检查并修复磁盘中的错误。

打开【此电脑】，右击磁盘图标，选择【属性】选项，单击【工具】中的【检查】命令，经过磁盘完整而详细的扫描后，系统中的绝大多数错误都可被修复。

（2）整理方法。

在 Windows 10 系统中，用户可以通过单击【开始】→【Windows 管理工具】→【碎片整理和优化驱动器】命令，弹出【优化驱动器】窗口，选择要整理的分区，然后单击【优化】按钮即可开始整理，如图 2.12 所示。

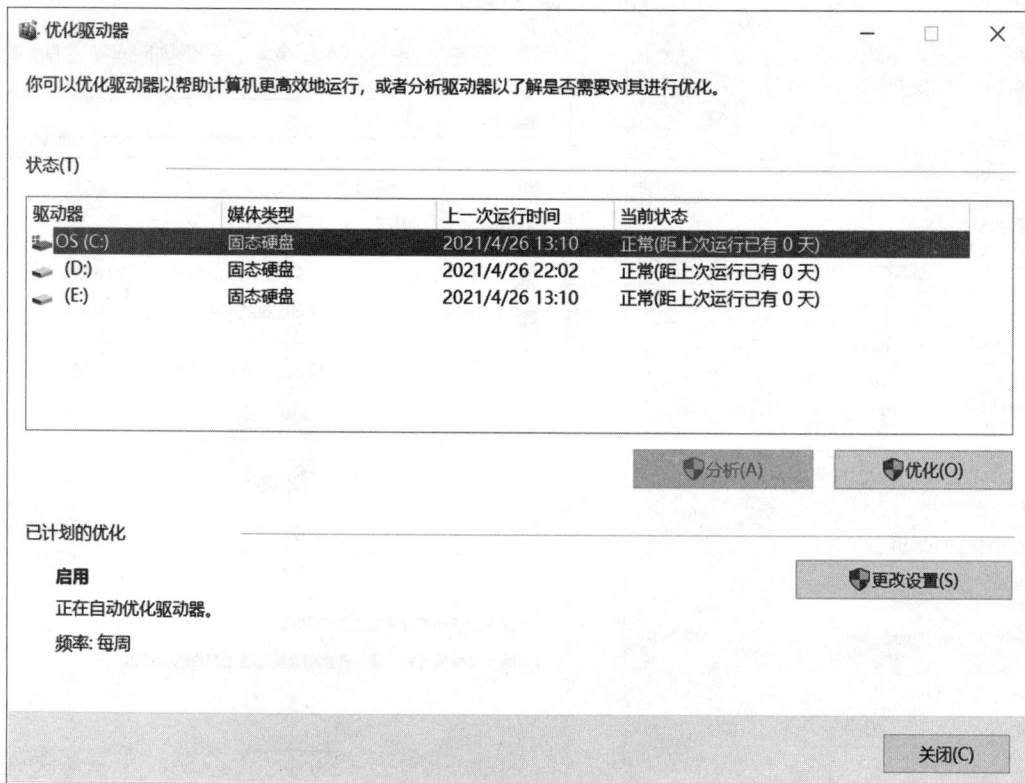

图 2.12　磁盘碎片整理程序

（3）注意事项。

整理前要关闭其他所有应用程序，包括屏保程序。整理过频会缩短磁盘寿命，一般一周不超过一次。

3. 备份与还原

由于磁盘驱动器损坏、病毒感染、断电、网络故障以及其他一些原因，可能引起磁盘中数据的丢失和损坏，因此，用户应定期做好系统注册表以及常用文件的备份工作，当系统出现问题时，可以使用【系统还原】功能快速恢复系统设置。

2.4.3　实用小工具

Windows 10 的附件提供许多实用的工具软件，如记事本、写字板、画图、截图工具、数学输入面板等。

1. 记事本

记事本是一个用来创建简单文档的基本的文本编辑器。其打开文件速度快；可查看或者编辑文本（.txt）文件；也可保存为".html"".java"".asp"等任意格式，作为程序语言的编辑器；也可以保存无格式文件。它适合打开 64 KB 以下的文件，还可以编写或改写 *.bat、*.sys、*.rfm、*.vbp 等文件，为修复文件，此功能类型于写字板，写字板适合打开大于 64 KB 的文件。

2. 写字板

写字板可以对文字进行格式编排，如设置字体、字形、字号、段落缩进、插入图片等，格式可以保存为 txt 格式、rtf 格式、doc 格式。

3. 画图

利用画图工具，用户可以创建简单或者精美的图画。其可以保存或另存为文件类型有 bmp、dib、jpg、gif、tif、png 格式。

4. 截图工具

可以用它截取打开的窗口任意矩形框，保存为".png"".jpg"等格式。

5. Math Input Panel（数学输入面板）

数学输入面板允许用户使用输入设备（如触摸屏，外部数字转换器甚至鼠标）来编写数学公式，在数学输入面板中编写的公式将以完全可编辑的形式粘贴到文档中，并可以像编辑任何类型的文本一样使用输出，可提高用户的工作效率。

2.5　思考与练习

1. 单项选择题

（1）计算机软件系统中，最核心的软件是（　　）。

A. 操作系统　　　　　　　　B. 数据库管理系统

C. 语言和处理程序　　　　　D. 诊断程序

（2）在 Windows 10 中，关于快捷方式说法正确的是（　　）。

A. 一个快捷方式可以指向多个目标对象

B. 不允许为快捷方式创建快捷方式

C. 只有文件和文件夹对象可以创建快捷方式

D. 一个对象可以有多个快捷方式

（3）下列有关窗口的描述中，错误的是（　　）。

A. 应用程序窗口最小化后转到后台执行

B. Windows 窗口上部通常是标题栏

C. Windows 系统上显示的窗口是活动窗口

D. 拖曳窗口标题栏可以移动窗口

（4）下列关于对话框的叙述中，正确的是（　　）。

A. 拖动标题栏可以移动对话框

B. 都可以改变大小

C. 可以双击标题栏完成窗口的最大化和还原的切换

D. 可以最小化成任务栏图标

（5）在 Windows 系统中，如果菜单项的文字后出现（　　）标记，则表明单击此菜单会打开一个对话框。

A. ▷　　　　　　　B. …　　　　　　　C. √　　　　　　　D. •

（6）通过按下键盘上的（　　）键可以将屏面复制到剪贴板。

A.【PrintScreen】　　　　　　　B.【Shift】+【PrintScreen】

C.【Alt】+【PrintScreen】　　　　D.【Ctrl】+【Delete】

（7）在 Windows 系统中删除 U 盘中的文件，下列说法正确的是（　　）。

A. 可通过回收站还原　　　　　　B. 可通过撤消操作还原

C. 可通过剪贴板还原　　　　　　D. 文件被彻底删除，无法还原

（8）若要永久删除文件或文件夹，使用的操作方法为（　　）。

A. 按住【Shift】键，将文件拖进回收站中

B. 直接将文件拖到回收站中

C. 右击被删除的对象，选择【删除】命令

D. 使用组合键【Alt】+【Delete】

2. 多项选择题

（1）剪贴板的操作包括（　　）。

A. 选择　　　　　　B. 复制　　　　　　C. 剪切　　　　　　D. 移动

（2）在 Windows 10 中，下列打开【资源管理器】的方法中正确的是（　　）。

A. 单击【开始】按钮，在菜单中选择【此电脑】

B. 右击任务栏，在出现的快捷菜单中选择【打开 Windows 资源管理器】

C. 在桌面空白处右击，在出现的快捷菜单中选择【打开 Windows 资源管理器】

D. 右击【开始】按钮，在出现的快捷菜单中选择【打开 Windows 资源管理器】

3. 填空题

（1）无软件的计算机也称为_____。

（2）从用户和任务角度考察，Windows 10 是_____操作系统。

（3）剪贴板使用的是_____中的一块存储区域。

4. 判断题

（1）双击资源管理器窗口标题栏可以完成窗口的最大化和还原的切换。　　（　　）

（2）非活动窗口在后台运行，不能接收用户的键盘和鼠标输入等操作。　　（　　）

（3）Windows 10 的任务栏可以被拖动到桌面的任意位置。　　（　　）

（4）Windows 10 的回收站是一个系统文件夹。　　（　　）

（5）对话框可以改变大小。　　（　　）

第3章 字处理软件

【教学目标】

（1）了解 Word 2016 的主要功能。

（2）掌握 Word 文档的编辑、查找和替换、撤消和恢复等基本操作。

（3）掌握 Word 文档字符格式、段落格式设置等基本操作。

（4）掌握项目符号和编号的使用，分节、分页和分栏设置。

（5）掌握页眉、页脚和页码设置，边框和底纹设置，样式的定义和使用，页面设置等操作。

（6）掌握 Word 表格的创建、编辑及数据计算。

（7）掌握 Word 2016 图文混排操作：屏幕截图，插入和编辑图片、剪贴画、形状、SmartArt 图形、艺术字、文本框、数学公式等。

（8）掌握 Word 2016 文档的邮件合并、审阅与修订、保护与打印文档等操作。

（9）熟悉 WPS 文档操作基础、特点及应用。

Word 是微软公司开发的 Microsoft Office 办公软件之一，利用 Word 进行各种文书、海报、电子期刊、面试登记表、个人简历、书籍排版、邀请函等的制作，是当今生活和工作中不可缺少的办公软件之一。WPS Office 是由金山软件股份有限公司自主研发的一款办公软件套装，可以实现办公软件最常用的文字、表格、演示等多种功能。WPS Office 同样是我们当今生活和工作中不可缺少的办公软件之一。

3.1 Word 概述及基本操作

3.1.1 Word 概述

1. Word 窗口组成

Word 2016 启动后，用户可以看到 Word 的窗口组成，工作界面如图 3.1 所示。

2. 窗口各部分功能

（1）标题栏。

位于窗口的最上方，用于显示正在操作的文档名称、程序名和控制按钮。

（2）快速访问工具栏。

位于窗口上方最左侧位置，为我们提供了日常工作中经常用到的工具按钮。默认状态下，快速访问工具栏包含【保存】【撤消】和【恢复】按钮。

快速访问工具栏　　功能选项卡　　标题栏　功能区　　功能区显示选项　控制按钮

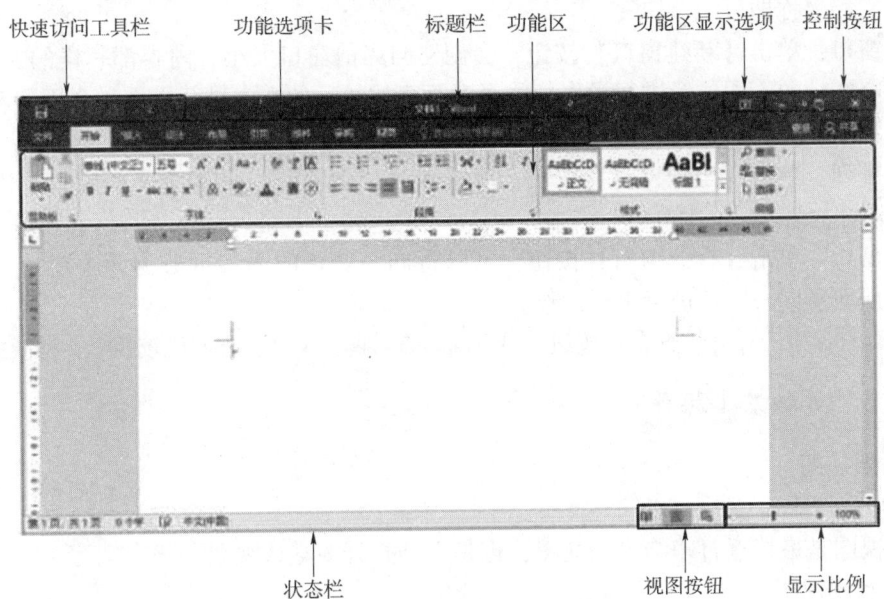

图 3.1　Word 2016 工作窗口组成

（3）功能区。

功能区由选项卡、组和命令三部分组成。为了便于浏览，功能区包含若干个围绕特定方案或对象进行组织的选项卡，每个选项卡的控件又细分为几个组。各选项卡的介绍如表 3.1 所示。

表 3.1　各选项卡功能简介

名称	功能概述
【文件】选项卡	主要包括文件创建、保存、打印、共享等，还可以通过【选项】命令对 Word 进行高级设置
【开始】选项卡	帮助用户对文档进行文字编辑和格式设置，是用户最常见的功能区
【插入】选项卡	用于在文档中插入表格、图片、页眉页脚等各种元素
【设计】选项卡	用于帮助用户设置文档主题、格式、页面背景等操作
【布局】选项卡	帮助用户设置文档的页面样式
【引用】选项卡	用于实现文档中插入目录、脚注、题注等比较高级的功能
【邮件】选项卡	进行邮件合并方面的操作，可以批量制作邀请函、请柬等
【审阅】选项卡	用于对文档进行校对和修订等操作
【视图】选项卡	帮助用户选择视图类型，窗口查看，方便用户查看和操作文档

（4）状态栏。

位于窗口的底部，用于显示文档的页码、字数、语言、显示比例等信息。

3. 窗口的操作

窗口的操作主要是在【视图】选项卡【窗口】组中来完成。

切换窗口：当用户打开了多个文档时，单击【切换窗口】按钮，从下拉列表中选择需要切换的文档名称即可。

新建窗口：单击【新建窗口】按钮，会创建与当前窗口大小、内容都一样的文档窗口。当要对一个文档的不同位置进行操作，或者对距离比较远的文本进行操作时会用到新建窗口功能。因为不同窗口里更改的是同一个文档。

窗口排列：单击【全部重排】按钮，可以在窗口中同时显示多个文档窗口，用户可以一次性查看多个窗口。

拆分窗口：单击【拆分窗口】按钮，可以将同一文档的内容拆分为两个窗口，用户可以非常方便地对同一文档进行编辑操作。

并排查看：单击【并排查看】按钮，可以同时查看两个文档，方便比较两个文档中的内容。

3.1.2　文档基本操作

1. 文档视图

（1）页面视图。

页面视图是最接近打印结果的视图，也是文档打开的默认视图。

（2）阅读视图。

阅读视图是以图书的分栏样式显示文档，用户可以单击左右两侧的按钮，进行翻页。

（3）Web 版式视图。

Web 版式视图以网页的形式显示文档，用于发送电子邮件和创建网页。

（4）大纲视图。

大纲视图主要用于文档的设置和显示标题的层级结构，并可以方便地折叠和展开各种层级的文档，广泛用于长文档的快速浏览和设置。

（5）草稿视图。

草稿视图仅显示标题和正文，是最节省计算机系统硬件资源的视图方式。

注意：

要选择某个视图，可以在【视图】选项卡，单击【视图】组中的某个视图名称即可。

2. 文档的编辑

（1）输入内容。

1）输入文本：直接将光标定位在输入位置，切换到所需的输入法，输入即可。

2）插入符号：选择【插入】选项卡下【符号】组中的【符号】按钮，选择相应符号插入即可。

3）插入编号：选择【插入】选项卡下【符号】组中的【编号】按钮，选择相应编号插入即可。

4）插入公式：选择【插入】选项卡下【符号】组中的【公式】按钮，输入公式即可。

5）插入日期和时间：选择【插入】选项卡下【文本】组中的【日期和时间】按钮，插入日期和时间即可。

注意：

在输入内容时，单击状态栏中的【插入】或【改写】按钮或按【Insert】键切换这两种状态。【插入】状态下，输入的字符将插入至插入点处；【改写】状态下，输入的字符将覆盖现有的字符。若状态栏没有，在状态栏空白处右击，在快捷菜单中单击【插入】或【改写】按钮，就会在状态栏中显示。

（2）文本选择。

对文本的任何编辑，一般都要"先选定，后操作"。

1）拖动鼠标选择文本：在被选择文本的位置按下鼠标左键拖动到被选择文本的结束位置，松开鼠标左键。

2）双击鼠标左键选择鼠标附近的一个词组；连续单击鼠标左键三次选定鼠标所在位置的整个段落。

3）使用【Shift】和【Ctrl】键配合鼠标左键选定文本。

选定连续的文本：将光标插入点放在文本的起止位置，在按住【Shift】键的同时，单击文本终止位置，则起始位置与终止位置之间的文本被选中。

选定不连续的文本：选中第一段文本，然后按住【Ctrl】键，选择其他的文本段，全部选中后，松开【Ctrl】键，这样就选中了多段不连续的文本。

（3）文本的删除。

首先选定要删除的文本，然后选择下面一种方法来删除：

1）按【Backspace】键或按下【Delete】键；

2）单击【开始】选项卡下【剪贴板】组中的【剪贴】按钮；

3）按组合键【Ctrl+X】。

（4）文本的复制。

首先选定要复制的文本，单击【开始】选项卡下【剪贴板】组中的复制按钮或按组合键【Ctrl】+【C】复制文本，然后找到要粘贴文本的位置，使用右键快捷菜单中的【粘贴】命令或按组合键【Ctrl】+【V】进行粘贴。

复制后在文本的后边会出现一个粘贴选项，一共有以下三种选择：

保留源格式：所粘贴的内容的格式不会改变；

合并格式：所粘贴过来的内容和光标所在当前位置文本正在使用的格式一样；

只保留文本：只粘贴文本内容。

（5）文本的移动。

先选中要移动的文字，然后按下鼠标左键拖到要插入文本的位置或者利用文本的剪贴和复制命令实现文本的移动。

（6）撤消与恢复。

当出现了误操作的时候，可以利用 Word 的撤消、恢复功能回到误操作前的状态。

1）撤消：单击快速访问工具栏中的 ↩ 按钮，若要撤消多次，可进行多次操作。或者利用组合键【Ctrl】+【Z】，取消上一次操作。

2）恢复：单击快速访问工具栏中的 ↻ 按钮。

（7）查找和替换。

在文档的编辑中，我们需要查找某些内容，有时还需要对某些内容进行替换。对于比较长的文档，如果逐一进行查找和替换，会浪费时间，而且容易出错。利用 Word 提供的查找和替换功能，可以很方便地完成这些工作。

1）查找：单击【开始】选项卡下【编辑】组中的【查找】按钮，直接打开【导航】窗格，输入要查找的内容，按【Enter】键即可进行查找。若要进行高级查找，单击【查找】按钮右侧下拉箭头，在下拉列表中选择【高级查找】，打开高级查找对话框，在【查找内容】中输入要查找的文本，如图3.2所示。

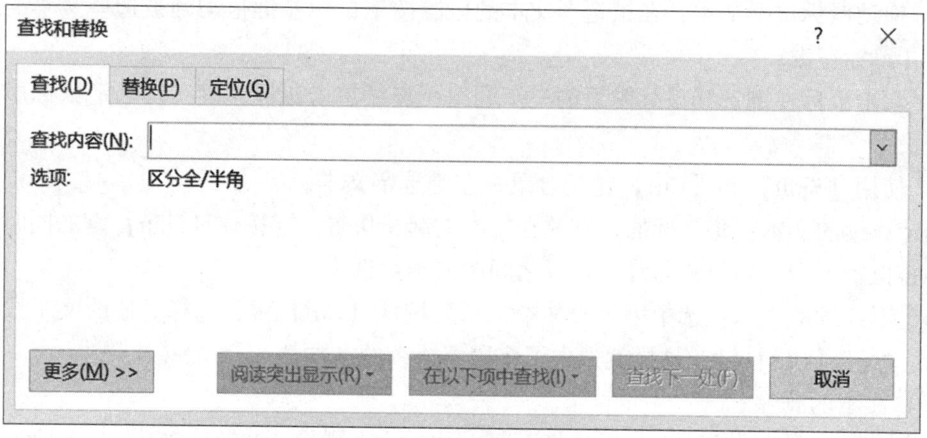

图 3.2　查找文本

2）替换：单击【开始】选项卡下【编辑】组中的【替换】按钮，打开【查找和替换】对话框，在【查找内容】中输入要查找的内容，在【替换为】文本框中输入新的文本，单击【替换】或【全部替换】按钮，如图3.3所示。

图 3.3　【查找和替换】对话框

3.2　Word 格式化与排版

3.2.1　文档格式化

1. 字符格式设置

字符格式设置主要包括字体、字形、字号、颜色等。字符格式设置可以通过【字体】

组、浮动工具栏和【字体】对话框三种方法进行设置。【字体】组如图 3.4 所示。

单击【字体】组右下角的对话框启动器，打开【字体】对话框，在【字体】选项卡中可以进行字体、字形、字号、颜色、下划线等常规设置，在【高级】选项卡中可以设置字符的缩放和间距，如图 3.5 所示。

图 3.4 【字体】组

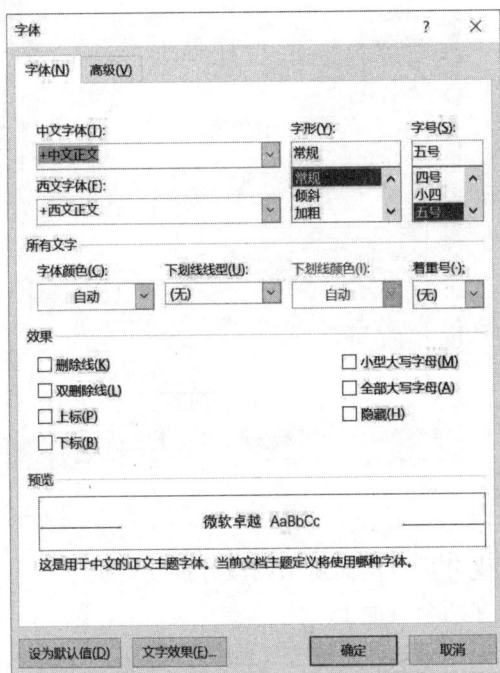

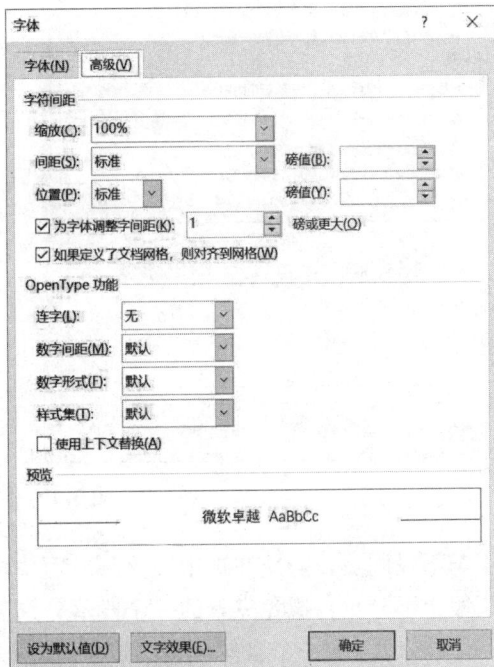

图 3.5 【字体】对话框

选中要设置的文本后，会出现一个浮动工具栏，也可以利用浮动工具栏设置字符格式。

2. 段落格式设置

段落格式设置主要包括文本对齐方式、行间距、段落缩进和段间距等格式设置。段落格式化操作只对插入点或所选定文本所在的段落起作用。

设置段落格式可以使用【段落】组和【段落】对话框两种方式。【段落】组如图 3.6 所示。

图 3.6 【段落】组

单击【段落】组右下角的对话框启动器，可以打开【段落】对话框。在【缩进和间距】选项卡中可以对文本对齐方式、段落缩进、段落间距和行距等进行设置，在【换行和分页】选项卡中，可以对分页规则进行设置。如图 3.7 所示。

在【换行和分页】选项卡中进行分页规则的设置时一共有四个选项：

孤行控制：避免一段的最后一行出现在页首或一段的第一行出现在页尾，即一段完整的段落不会跨页显示。

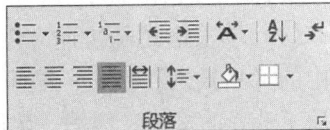

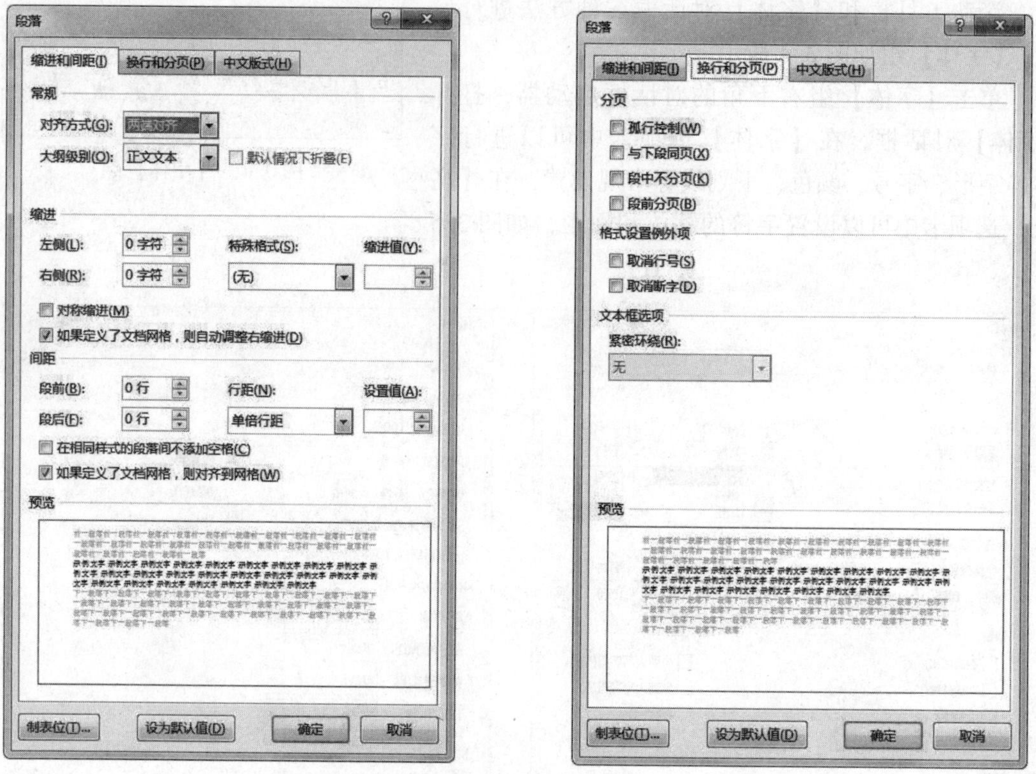

图 3.7　【段落】对话框

与下段同页：防止在选中段落与后面一段产生分页，从而避免两段分别在两页上。

段中不分页：避免完整的一个段落分别显示在两个页面上。

段前分页：每一个自然段自然成页。即每输入一段文字，敲击【Enter】键后自动进入下一页。

3. 格式刷

当设置好某一文本或段落的格式后，可以使用格式刷工具，将设置好的格式快速地应用到其他文本或段落中。

格式刷的使用方法：

（1）单击格式刷快速应用一次格式：首先选择某个格式化好的文本，单击【剪贴板】组中的【格式刷】按钮，鼠标变为格式刷的形状，选中要设置相同格式的文本，则此文本应用了选择的格式，应用一次后鼠标变为正常形状。

（2）双击格式刷多次应用格式：首先选择某个格式化好的文本，双击【剪贴板】组中的【格式刷】按钮，鼠标变为格式刷的形状，多次选中要设置相同格式的文本，所有被选中的文本应用了选择的格式，再次单击【格式刷】按钮，鼠标变为正常形状。

4. 边框和底纹

为文本添加边框和底纹可以修饰和突出文档的内容，可以美化文档。

（1）为文本设置边框。

选择文本，在【开始】选项卡的【字体】组中，单击【字符边框】按钮；若再次单击可取消文字边框。若需为文字设置其他边框，在【开始】选项卡下的【段落】组中，单击

【边框】按钮下拉列表中的【边框和底纹】按钮，打开【边框和底纹】对话框，在【边框】
选项卡中设置，如图 3.8 所示。

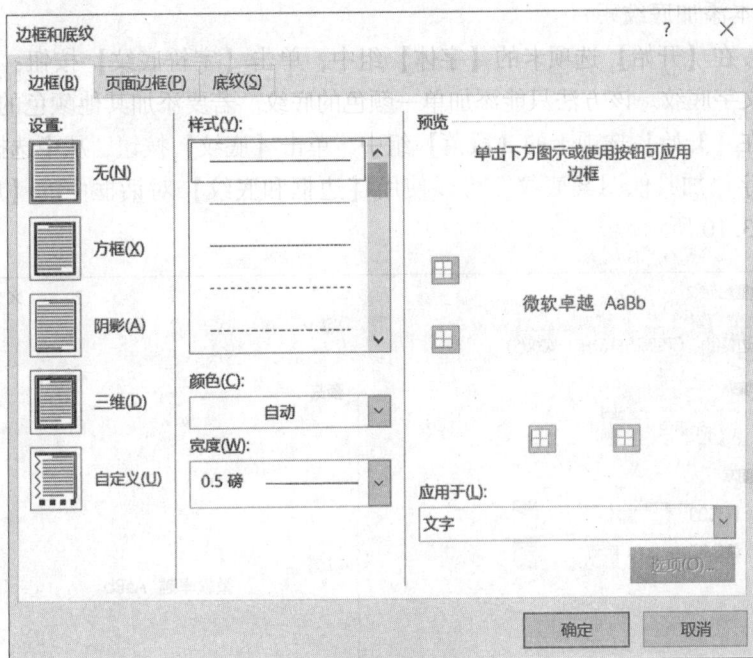

图 3.8 边框设置

（2）为页面设置边框。

在【开始】选项卡下的【段落】组中，单击【边框】按钮下拉列表中的【边框和底纹】按
钮，打开【边框和底纹】对话框，在【页面边框】选项卡中设置页面边框，如图 3.9 所示。

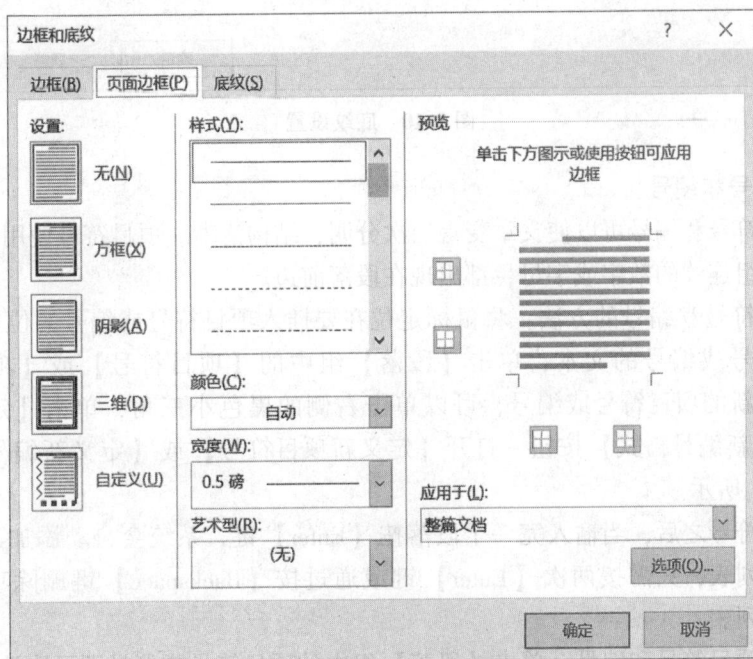

图 3.9 页面边框设置

单击【设计】选项卡下【页面背景】组中的【页面边框】按钮，也可以打开【边框和底纹】对话框。

（3）为文本添加底纹。

选择文本，在【开始】选项卡的【字体】组中，单击【字符底纹】按钮；若再次单击该按钮即可取消文字底纹。该方法只能添加单一颜色的底纹。若要添加其他颜色的底纹，可以选中文本，然后在【开始】选项卡的【段落】组中，单击【底纹】按钮，从中选择颜色即可。

若需为文字添加其他图案底纹，可以使用【边框和底纹】对话框中的【底纹】选项卡来实现，如图 3.10 所示。

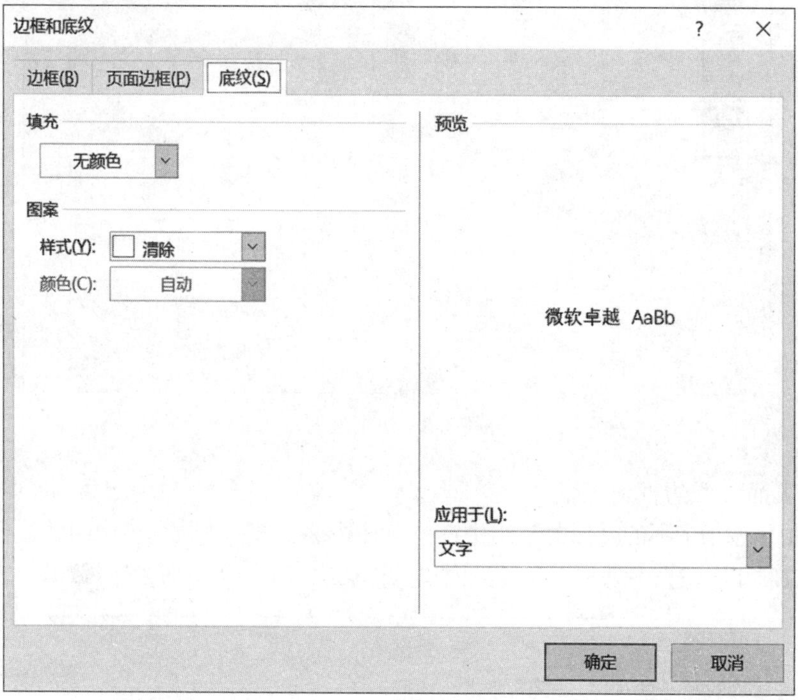

图 3.10　底纹设置

5. 项目符号和编号

使用项目符号和编号可以使文章变得层次分明，结构清晰。项目符号使用的是符号，编号使用的是一组连续的数字或字母，都出现在段落前边。

添加项目符号和编号的方法：将鼠标定位在要插入项目符号或编号的位置，或者选中要添加项目符号或编号的文本，单击【段落】组中的【项目符号】或【项目编号】按钮。若要定义新的项目符号或编号，可以单击右侧的黑色小三角，单击【定义新项目符号】或【定义新编号格式】按钮。打开【定义新项目符号】或【定义新编号格式】对话框，如图 3.11 所示。

使用项目符号之后，当输入完一个段落按【Enter】键，系统会自动添加项目符号和编号，若要结束列表，只需按两次【Enter】键或通过按【Backspace】键删除项目符号或编号，来结束该列表。

若要取消项目符号和编号，单击【段落】组中的项目符号或编号即可取消。

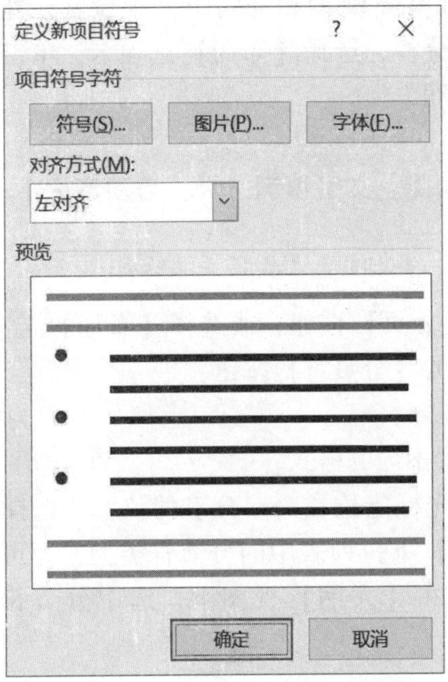

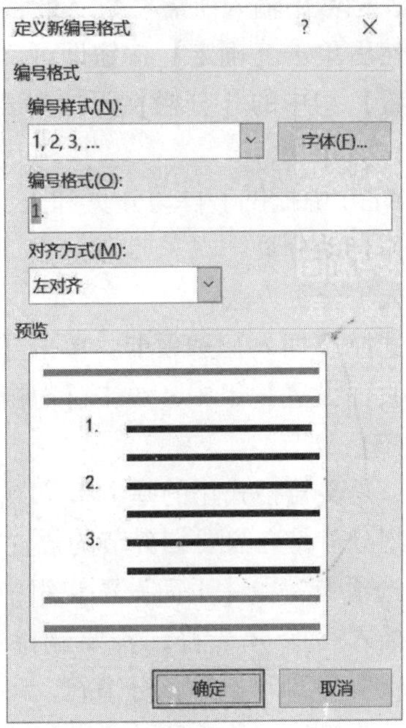

图 3.11 【定义新项目符号】和【定义新编号格式】对话框

3.2.2 文档排版

1. 设置分栏、分页和分节

（1）分栏。

选定要分栏的文本，选择【布局】选项卡，单击【页面设置】组中的【分栏】的下拉箭头，在下拉列表中选择分栏数。如果要设置其他格式的分栏，单击【更多分栏】按钮，打开【分栏】对话框，如图 3.12 所示。

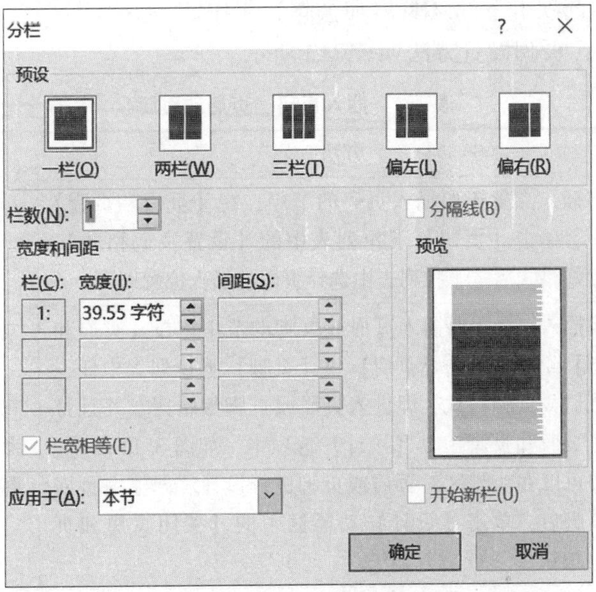

图 3.12 【分栏】对话框

在栏数中输入所需栏数，最多可以是 11 栏，在【宽度】和【间距】中设置栏宽和间距，然后单击【确定】按钮即可。若要取消文本的分栏，选择【布局】选项卡，单击【页面设置】组中的【分栏】下拉列表中的【一栏】即可。

（2）分页。

Word 中提供了自动分页和人工分页两种分页功能。文字填满一页，自动产生下一页，这叫作自动分页。

人工分页方法：

选择【插入】选项卡，单击【页面】组中的【分页】按钮，或选择【布局】选项卡，在【页面设置】组中，单击【分隔符】下拉列表中的【分页符】按钮。

（3）分节。

节是文档格式化的基本单位，每一节都可以设置不同的格式。

划分节是在需要划分节的位置插入分节符。将光标定位在需要分节的位置，选择【布局】选项卡，在【页面设置】组中，单击【分隔符】下拉列表中的分节符类型，即可在插入点插入一个分节符。若要删除插入的分节符，在【大纲】视图下，选中分节符，按【Delete】键即可删除该分节符。

分节符的四种类型：

下一页：表示下一节文本内容从下一页开始。

连续：表示下一节的文本内容紧接着上一节节尾。

偶数页：表示新一节的文本内容，显示或打印在下一个偶数页开始。若该分节符已经在偶数页上，则下面的奇数页为一个空页。

奇数页：表示新一节的文本内容，显示或打印在下一个奇数页开始。若该分节符已经在奇数页上，则下面的偶数页为一个空页。

2. 设置页码、页眉和页脚

页眉和页脚是文档正文以外的信息，位于文档的每页顶端或者底部。页码、页眉和页脚的插入都在【插入】选项卡下的【页眉和页脚】组中。

具体页码、页眉、页脚设置方法如表 3.2 所示。

表 3.2　插入页码、页眉和页脚

操作	方法	注意
插入页码	将插入点置于要插入页码的节中，在【页眉和页脚】组中，单击【页码】下拉列表中的【设置页码格式】，设置好格式后从下拉列表中选择页码的插入位置即可	如果文档没有分节，则为整个文档插入页码
插入页眉和页脚	将插入点置于要插入页眉或页脚的节中，在【页眉和页脚】组中，单击【页眉】或【页脚】下拉列表中任一种页眉或页脚格式，即进入页眉或页脚编辑区，并且打开了页眉和页脚工具【设计】选项卡，如图 3.13 所示，用户可以在功能区对页眉或页脚进行设计。创建完页眉或页脚后，单击【设计】功能区中的【关闭页眉和页脚】按钮	如果文档没有分节，则为整个文档插入页眉或页脚

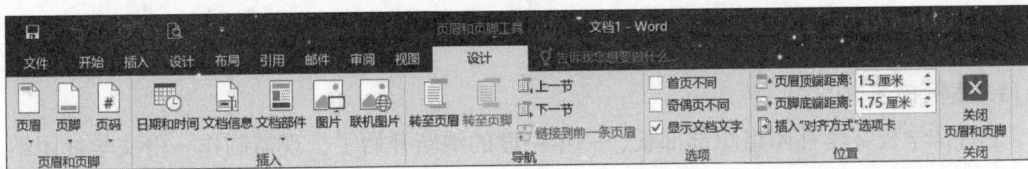

图 3.13 页眉和页脚工具【设计】选项卡

3. 样式的应用

文本样式是指一组已经命名的字符和段落格式。在编辑文档的过程中，正确设置和使用样式可以极大地提高工作效率。

（1）使用内置样式。

Word 2016 提供了一个样式库，在【开始】选项卡下【样式】组中，单击其中一种样式即可应用到选中的文本中。除了使用【样式】下拉列表中的样式，可以单击【样式】组中的对话框启动器，应用更多的样式。

（2）自定义样式。

除了直接使用样式库中的样式外，还可以自定义新的样式或修改原有样式。在【样式】下拉列表中选择【创建样式】，即可新建样式。

如果要修改样式，在【样式】组中选择要修改的样式，右击，在弹出的快捷菜单中选择【修改】命令，打开【修改样式】对话框，修改即可。

4. 页面设置

页面设置可以在【布局】选项卡下的【页面设置】组中对页边距、纸张方向、纸张大小等进行设置，还可以单击【页面设置】组中右下角的对话框启动器，在【页面设置】对话框中进行设置。【页面设置】对话框如图 3.14 所示。

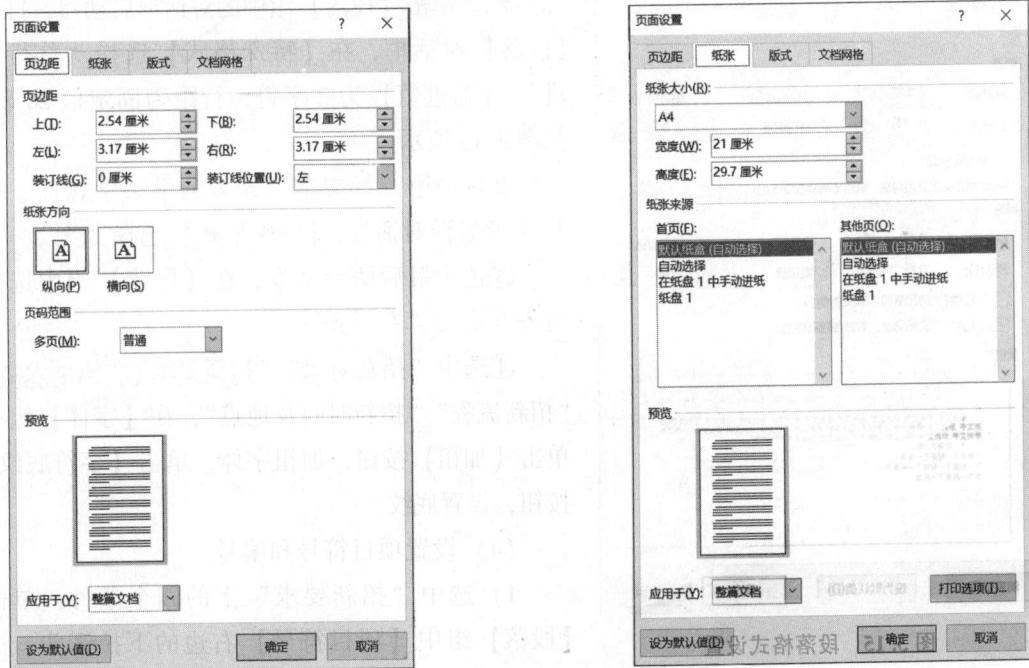

图 3.14 【页面设置】对话框

3.2.3 应用案例：社团纳新通知

1. 案例描述

王雪是学校文学社团组织部部长，一年一度的纳新开始了，现需制作一份文学社团纳新通知开始招募新社员。

2. 任务要点

（1）录入文字，并进行文字格式、段落格式设置。

（2）设置页面格式，利用项目符号和编号对文档进行排版。

（3）插入页眉和页码。

3. 操作步骤

（1）新建文档，并保存。启动 Word 2016，新建文档。单击【文件】→【保存】命令，选择文件保存的位置，输入文件名"文学社纳新通知"，然后单击【保存】按钮进行保存。

（2）页面设置。单击【布局】选项卡，单击【页面设置】组中的对话框启动器，打开【页面设置】对话框，设置上下页边距为 2.5 厘米，左右页边距为 2.5 厘米。

（3）字符格式设置。

1）标题文字设置

选中标题文字"文学社纳新通知"，在【开始】选项卡下的【字体】组中设置字体为"宋体"，字号为"二号"，在【段落】组中设置对齐方式为"居中"。

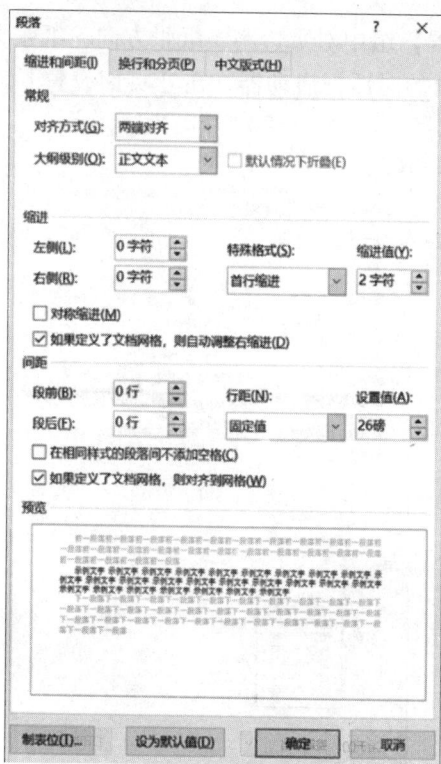

图 3.15 段落格式设置

2）文档格式设置。

①选中所有的正文文字内容，在【开始】选项卡下的【字体】组中设置字体为"仿宋"，字号"三号"。单击【段落】组中的对话框启动器，打开【段落】对话框，在【特殊格式】选择"首行缩进"，【缩进值】为 2 字符，行距为固定值 26 磅，如图 3.15 所示。

②选中第一行文本"亲爱的学弟学妹:"，打开【段落】对话框，【特殊格式】选择"无"。

③选中最后两行文本，在【段落】组中选择对齐方式为"右对齐"。

④选中"招新对象""招新要求""招生人数""招新流程""招新时间及地点"，在【字体】组中单击【加粗】按钮，加粗字体，单击【字符底纹】按钮，设置底纹。

（4）设置项目符号和编号。

1）选中"招新要求"下的四个条件，单击【段落】组中【项目符号】右边的下拉箭头，选择 ➢ 符号。

2）选中"招生人数"下的七个部门，单击【段落】组中【编号】右边的下拉箭头，在编号库中选择第四个编号样式▤。

（5）插入页眉和页码。

选择【插入】选项卡，在【页眉和页脚】组里，单击【页眉】下拉列表中的【编辑页眉】。在页眉位置输入"文学社团"。在【导航】组中，单击【转至页脚】命令，切换到页脚编辑区，单击【页码】下拉列表中的【当前位置】，选择一种格式插入即可。

3.2.4　应用案例：调查报告的编辑

1. 案例描述

小王是杂志社的一位编辑，现有一份《大学生就业形势调查报告》的稿件需要进行编辑，请按照如下要求完成报告的编辑。

编辑要求：

（1）页面设置：纸张大小为 A4，上下页边距为 2 cm、内外 3 cm，对称页边距，制定行网格每页 43 行。

（2）应用样式，要求如表 3.3 所示。

表 3.3　应用样式要求

名称	样式	格式
引言	标题 1	黑体，二号，段前段后各 10 磅，行距为固定值 25 磅，居中
前边带一、二、三……的文字	标题 2	宋体，三号，加粗，段前段后各 5 磅，左对齐
前边带（一）、（二）、（三）……的文字	标题 3	楷体，三号，加粗，段后 5 磅，首行缩进 2 字符
	正文	仿宋，三号，行距为固定值 25 磅，首行缩进 2 字符

（3）查找和替换：将英文标点符号";"替换为中文标点"；"。

（4）为红色文字添加样式为：[1]、[2]、[3] 格式的编号。

（5）封面、引言、正文分别为独立的小节。正文分为两栏。

（6）制作封面：大学生就业形势调查报告，字体为黑体、小一、居中，段后 15 行；其他文字字体为宋体、三号，左侧缩进 4 字符，行距为 3 倍行距。

（7）设置页码，要求封面无页码，引言和正文页码连续编号，页码格式为"-1-"，在页面底端居中显示。设置页眉"大学生就业形势调查报告"，加粗，居中。

2. 任务要点

（1）进行页面设置，修改文档样式并应用；查找文档内容并替换。

（2）对文档进行排版，制作封面，插入页眉、页脚和页码。

3. 操作步骤

（1）页面设置。

选择【布局】选项卡，单击【页面设置】组中的对话框启动器，打开【页面设置】对话框，设置上下页边距各 2 cm，在【多页】列表中选择【对称页边距】，设置内外侧页边距各 3 cm。单击【文档网格】选项卡，单击【只指定行网格】命令，设置行数每页 43 行。

（2）样式的修改和应用。

1）修改样式。

右击【样式】列表中的【标题 1】，在快捷菜单中单击【修改】命令，弹出【修改样式】对话框，在格式中设置字体为黑体，字号为二号，如图 3.16 所示。

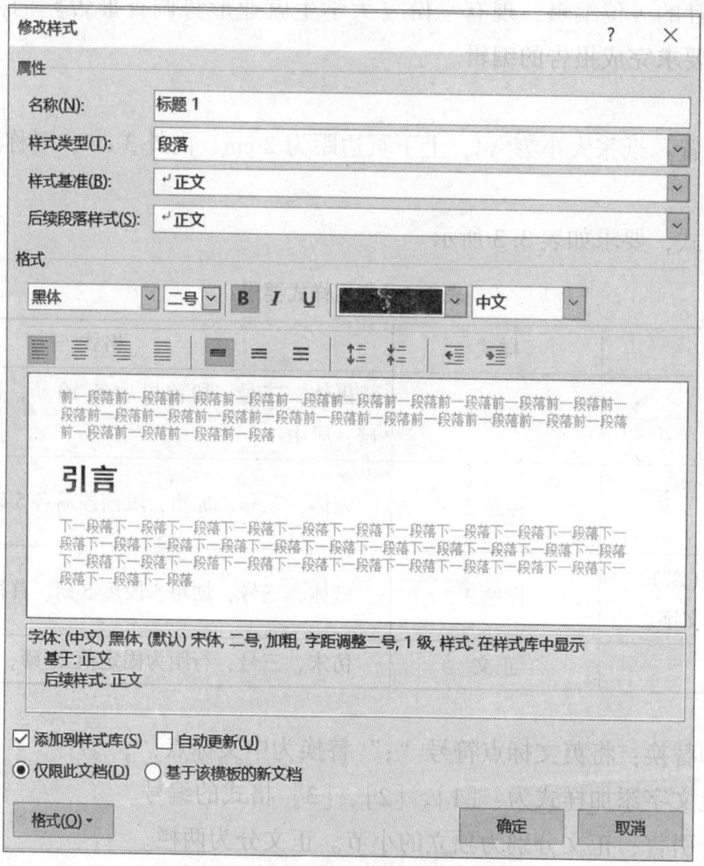

图 3.16 【修改样式】对话框

单击左下角【格式】列表中的【段落】按钮，打开【段落】对话框，在这里设置段前段后各 10 磅，行距为固定值 25 磅，居中对齐，如图 3.17 所示。

同样的方法修改标题 2、标题 3 和正文。

2）应用样式。

修改完样式后，选中【引言】，单击【标题 1】，应用标题 1 样式。同样，选中带一、二、三……和带（一）、（二）、（三）……的文字，单击【标题 2】、【标题 3】，分别应用标题 2 和标题 3 样式。

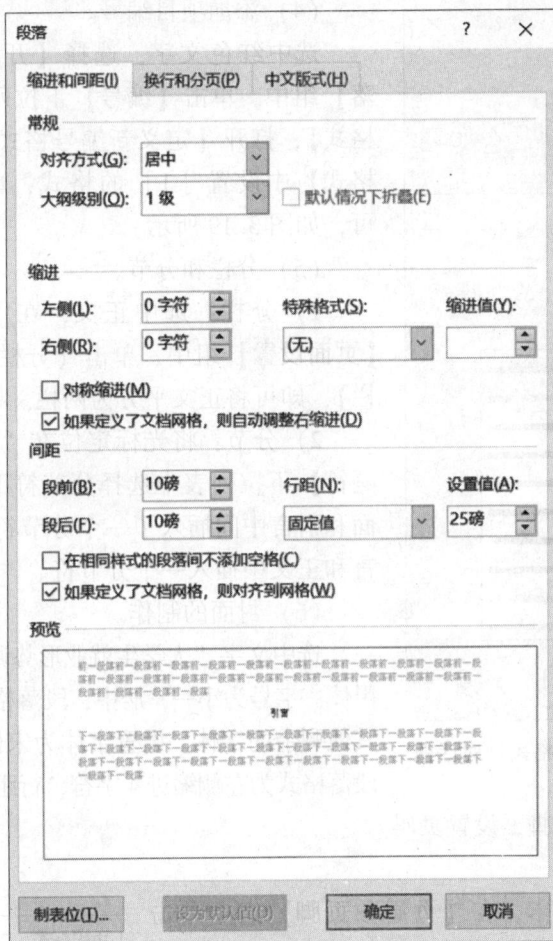

图 3.17　【段落】对话框

（3）查找和替换。

在【开始】选项卡中，单击【编辑】组中的【替换】按钮，弹出【查找和替换】对话框，在【查找内容】中输入英文标点符号";"，在【替换为】中输入中文标点符号"；"，单击【全部替换】按钮即可，如图 3.18 所示。

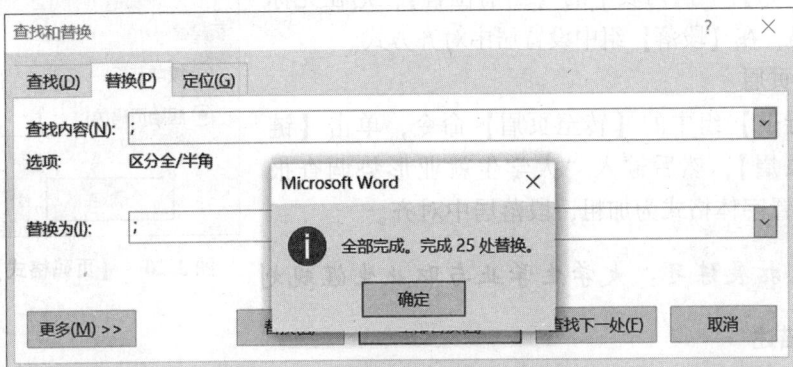

图 3.18　【查找和替换】对话框

图 3.19　【定义新编号格式】对话框

（4）添加项目编号。

选中红色文字，选择【开始】选项卡，在【段落】组中，单击【编号】下拉列表中的【定义新编号格式】，打开【定义新编号格式】对话框，在【编号格式】中设置［1］的格式，单击【确定】按钮即可，如图 3.19 所示。

（5）分栏和分节。

1）分栏：选中正文，在【布局】选项卡下的【页面设置】组中，单击【分栏】下拉列表中的【两栏】，即可将正文平分为两栏。

2）分节：将光标定位在"引言"前边，在【分隔符】下拉列表中选择分节符下的【下一页】，则封面和引言中间插入了一个分节符。用同样的方法在引言和正文中插入一个分节符。

（6）封面的制作。

选中文字"大学生就业形势调查报告"，设置字体为黑体，字号为小一，居中，段落格式为段后 15 行；选中其他剩余的字体，设置字体为宋体，字号为三号，设置段落格式为左侧缩进 4 字符，行距为 3 倍行距。

（7）插入页眉和页脚，设置页码。

1）插入页码。

选择【插入】选项卡，在【页眉和页脚】组中单击【页脚】下拉列表中的【编辑页脚】，进入页眉和页脚编辑状态。将光标定位在引言的页脚处，在页眉和页脚工具【设计】选项卡中，单击【链接到前一条页眉】，在【页眉和页脚】组中单击【页码】下拉列表中的【设置页码格式】，在弹出的【页码格式】对话框中，选择【-1-】的编号格式，页码编号设置为起始页码为 1，如图 3.20 所示。然后单击【页码】下拉列表中的【当前位置】，则在光标位置插入页码，在【段落】组中设置居中对齐方式。

2）设置页眉。

单击【导航】组中的【转至页眉】命令，单击【链接到前一条页眉】，然后输入"大学生就业形势调查报告"，选中设置字体格式为加粗，段落居中对齐。

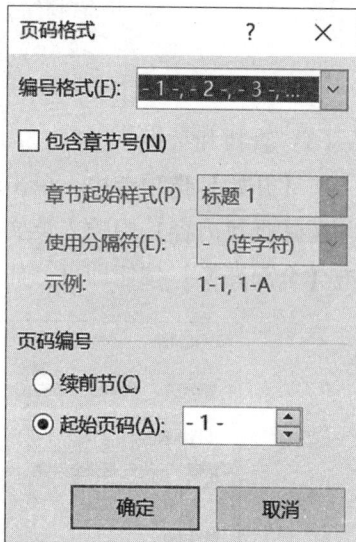

3.2.5　拓展练习：大学生学业与职业生涯规划

1. 案例描述

为帮助大学生树立规划意识，让大学生对自己学业与职业发展有清晰的定位和目标，学

图 3.20　【页码格式】对话框

校将举办以"激扬青春、规划未来、设计人生"为主题的大学生学业与职业生涯规划设计大赛，作为一名参赛的大学生，需要完成学业与职业生涯规划书的编辑。

2. 任务要点

（1）以"激扬青春、规划未来、设计人生"为主题，在 Word 中创建学业与职业生涯规划书。

（2）利用所学知识对文档进行排版，使文档美观、大方。

3. 步骤

参考步骤扫描右侧二维码。

学业与职业
生涯规划

3.3 Word 表格编辑与应用

3.3.1 表格编辑

1. 表格的创建

表格由水平的行和垂直的列组成，行与列交叉形成的方框被称为单元格。Word 提供了多种创建表格的方法，如表3.4所示。

表3.4 创建表格的方法

操作	方法
使用网格创建表格	选择【插入】选项卡，在【表格】组单击【表格】右边的下拉箭头，控制鼠标在网格上滑动来选择网格，确定所需行数和列数后，单击鼠标，即可将表格插入文档中
使用【插入表格】命令创建表格	在【表格】组，单击【表格】右边的下拉箭头，选择【插入表格】，打开【插入表格】对话框，输入列数和行数，然后单击【确定】按钮即可
绘制表格	在【表格】组，单击【表格】右边的下拉箭头，选择【绘制表格】，鼠标指针变为铅笔状，将光标定位在需要插入表格的位置，按住鼠标左键不放，向右下方拖动鼠标绘制表格的外边框，然后释放鼠标左键，此时虚线变为实线，完成表格外框线的绘制，继续拖动鼠标，绘制内框线，即可完成表格的绘制

2. 文字与表格的转换

（1）将表格转换成文本。

选择要转换为文本的表格对象，选择表格工具【布局】选项卡，单击【数据】组中的【转换为文本】按钮，打开【表格转换成文本】对话框，选择文字分隔符，然后单击【确定】按钮即可，如图3.21所示。

（2）将文本转换成表格。

同表格转换成文本不同，将文本转换成表格前需格式化需要转换的文本，文本中的每一行之间要用段落标记符隔开，每一列之间要用分隔符隔开，列之间的分隔符可以是逗号、空格、制表符等。

其具体操作方法是：选中要转换为表格的文本，选择【插入】选项卡，单击【表格】下拉列表中的【文本转换成表格】按钮，打开【将文字转换成表格】对话框，设置表格尺寸、文字分隔位置等参数，然后单击【确定】按钮即可，如图 3.22 所示。

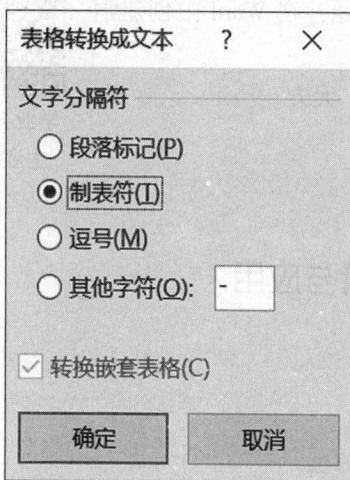

图 3.21　【表格转换成文本】对话框

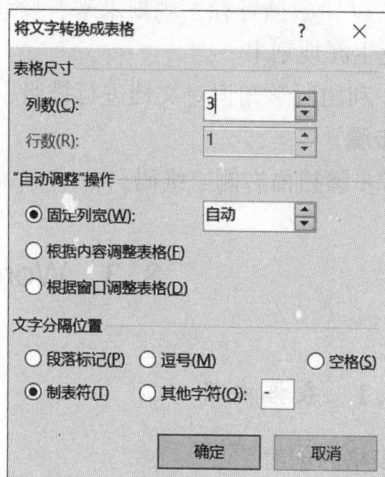

图 3.22　【将文字转换成表格】对话框

3. 表格的编辑

表格的编辑主要包括：行列的插入、删除、合并、拆分，行高和列宽的调整等。

（1）表格和单元格的合并与拆分。

1）合并单元格。

选定要合并单元格的单元格区域，选择表格工具【布局】选项卡，在【合并】组中，单击【合并单元格】按钮。或者右击单元格区域后在快捷菜单中单击【合并单元格】命令，所选定的单元格区域即被合并为一个单元格。

2）拆分单元格。

选定要拆分的单元格或单元格区域，选择表格工具【布局】选项卡，在【合并】组中，单击【拆分单元格】按钮，或者右击单元格，在快捷菜单中选择【拆分单元格】命令，打开【拆分单元格】对话框，设置需要拆分的行数和列数，然后单击【确定】按钮即可，如图 3.23 所示。

3）表格的拆分。

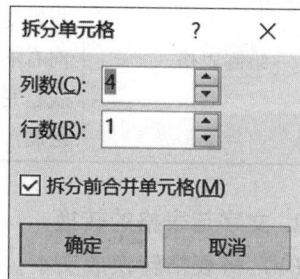

图 3.23　【拆分单元格】对话框

将光标定位在要拆分为第二个表格的第一行的任一单元格内，选择表格工具【布局】选项卡，在【合并】组中，单击【拆分表格】按钮，这样表格就被拆分为两个表格。

（2）单元格、行（列）的插入。

1）单元格的插入。

将光标定位在要插入的单元格内，右击，在快捷菜单中选择【插入】列表中的【插入单元格】命令，在弹出的【插入单元格】对话框中设置后单击【确定】按钮即可。

2）行（列）的插入。

将光标定位在要插入的行（列）内，选择表格工具【布局】选项卡，在【行和列】组中，单击【在上方插入】或【在下方插入】（【在左侧插入】或【在右侧插入】）命令，即可在当前行上方或下方插入一行（在当前列左侧和右侧插入一列）。如果选定了若干行（列），则执行上述操作时，插入的行（列）数与所选定的行（列）数相同。

或将光标移动到要插入行（列）的两个单元格中间线位置，光标变为⊕形状后，在此形状上单击，即可在两个单元格中间插入一行（列）。

将光标定位在表格的最后一个单元格，按【Tab】键，在表格的末尾插入一行。

（3）表格、行（列）的删除。

1）删除整表。

选中表格，选择表格工具【布局】选项卡，在【行和列】组中，单击【删除】下拉列表中的【删除表格】命令，即可删除整表；或选定要删除的表格按【Backspace】键。

2）行（列）的删除。

选中要删除的行（列），选择表格工具【布局】选项卡，在【行和列】组中，单击【删除】下拉列表中的【删除行】或【删除列】命令，即可删除选中的行（列）；或选定要删除的行（列）后，按【Backspace】键，在弹出的【删除单元格】对话框中单击【删除整行】或【删除整列】命令。

（4）设置表格的行高、列宽。

1）鼠标拖动。

将鼠标指针放置在某一行（列）的边框线上，当鼠标指针变为带有双向箭头的形状时，拖动鼠标即可调整行高（列宽）。

2）利用表格工具【布局】选项卡下的【单元格大小】组进行行高和列宽的设置。

单击【自动调整】命令后可以根据窗口和内容自动调整表格；单击分布行和分布列则在所选行（列）之间平均分配高度（宽度）。

（5）单元格内容对齐方式。

单元格内容的对齐方式主要有九种：靠上两端，靠上居中，靠上右对齐；中部两端、水平居中、中部右对齐；靠下两端、靠下居中、靠下右对齐。可以在【布局】选项卡【对齐方式】组里设置。

4. 表格的格式化

格式化表格主要是让表格看起来美观，主要包括表格样式、边框和底纹等的设置。

（1）表格样式设置。

将光标定位在表格的任一单元格内，选择表格工具【设计】选项卡，在【表格样式】下拉列表中选择其中一种样式，这样表格就应用了选定的表格样式。

（2）表格底纹设置。

选中要设置底纹的单元格，在【表格样式】组中，在【底纹】列表中选择一种颜色即可。

（3）表格边框设置。

选中表格或单元格，在【设计】选项卡下的【边框】组中，在【边框】下拉列表中单击一种应用即可。如列表中没有，可以单击【边框和底纹】按钮，打开【边框和底纹】对话框，在此对话框中可以设置表格边框的样式、颜色、宽度和应用范围等，如图 3.24 所示。

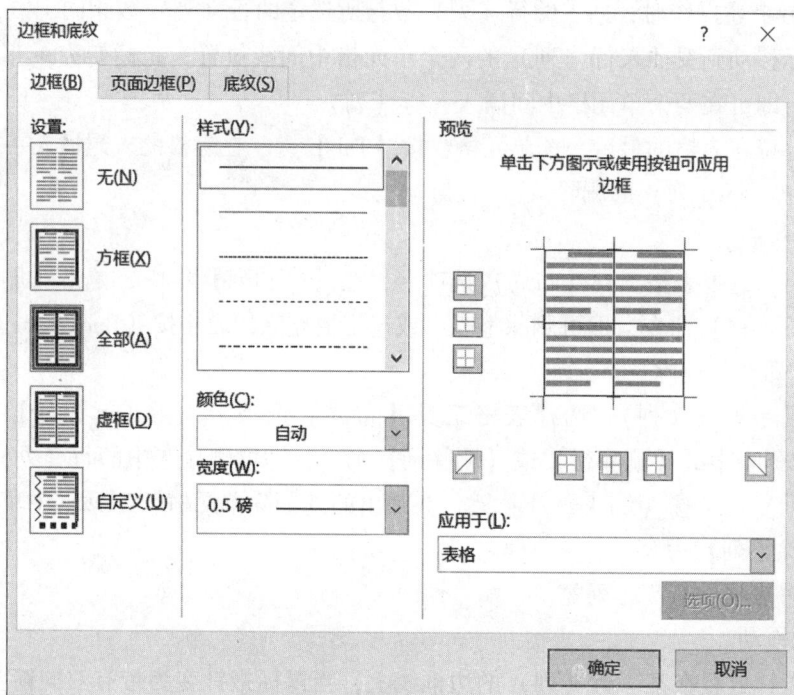

图 3.24　【边框和底纹】对话框

或利用【边框样式】设置单元格或表格边框：在【边框样式】下拉列表中选择一种样式，这时鼠标形状变为一支毛笔的形状，然后在要应用此边框的单元格框线上进行单击或者拖动，所有单击过的框线或者鼠标拖动过的框线就设置了此边框样式。应用完成后，在表格外的任一地方单击鼠标即可取消，鼠标变为正常形状。

（4）设置跨页表格标题。

如果一张表格要在多页中跨页显示，就需要设置标题行重复显示，这样每一页的表格中的第一行即为表格的标题内容，方便人们查看表格内容。具体设置方法：选中表格的第一行，选择【布局】选项卡，在【数据】组中单击【重复标题行】按钮，即可设置表格标题行重复显示。

3.3.2　表格计算

文档中我们可以利用 Word 提供的数学公式对表格中的数据进行运算，也可以借助排序功能对表格的数据进行排序。

1. 表格数据的排序

把光标定位在表格的任一单元格内，在【布局】选项卡【数据】组中，单击【排序】按钮，打开【排序】对话框，依次设置主要关键字、次要关键字、升序或降序等条件，然后单击【确定】按钮即可，如图 3.25 所示。

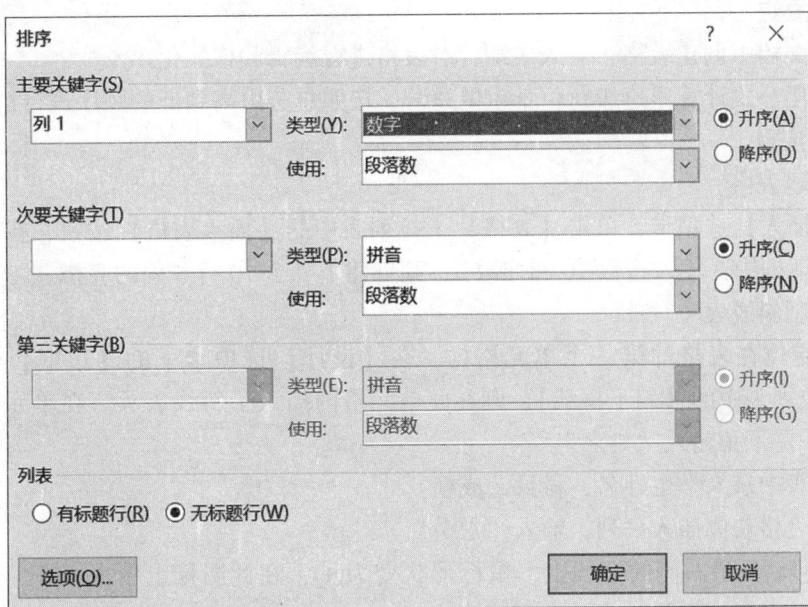

图 3.25 【排序】对话框

2. 表格数据的计算

将光标定位在要计算的单元格内，在【布局】选项卡下的【数据】组中单击【公式】按钮，打开【公式】对话框，输入公式或函数，然后单击【确定】按钮即可。函数可以从粘贴函数中选择。

注意：

（1）在表格中用公式进行计算时，必须以"="开头；公式输入时在英文半角状态下，字母不区分大小写。

（2）公式中可以采用的运算符号有+、−、*、/、^、%等。

（3）输入公式时，应该输入单元格的地址，而不是单元格中的具体数值，否则在单元格的数据发生改变时，公式更新将不起作用。

（4）表格计算中有四个向函数参数，分别是 ABOVE、LEFT、RIGHT、BELOW，用来指示向上、向左、向右、向下运算的方向。

3. 数据更新

如果参与了运算的数据发生改变，需要对运算结果进行更新，否则会引起运算结果错误。单击需要更新的数据，右击，在快捷菜单中单击【更新域】命令，该单元格中的数据就被更新。数据的更新需要逐个进行，直到所有计算数据全部被更新。

3.3.3 应用案例：班级成绩表

1. 案例描述

期末考试结束，各班级需要利用 Word 制作班级成绩表，录入本班学生成绩，计算每位学生的总分，并按照总分进行排序。

2. 任务要点

（1）在文档中创建表格，录入成绩，对表格进行编辑和格式化。

（2）利用公式计算出班级每位学生的总分，按照总分由高到低的顺序进行排序。

3. 操作步骤

（1）创建表格。

选择【插入】选项卡，单击【表格】下拉列表中的【插入表格】按钮，在弹出的【插入表格】对话框中，输入行数 10 和列数 5，则创建了一个 10 行 5 列的表格。

（2）绘制斜线表头。

将光标定位在表格的第一个单元格内，在【设计】选项卡下的【边框】组中，单击【边框】下拉列表中的【斜下框线】，则在此单元格内插入了斜线表头。在单元格右上角输入"科目"，左下角输入"姓名"。

（3）在表中录入学生姓名、科目、成绩。

（4）在表格右侧插入一列，输入"总分"。

将鼠标移动到最右侧的框线上，鼠标形状变为⊕，在此图标上单击一下，则在最右侧插入了一列，输入"总分"。

（5）计算总分。

将光标定位在 F2 单元格，在表格工具【布局】选项卡下的【数据】组中，单击【公式】按钮，弹出【公式】对话框，在【公式】栏中自动出现" = SUM（LEFT）"求和公式，单击【确定】按钮即可。如图 3.26 所示。将光标依次定位在其他计算总分的单元格内，用同样的方法计算出每个人的总分。

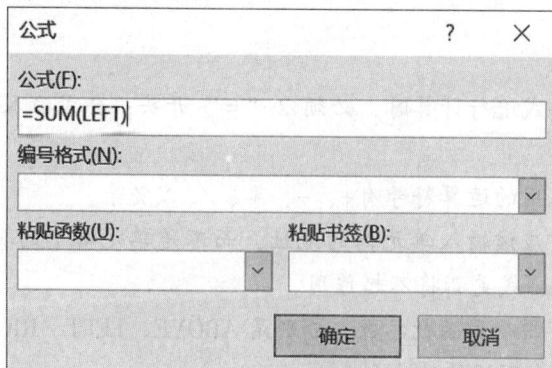

图 3.26　计算总分

（6）排序。

选中表格，单击【数据】组中的【排序】按钮，打开【排序】对话框，在【主要关键字】中选择【总分】，选中【降序】单选按钮，然后单击【确定】按钮即可，如图 3.27 所示。

（7）格式化表格。

在【单元格大小】组中，单击【自动调整】下拉列表中的【根据窗口自动调整表格】，调整表格行高和列宽；选择【布局】选项卡，选中除斜线表头外的所有单元格，在【对齐方式】组中，单击【水平居中】，将表格内容居中对齐。选中第一行，单击【底纹】下拉列

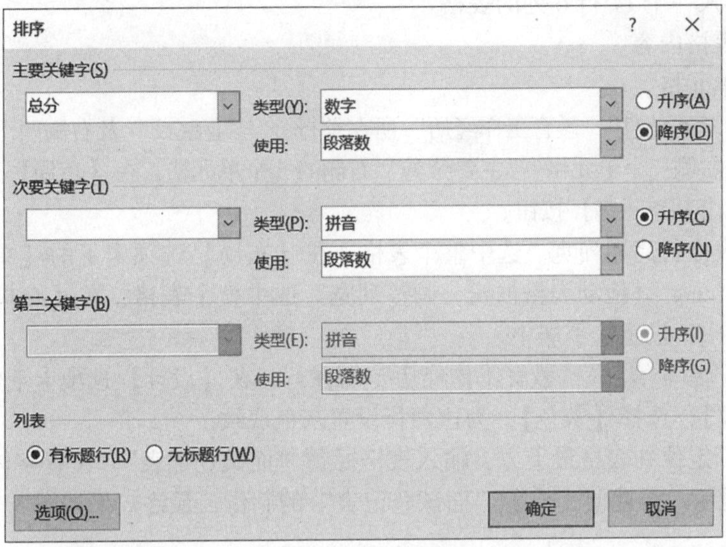

图 3.27 【排序】对话框

表中的【浅灰色】颜色，将第一行的底纹设置为灰色。

最终效果如图 3.28 所示。

2000级5班班级成绩表

科目 姓名	计算机	英语	高数	体育	总分
张元纲	90	98	72	90	350
沈东	80	88	78	95	341
李元	72	85	89	92	338
许子清	65	82	90	93	330
田芳云	68	78	89	94	329
高丽	90	90	56	90	326
程文	89	68	80	86	323
王子	68	80	78	91	317
高丽	72	64	65	89	290

图 3.28 班级成绩表最终效果图

3.3.4 应用案例：面试登记表

1. 案例描述

某公司进行人员招聘，你作为公司的招聘负责人，需要制作一份面试登记表让应聘者填写。

2. 任务要点

（1）利用 Word 创建表格，并对表格进行编辑和调整。

（2）对表格进行格式化，使表格美观大方。

3. 操作步骤

（1）选择【插入】选项卡，单击【表格】下拉列表中的【插入表格】命令，输入行数

11，列数 6，插入一个 11 行 6 列的表格。

（2）输入表格内容。

（3）合并单元格。

依次选中"基本信息""教育工作经历"所在整行、"毕业院校"及右侧两个单元格、"职务及工作内容"及右侧一个单元格、"主要荣誉"右侧的 5 个单元格，在【布局】选项卡下的【合并】组中单击【合并单元格】按钮。

（4）设置表格行高和列宽。选中整个表格，在【布局】选项卡下的【单元格大小】组中，设置行高 1 cm，并拖动表格框线，调整列宽。选中整个表格，在【布局】选项卡下的【对齐方式】组中，设置水平居中。

（5）选中"基本信息""教育工作经历"所在行，在【设计】选项卡下的【表格样式】组中单击【底纹】，选择【灰色】，为这两行设置灰色底纹。

（6）将光标定位在表格最上方，输入表格标题"面试登记表"，设置字体为黑体，字号为二号，居中显示。至此便完成了"面试登记表"的制作，最终效果如图 3.29 所示。

面试登记表

基本信息（以下内容请求职者真实填写）					
姓名		性别		出生年月日	
籍贯		学历		专业职称	
应聘岗位		到岗时间		期望薪资	
教育工作经历（只填写最高学习经历和最后两次工作经历）					
起止时间		毕业院校			所学专业
起止时间	单位名称		职务及工作内容		证明人及电话
主要荣誉					

图 3.29 "面试登记表"最终效果图

3.3.5 拓展练习：学科竞赛安排

1. 案例描述

学校要举办"互联网+"大学生创新创业大赛，现要进行总决赛，你作为比赛负责人，需要制定一个比赛安排表。

2. 任务要点

（1）利用文字转换成表格知识点制作比赛安排表。

（2）对表格进行编辑和格式化，设置表格样式。

3. 操作步骤

参考步骤扫描右侧二维码。

"互联网+"创新创业大赛总决赛安排

3.4 Word 图文混排

3.4.1 图形图像

1. 插入图片

在 Word 2016 中，用户可把自己保存的图片文件（如从网上、内存卡上或扫描仪中得到的图片）插入 Word 中。插入图片的类型可以是 .bmp、.jpg、.gif 和 .wmf 等类型。

（1）将光标定位到要插入图片的位置。

（2）选择【插入】选项卡下【插图】组中的【图片】命令，如图 3.30 所示，系统会打开【插入图片】对话框。

（3）在【插入图片】对话框中选择图片保存的位置、名称，然后单击【插入】按钮即可，如图 3.31 所示。

图 3.30 单击【图片】按钮

图 3.31 【插入图片】对话框

注：Word 2016 允许同时插入多张图片，在插入图片对话框里按住【Ctrl】键选择多张不连续的图片或按【Shift】键选择多张连续的图片，单击【插入】按钮即可。

（4）根据需要，可以使用【格式】选项卡中的功能，对图片样式、图片大小、图片颜色等进行详细的设计，如图 3.32 所示。

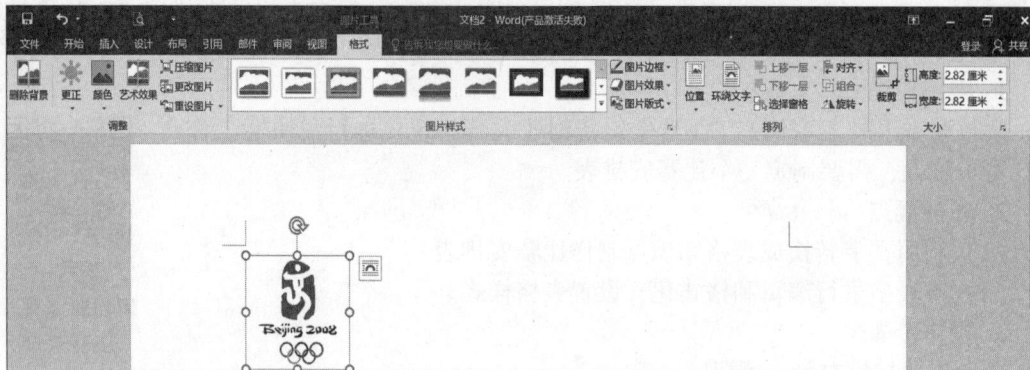

图 3.32　【格式】选项卡

2. 插入剪贴画

Word 2016 剪辑画中提供了大量的图片，从花草到动物，从建筑物到风景名胜等。用户可以从中选择所需的图片，并插入文档中。

（1）将光标定位到要插入剪贴画的位置。

（2）选择【插入】选项卡下【插图】组中的【联机图片】命令，如图 3.33 所示，系统会打开【插入图片】任务窗格。

图 3.33　单击【联机图片】按钮

（3）在任务窗格上方的【必应图像搜索】文本框中，输入剪贴画，单击所需的剪贴画就可以把剪贴画插入文档中，如图 3.34 所示。

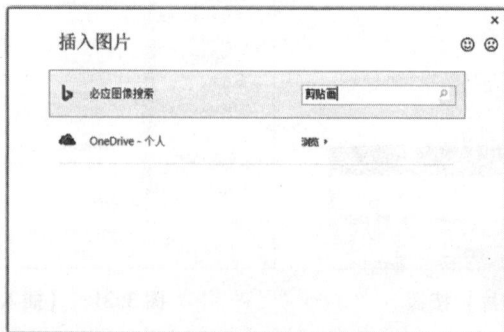

图 3.34　搜索剪贴画

3. 插入屏幕截图

利用屏幕截图功能可以捕获在计算机上打开的全部或部分窗口的图片。

（1）将光标定位到要插入屏幕截图的位置。

（2）单击【插入】选项卡下【插图】组中的【屏幕截图】下边的下拉箭头，在可视窗口中选择需要屏幕截图的窗口。

（3）这样计算机上的活动窗口就可以作为图片的形式插入 Word 文档中。

注：Word 2016 一次只能添加一个屏幕截图。若要添加多个屏幕截图，需进行多次屏幕截图。

4. 插入形状

在 Word 2016 中不仅可以插入图片，还可以自己绘制一些图形，如流程图、结构图等。利用自绘图形功能可以画出直线、矩形、椭圆、柱形等多种多样的基本图形，还可以由基本的图形组合成一幅图画。

（1）将光标定位到要插入形状的位置。

（2）选择【插入】选项卡下【插图】组中的【形状】下面的下拉箭头，可以从弹出的自绘图形样式里选择需要的形状，如图 3.35 所示。此时鼠标指针变成"十"字形。

（3）移动鼠标指针到合适位置，按下左键，再拖动鼠标以定出自绘图形的边界，当图形大小合适时释放鼠标左键，即可生成自绘图形。

5. 插入 SmartArt 图形

SmartArt 图形是信息和观点的视觉表示形式。可以通过从 Word 2016 中自带的多种不同布局中进行选择来创建 SmartArt 图形，从而快速、轻松、有效地传达信息。

（1）打开 Word 2016 文档窗口，在【插入】选项卡下【插图】功能组中单击【SmartArt】按钮，打开【选择 SmartArt 图形】对话框，如图 3.36 所示。

（2）单击左侧的类别名称选择合适的类别，然后在对话框右侧单击选择需要的 SmartArt 图形，并单击【确定】按钮。

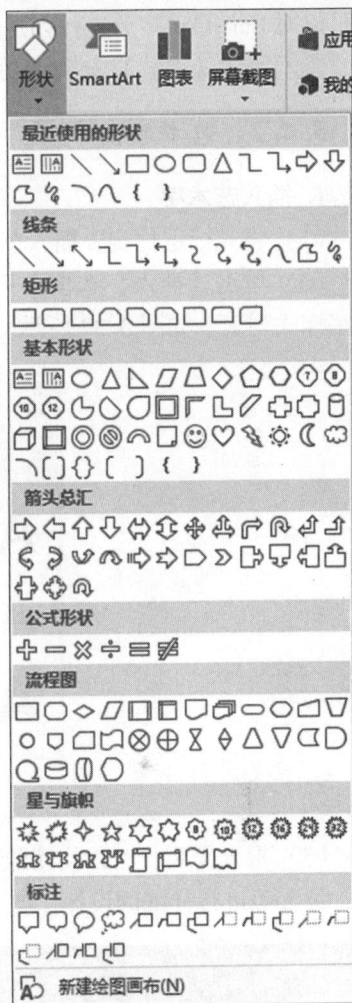

图 3.35 形状下拉列表

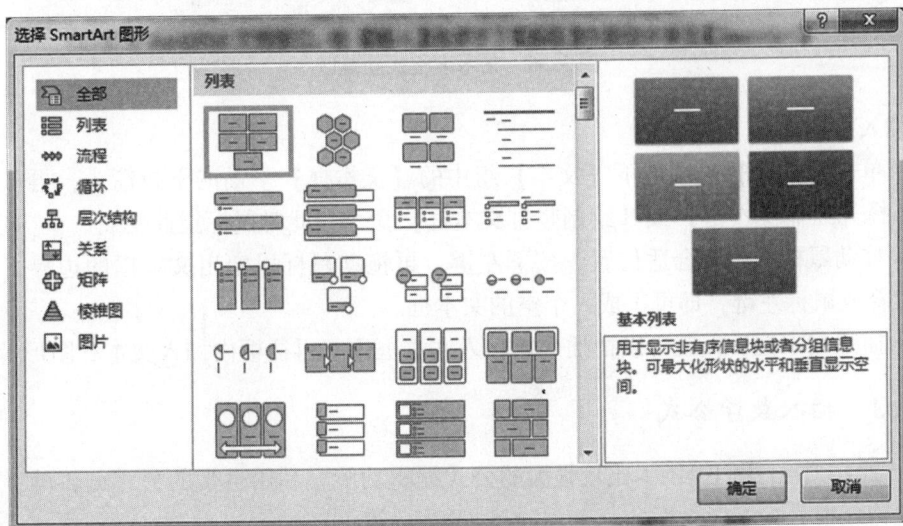

图 3.36 【选择 SmartArt 图形】对话框

（3）SmartArt 图形做好之后，选中，会出现【设计】和【格式】选项卡。【设计】选项卡可以对 SmartArt 图形进行创建图形、布局、样式等操作；【格式】选项卡功能与图片、形状、艺术字的【格式】选项卡功能类似。

3.4.2 艺术字文本框

1. 插入艺术字

（1）将光标定位到要插入艺术字的位置。

（2）单击【插入】选项卡下【文本】组中的【艺术字】下面的下拉箭头，可以弹出艺术字样式列表，如图 3.37 所示。单击需要的艺术字样式，然后输入文字。

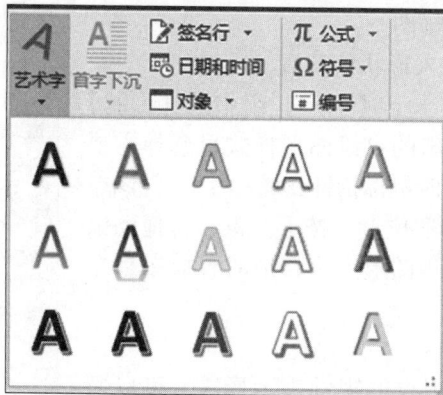

图 3.37　艺术字样式

（3）根据需要，可以使用绘图工具【格式】选项卡中的功能，对形状样式、艺术字样式、位置等进行详细的设计，如图 3.38 所示。

图 3.38　艺术字格式功能区

2. 插入文本框

（1）单击【插入】选项卡下【文本】组中的【文本框】下面的下拉箭头，再从其级联菜单中选择【绘制文本框】或【绘制竖排文本框】命令，此时鼠标指针变成"十"字形。

（2）移动鼠标指针到合适位置，按下左键，再拖动鼠标以定出文本框的边界，当框大小合适时释放鼠标左键，即可生成一个空的文本框。

（3）插入文本框后，就可以把插入点移入文本框内，再往框内加入文本和图形等内容。

3.4.3 插入数学公式

Word 2016 中给我们提供了比较强大的公式编辑功能，利用自带的公式编辑器，我们可以方便地输入根号、上标、下标、sin、cos 以及积分等。

（1）单击【插入】选项卡下【符号】组中的【公式】下面的下拉箭头，根据需求进行选择，如图 3.39 所示。

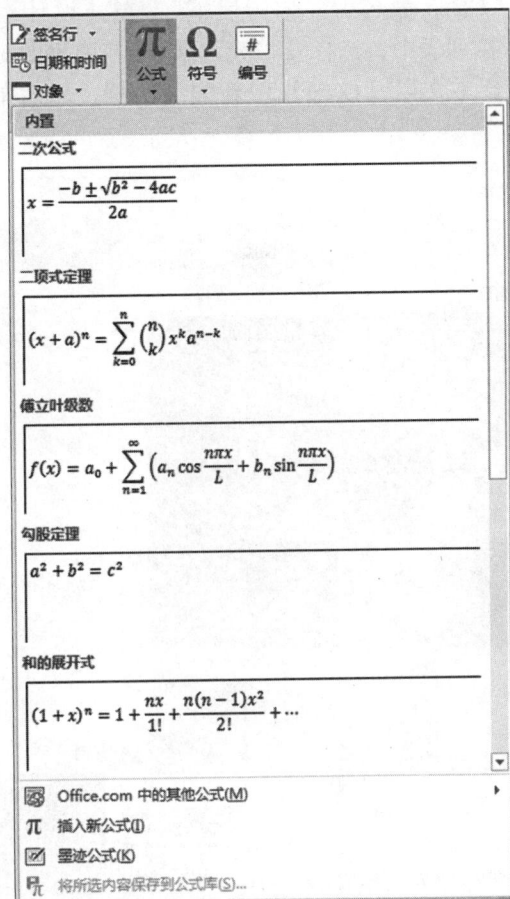

图 3.39 公式下拉列表

（2）可以使用公式工具【设计】选项卡中的功能，对公式进行编辑，如图 3.40 所示。

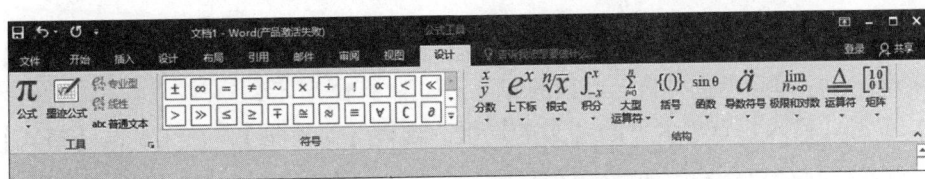

图 3.40 公式工具【设计】选项卡

3.4.4 应用案例：招聘启事

1. 案例描述

某公司对外进行人员招聘，人事处需要设计一张招聘启事。要求如下：招聘启事需要图文并茂，简洁大方。

2. 任务要点

（1）使用 Word 2016 办公软件进行招聘启事的制作。

（2）利用图文混排的知识进行设计。

3. 操作步骤

（1）新建 Word 2016 文档，命名为"招聘启事"。在【设计】选项卡下【页面背景】组中的【页面颜色】的下拉列表中，选择【填充效果】，在弹出的对话框中选择自己心仪的样式作为招聘启事的背景。本文以【纹理】中新闻纸为例，然后单击【确定】按钮即可，如图 3.41 所示。

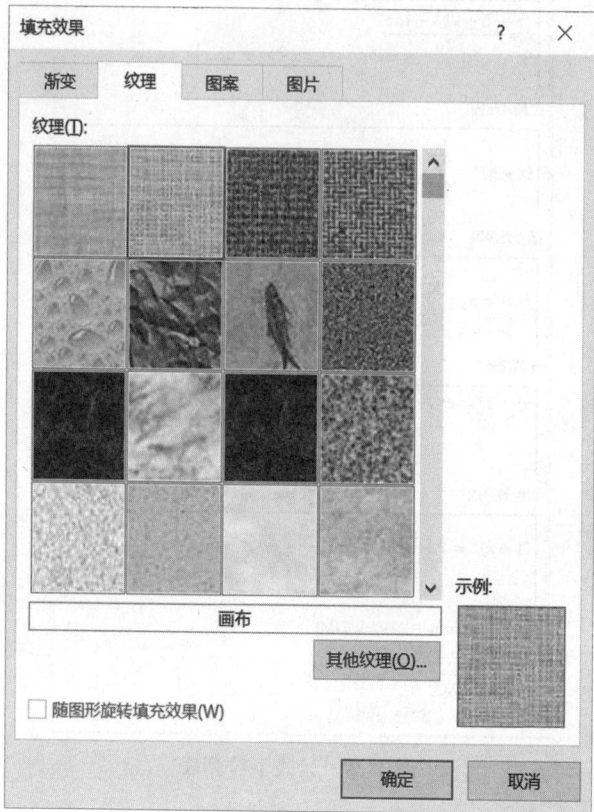

图 3.41　【填充效果】对话框

（2）单击【插入】选项卡下的【文本】组，选择【艺术字】，在艺术字【格式】中进行艺术字设计，字体颜色选择自己心仪的即可，如图 3.42 所示。

（3）单击【插入】选项卡下的【文本】组，选择【文本框】，在文本框【格式】中进行设计，输入文字即可，如图 3.43 所示。

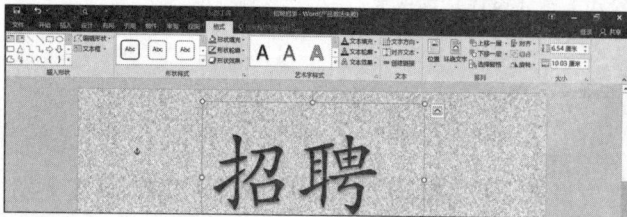

图 3.42　艺术字格式设置图

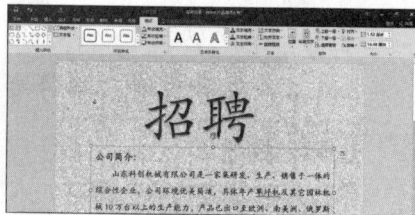

图 3.43　文本框格式设置

（4）选中招聘岗位，在【开始】选项卡下的【段落】组中，选择【项目符号列表】，弹出窗口如图 3.44 所示。

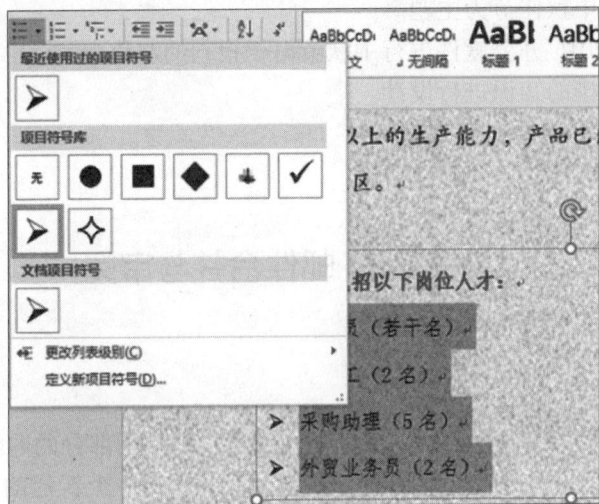

图 3.44 项目符号列表

（5）最后在相应的位置上运用艺术字和文本框填上联系人与电话等信息，完成招聘启事的制作。招聘启事样例如图 3.45 所示。

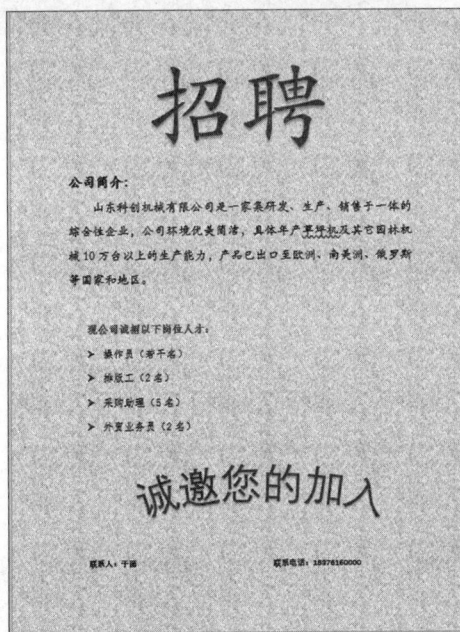

图 3.45 招聘启事样例

3.4.5 拓展练习：中秋节电子报刊

1. 案例描述

中秋节将至，为弘扬传统文化，丰富校园生活，学校组织学生制作中秋节电子报刊。要求如下：电子报刊以中秋佳节为主题，图文并茂。

2. 任务要点

（1）电子报刊以中秋佳节为主题。

（2）使用 Word 2016 办公软件进行中秋节电子报刊的制作。

（3）利用图文混排的知识进行设计。

3. 操作步骤

参考步骤扫描右侧二维码。

中秋节电子
报刊

3.5 Word 邮件合并与审阅

3.5.1 邮件合并

完成邮件合并需要两部分内容，一部分是主文档，即相同部分的内容；另一部分是数据源文件，即可变动内容。首先需要做的就是在 Word 中打开一个新建的文档。在 Word 2016 中，有一个专为邮件合并而设的选项卡。

1. 创建主文档

（1）先单击【邮件】选项卡，如图 3.46 所示。

图 3.46 【邮件】选项卡

（2）单击【开始邮件合并】旁边的下拉箭头，弹出下拉列表，如图 3.47 所示。从下拉列表中选择你想要创建的文档类型——你可以选择创建信函、信封、目录、标签（在每个标签中都有不同的地址）等。

2. 打开数据源

单击【开始邮件合并】组中的【选择收件人】项，可以选择【键入新列表】、【使用现有列表】、【从 Outlook 联系人中选择】，如图 3.48 所示。

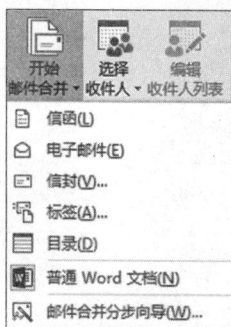

图 3.47 【开始邮件合并】下拉表

图 3.48 选择收件人列表

3. 插入合并域

将光标移到主文档中需要插入合并域的位置，单击【邮件】选项卡下【编写和插入域】组中的【插入合并域】项，如图 3.49 所示。从下拉列表中选择需要的选项即可。

4. 合并文档

单击【邮件】选项卡下【完成】组中的【完成并合并】项，如图 3.50 所示，从下拉列表中可以选择需要的选项完成即可，至此邮件合并完成。

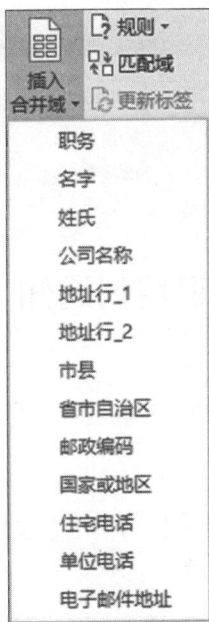

图 3.49　【插入合并域】下拉列表　　　　图 3.50　【完成并合并】下拉列表

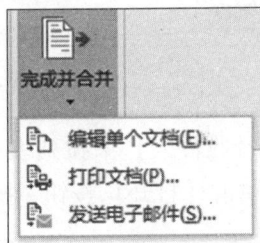

3.5.2　文档审阅

Word 2016 中自带校对、中文简繁转换、批注、修订、保护等功能，方便对文本文件进行整体的审阅。其功能区如图 3.51 所示。

图 3.51　【审阅】选项卡

3.5.3　应用案例：急救知识培训

1. 案例描述

学校为了加强大学生急救知识教育，现将一份急救知识培训材料发送给各二级学院负责老师，负责教师名单已给出。

2. 任务要点

（1）使用 Word 2016 办公软件中的邮件合并功能进行发送。

（2）每份文件中只包含一位老师姓名。

3. 操作步骤

（1）在【邮件】选项卡下【开始邮件合并】组中的【开始邮件合并】下拉列表中选择【信函】，如图 3.52 所示。

图 3.52　开始邮件合并

（2）在【选择收件人】下拉列表中选择【使用现有列表】，弹出【选择数据源】对话框，找到文件后单击【打开】按钮，操作效果如图 3.53 所示。

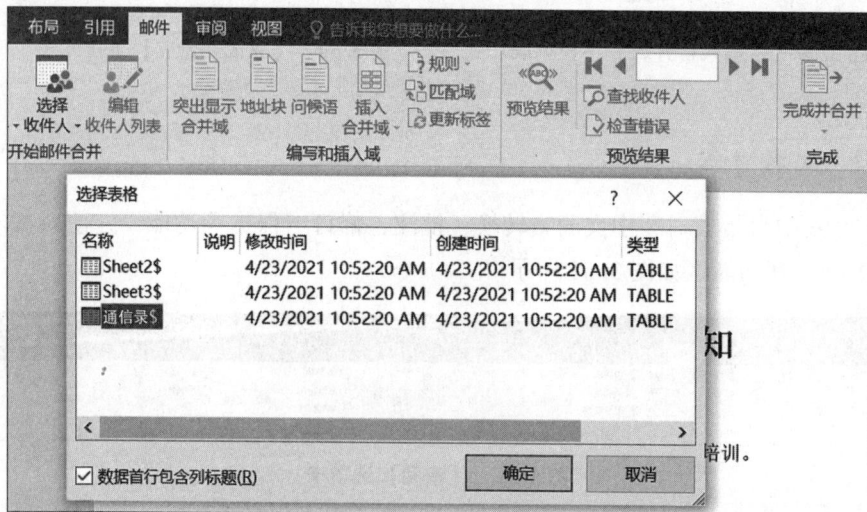

图 3.53　选择收件人

（3）将鼠标定位在"尊敬的"后面，在【编写和插入域】组中选择【插入合并域】，在下拉列表中选择【姓名】，如图 3.54 所示。

（4）在【完成并合并】下拉列表中单击【编辑单个文档】命令，输入老师名字，效果如图 3.55 所示。

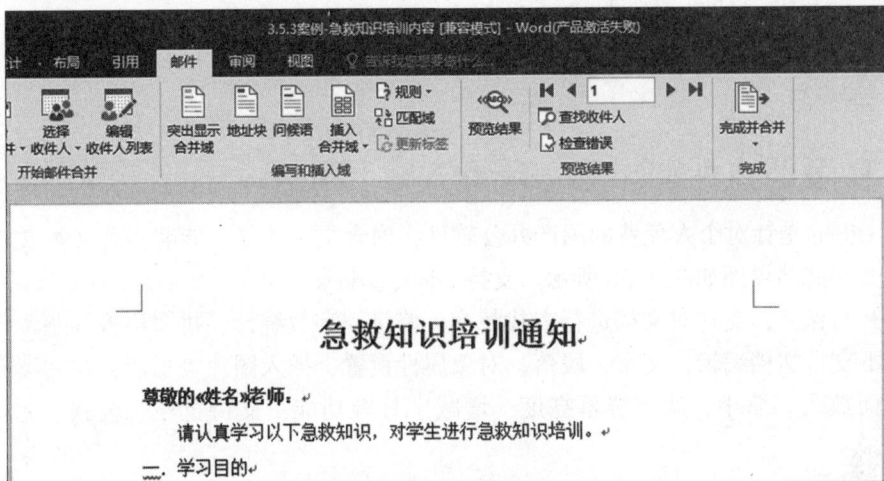

图 3.54 插入合并域

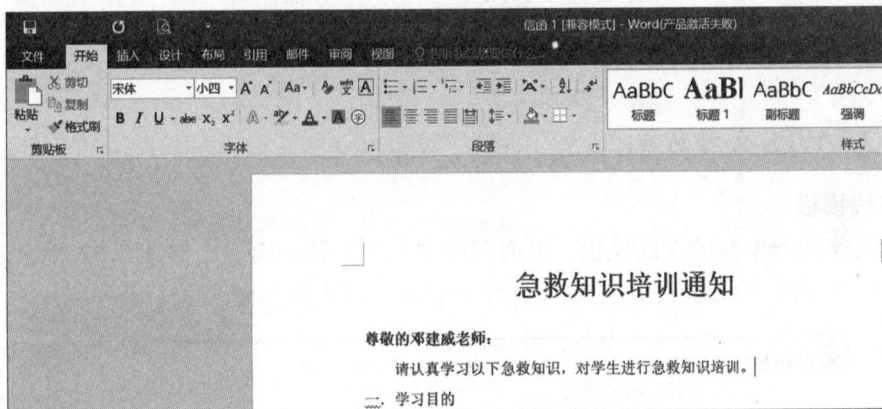

图 3.55 生成子文档

（5）保存新生成的文件合集。

3.5.4 拓展练习：荣誉证书制作与打印

1. 案例描述

学院在学期末举行评优评先活动，为获奖学生发放获奖证书。现制作一份电子版获奖证书，打印后为学生发放。

2. 任务要点

（1）使用 Word 2016 办公软件利用图文混排的知识进行设计。

（2）运用邮件合并功能进行姓名填充。

（3）打印。

3. 操作步骤

参考步骤扫描右侧二维码。

荣誉证书制作

3.6　WPS 文档基础及应用

3.6.1　WPS 文档简介

WPS Office 是针对个人免费的国产办公软件，内含文字功能，能够实现文本文档的制作与编辑。文字文档界面如图 3.56 所示。支持 .doc、.docx、.dot、.dotx、.wps、.wpt 等文件格式的打开与保存，支持对文档进行查找替换、修订、字数统计、拼写检查等基本操作；在编辑模式下支持文档编辑，文字、段落、对象属性设置，插入图片等功能；在阅读模式下支持文档页面放大、缩小，调节屏幕亮度，增减字号等功能；支持批注、公式、水印、OLE 对象的显示。

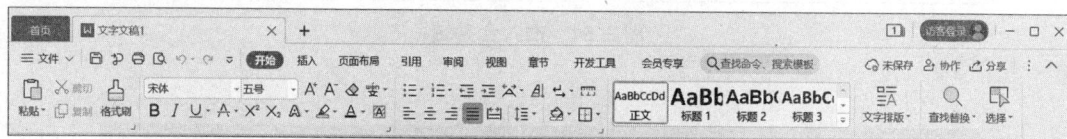

图 3.56　WPS 文字文档界面

3.6.2　WPS 文档特点

1. 在线模板

WPS 文字内含丰富的在线模板，里面有许多类型主题的模板，如图 3.57 所示，在联网的情况下可以方便地下载模板。它为工作学习提供了极大的方便。

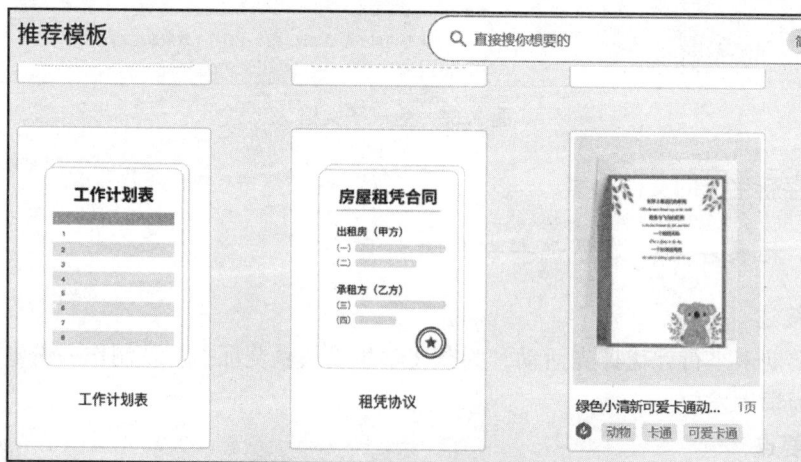

图 3.57　WPS 提供模板展示

2. 图形图像

WPS 的【插入】功能中，提供了更丰富的图片类型。增加了图标、流程图、思维导图、条形码、二维码等很多实用的图形，如图 3.58 所示。它为用户提供了更方便实用的体验。

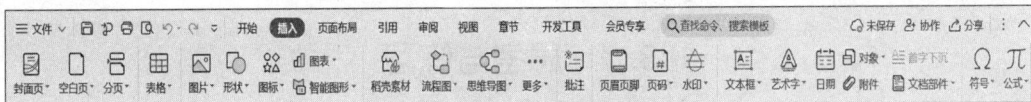

图 3.58 WPS 的【插入】选项卡

WPS 的图表没有三维的图表（三维图表只是看起来有立体感，而对数据处理没有用），但是它的图表与插入的图片一样可以进行修饰，如阴影、发光、柔化边缘。

3. 稿纸设置

稿纸是 WPS 文字的特色之一，用户可将全篇文档都设置为稿纸，也可以根据需要通过插入文档分节符来实现稿纸格式和空白纸格式的混合排版。稿纸设置如图 3.59 所示。

图 3.59 稿纸设置

4. 特色功能

WPS 文字中的【会员专享】区提供了很多特色功能，可以实现 PDF 与 Word 的相互转换、图片转文字、输出长图、文档修复等功能，方便快捷。【会员专享】区功能如图 3.60 所示。

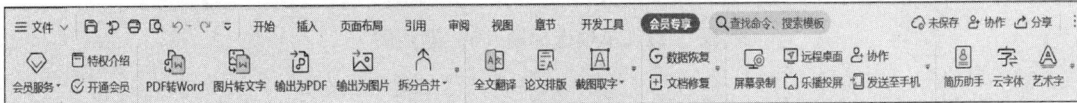

图 3.60 【会员专享】区功能

5. "云"办公

WPS 文字提供的"云"办公，非常实用。通过"云"传输，将电脑中的文档漫游到手机（Android 平台）上的快盘、WPS Office，用户可随时随地地阅读、编辑和保存文档，还可将文档共享给工作伙伴。

3.7　思考与练习

1. 单项选择题

（1）Word 是 Microsoft 公司推出的一款（　　　）。

A. 电子表格处理软件　　　　　　　B. 数据库管理系统

C. 文字处理软件　　　　　　　　　D. 操作系统

（2）在 Word 文档编辑状态下，若要设置文档行间距，其功能按钮位于（　　　）选项卡中。

A.【开始】　　　　B.【文件】　　　　C.【插入】　　　　D.【视图】

（3）在 Word 中显示有当前页数、总页数、字数等信息的是（　　　）。

A. 常用工具栏　　　B. 菜单栏　　　　C. 标题栏　　　　D. 状态栏

（4）在 Word 中，插入图片时，默认的文字环绕方式是（　　　）。

A. 嵌入型　　　　B. 四周型　　　　C. 紧密型　　　　D. 浮于文字上方

（5）在 Word 中，如果操作出现操作失误，可以使用（　　　）返回到原来的状态。

A. 撤消　　　　　B. 恢复　　　　　C. 删除　　　　　D. 重启应用程序

（6）关于 Word 中的"项目符号和编号"，下列说法错误的是（　　　）。

A. 可以使用【插入】选项卡插入项目符号和编号

B. 可以设置编号的起始号码与编号样式

C. 可以自定义项目符号为符号或图片

D. 可以自定义项目符号和编号的字体颜色

（7）下列选项中，可用来在 Word 中创建表格的是（　　　）。

A. 利用【格式】选项卡创建

B. 使用【开始】选项卡下的【插入表格】命令创建

C. 使用【插入】选项卡下的【表格】命令创建

D. 使用【设计】选项卡下的【表格】组中的【绘制表格】命令创建

（8）在 Word 中，要使图 3.61 所示的图形能够自动编号，应插入（　　　）。

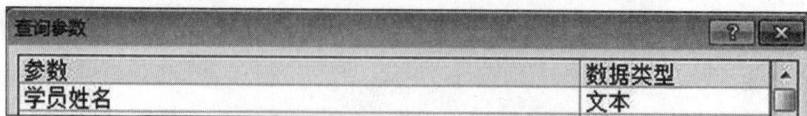

图 3.61　单项选择题（8）题用图

A. 批注　　　　　B. 尾注　　　　　C. 题注　　　　　D. 脚注

（9）Word 中，如果设置了页眉和页脚，那么页眉和页脚只能在（　　　）看到。

A. Web 版式视图方式　　　　　　　B. 页面视图或打印预览方式

C. 大纲视图方式　　　　　　　　　D. 普通视图方式

2. 多项选择题

（1）下列选项中，属于 Word 缩进效果的是（　　　）。

A. 两端缩进　　　B. 分散缩进　　　C. 左缩进　　　　D. 右缩进

（2）Word 中，页面设置可以进行的设置包括（　　　）。

A. 纸张大小　　　　　B. 页边距　　　　　C. 批注　　　　　D. 字数统计

（3）Word 中，字体大小一般以（　　）和（　　）为单位。

A. 磅　　　　　　　　B. 英寸　　　　　　C. 像素　　　　　D. 号

（4）在 Word 中，【段落设置】对话框包括（　　　）。

A. 首行缩进　　　　　B. 对齐方式　　　　C. 分栏　　　　　D. 文字方向

（5）Word 中，有关表格的说法下列错误的是（　　　）。

A. 通过【插入】选项卡可插入表格

B. 在表格工具【布局】选项卡中，可以进行边框及底纹的设计

C. 表格中的单元格可以合并及拆分

D. 表格中的数据不能排序

3. 填空题

（1）Microsoft Word 2016 文档的扩展名是＿＿＿＿＿＿。

（2）在 Word 中，同时按下【Ctrl】和【V】键的作用是＿＿＿＿＿＿；同时按下【Ctrl】和【X】键的作用是＿＿＿＿＿＿。

（3）在 Word 中，段落首行第 1 个字符的起始位置距离段落其他行左侧的缩进量叫作＿＿＿＿＿＿。

（4）所谓＿＿＿＿＿＿就是 Word 系统自带的或由用户自定义的一系列排版格式的总和，包括字符格式、段落格式等。

（5）在 Word 中，插入分节符，应该在【布局】选项卡下的＿＿＿＿＿＿组中单击【分隔符】命令。

4. 操作题

小明要使用 Word 2016 制作一个 Windows 计算器使用说明书，如图 3.62 所示，请结合所学知识，回答下列问题。

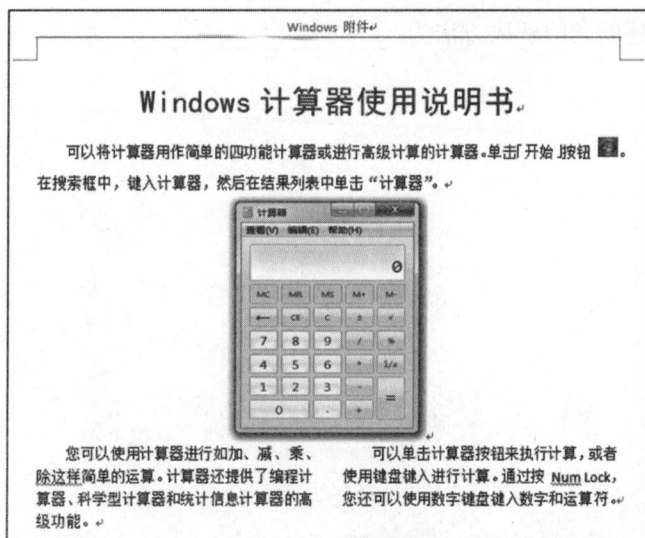

图 3.62　操作题图

（1）要在页面顶部显示如图 3.62 所示的"Windows 附件"样式，最优操作是（　　）。

A. 单击页面顶部区域输入"Windows 附件"

B. 在页面顶部区域添加文本框，输入"Windows 附件"

C. 在【插入】选项卡下选择【页眉】→【编辑页眉】，插入"Windows 附件"

D. 在【插入】选项卡下选择【页脚】→【编辑页脚】，插入"Windows 附件"

（2）要设置如图 3.62 所示的文档标题"Windows 计算器使用说明书"字样，下列操作中肯定没有使用的是（　　）。

A. 设置字体为"黑体"　　　　　　B. 设置字形为"倾斜"

C. 设置字号为"二号"　　　　　　D. 设置段落为"居中"

（3）要将图 3.62 所示的正文中所有文本段落的第一行缩进 2 个字符，最规范的操作是（　　）。

A. 在每段开头增加 2 个空格

B. 设置段落缩进为"左侧"2 个字符

C. 设置段落缩进为"悬挂缩进"2 个字符

D. 设置段落缩进为"首行缩进"2 个字符

（4）将图 3.62 所示图片下的两个段落设置为左右两列的形式，用到的功能是（　　）。

A.【页面布局】选项卡下的【分栏】

B.【段落】选项卡下的【分栏】

C.【视图】选项卡下的【并排查看】

D.【视图】选项卡下的【双页】

（5）图 3.62 所示的图片原始大小为高 8.5 cm、宽 6 cm，需调整为高 6 cm、宽 5 cm，完成图片大小调整时，发现高度和宽度不能同时调整为目标值，是因为（　　）。

A. 环绕方式选用错误　　　　　　B. 插入方式选用错误

C. 锁定纵横比设置错误　　　　　D. 图片类型不符

（6）上题中所述问题的解决方法为＿＿＿＿＿＿＿＿＿＿＿。

第4章 电子表格软件

（1）了解 Excel 2016 的主要功能。

（2）掌握 Excel 工作簿和工作表、单元格和单元格区域、数据类型、数据清单等基本概念。

（3）熟悉工作表的基本操作：插入、删除、复制、移动、重命名和隐藏；熟悉行列的插入、删除、锁定和隐藏，单元格和单元格区域的管理，各种类型数据的输入、编辑及数据填充，相对引用、绝对引用、混合引用、三维地址引用以及批注的使用。

（4）掌握工作表中公式的输入与常用函数的使用。

（5）掌握表格格式化：单元格与单元格区域格式化、行高和列宽的调整、自动套用格式、条件格式、页面布局、表格打印设置等。

（6）掌握工作表中数据处理操作：排序、筛选、分类汇总、合并计算，数据透视表的使用，外部数据获取，模拟分析，图表和迷你图的插入、数据源设置、格式设置等。

（7）熟悉 WPS 表格操作基础、特点及应用。

Excel 2016 是微软公司推出的 Office 2016 办公系列软件的一个重要组成部分，WPS 表格是国内金山公司发布的一款电子表格办公软件。两款软件均可用于电子表格处理，可以高效地完成各种表格和图表的设计，进行复杂的数据计算和分析，广泛应用于财务、行政、金融、经济、统计和审计等众多领域。

4.1 Excel 概述及基本操作

4.1.1 Excel 基本概念

Excel 2016 的工作界面，如图 4.1 所示。Excel 2016 的工作界面主要由标题栏、【文件】按钮、快速访问工具栏、功能选项卡、功能区、名称框、编辑栏等组成。

1. 工作簿

工作簿是工作表的集合。一个 Excel 文件就是一个工作簿，默认的扩展名为 ".xlsx"。在 Excel 2016 中，每个工作簿默认只有 1 个工作表（默认 Sheet1），用户可以根据需要随时插入或删除工作表，也可以在【Excel 选项】→【包含的工作表数】中设置 1~255 张工作表。

工作簿的基本操作包括新建、保存、打开、关闭、重命名等操作。如已经打开了 Excel 2016 程序，若建立新的工作簿，鼠标依次单击【文件】→【新建】→【空白工作簿】完成。

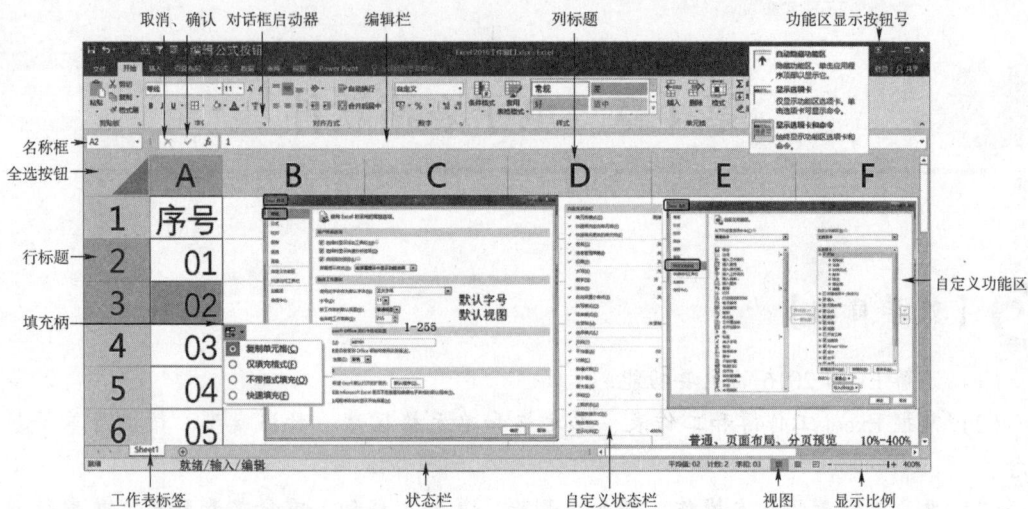

图 4.1　Excel 2016 工作界面

2. 工作表

工作表是 Excel 完成工作的基本单位。工作表本身是由若干行和若干列组成的，列是垂直的，由大写字母标识（从 A 到 XFD，共 16 384 列）；行是水平的，由阿拉伯数字标识（共 1 048 576 行）。

工作表基本操作包括：选择（一个或多个、连续或不连续）工作表、插入工作表、重命名工作表、删除工作表、移动或复制工作表、拆分工作表、冻结工作表等操作。

3. 单元格和单元格区域

单元格是工作簿的最小组成单位，是工作表的基本单位。输入的任何数据都将保存在这些单元格中。单元格名称由它们所在的行的行号和所在列的列号来命名（"名称框"中将会显示该单元格的名称，如 A1）。若该单元格中有内容，则会显示在"编辑栏"中。

单元格区域指的是单个单元格，或者是由多个单元格组成的区域，或者是整行整列等。

4. 活动单元格和活动工作表

用户选中的单元格、工作表或用户正在编辑的单元格、工作表，称为活动单元格和工作表。活动单元格的右下角有一个小黑点，称为填充柄。

5. 数据

在 Excel 中共有常规、数值、货币、会计专用、日期、百分比、分数、科学记数、文本、特殊、自定义等 12 种类型的数字格式。

数字类型数据：

"常规"类型是默认的数字格式，数字通常显示的形式是整数、小数，或者是科学记数法的形式。

数字型数据默认右对齐，数字与非数字的组合均作为文本型数据处理。

输入数字型数据时，应注意以下几点：

（1）输入分数时，应在分数前输入 0（零）及一个空格，如分数 1/9 应输入 0 1/9。如果直接输入 1/9 或 01/9，则系统将把它视作日期，认为是 1 月 9 日。

（2）输入负数时，应在负数前输入负号，或将其置于括号中。如-8 应输入 "-8" 或 "(8)"。

（3）在数字间可以用千分位号"，"隔开，如输入"12,002"。

（4）如果输入的数字整数部分长度超过 11 位，将自动转换成科学记数法表示；如果单元格宽度仍然不足，系统会将单元格区域填满"#"，此时需改变单元格的数字格式或列宽来显示所有数值。如表 4.1 所示。

表 4.1　数字类型数据输入

输入"123456789123"	输入 11 位数字	输入 12 位数字	列宽不够宽
单元格显示内容	12345678912	1. 23457E+11	######

（5）如果数字长度超出了 15 位，则 Excel 会将多余的数字位转换为 0。

文本类型数据：

单元格中的文本可以由数字、字母、汉字、特殊符号组成。当输入的字符串长度超过单元格的列宽时，如果右侧单元格的内容为空，则字符串超宽的部分将覆盖右侧单元格成为宽单元格；如果右侧单元格中有内容，则字符串超宽部分将自动隐藏。

有些数字是无须计算的，如电话号码、邮政编码、学号等，系统往往把它们处理为由数字字符组成的文本。为了和数值区别，在这些数字之前加上半角的单引号，则系统会自动在数字所在单元格的左上角出现一个绿色的三角标识。

日期与时间数据：

日期的格式是以斜线"/"或分隔符"－"来分隔年、月、日的，如 2021－9－1 或者 2021/9/1。输入时间后，默认显示的方式是以 24 小时制显示，若想表示为 12 小时制时间，可在时间后面加上 am 或 pm，如 8:00am。

此外，还可以通过组合键来输入日期和时间。例如，按【Ctrl】+【;】组合键，可输入当前日期；按【Ctrl】+【Shift】+【;】组合键可输入当前时间；按【Ctrl】+【#】组合键可以使用默认的日期格式对单元格格式化；按【Ctrl】+【@】组合键可以使用默认的时间格式格式化单元格。

公式、函数：

详见 4.2 Excel 公式与函数。

6. 数据清单

在 Excel 中，可以通过创建数据清单来管理数据。数据清单是一个二维的表格，是由行和列构成的，数据清单与数据库相似，每行表示一条记录，每列代表一个字段。

数据清单具有以下几个特点：

（1）第一行是字段名，其余行是清单中的数据，每行表示一条记录；如果本数据清单有标题行，则标题行应与其他行（如字段名行）隔开一个或多个空行。

（2）每列数据具有相同的性质。

（3）在数据清单中，不存在全空行或全空列。

4.1.2 工作表基本操作

基本操作包括：编辑（增、改、删、查）数据，自动填充数据，单元格（区域），行和列的管理，工作表的管理等。

1. 编辑数据

（1）输入（增）数据方法。

1）单数据输入方法。

①单击单元格，直接输入数据或在编辑栏中输入数据。

②双击单元格（或按【F2】键），当单元格内出现光标闪烁时，可以输入数据。

2）多数据输入方法。

①先按住【Ctrl】键选择区域，输入数据后，按【Ctrl】+【Enter】组合键，可实现相同数据的输入。

②一个单元格实现多行数据输入，需要使用【Alt】+【Enter】组合键完成。

（2）更新（改）数据方法。

1）在单元格中修改。

①单击单元格，直接输入替换的数据，按【Enter】键确认。

②双击单元格（或按【F2】键），将光标定位到该单元格中，再按【Backspace】键或【Delete】键将字符删除，然后再输入新数据，按【Enter】键确认。

2）在编辑栏中修改。

单击单元格，该单元格中的内容会显示在编辑栏中，然后再单击编辑栏，并对其中的内容进行修改即可。当单元格中的数据较多时利用编辑栏来修改数据更方便。

（3）清除、删除数据方法。

Excel 单元格或区域数据的删除与清除操作结果是不完全一致的。清除可以只清除单元格的内容、格式、批注等，单元格保留；而删除则将单元格或单元格区域中的所有内容和格式全部清除掉，其他单元格来补充。

1）清除数据。

清除功能在【开始】选项卡的【编辑】组中，如图 4.2 所示。

①全部清除：清除选定单元格中的所有格式、内容、批注、超链接等。

②清除格式：只清除选定单元格格式设置，如字体、颜色、边框、底纹等，不清除内容和批注。

③清除内容：只清除选定单元格的内容，和使用【Delete】键的效果相同。

④清除批注：只清除选定单元格的批注。

⑤清除超链接：只清除选定单元格的超链接，格式不清除。

2）删除数据。

①选定单元格或单元格区域后，右击，选择快捷菜单中的【删除】命令，弹出如图 4.3 所示的【删除】对话框。

第4章 电子表格软件

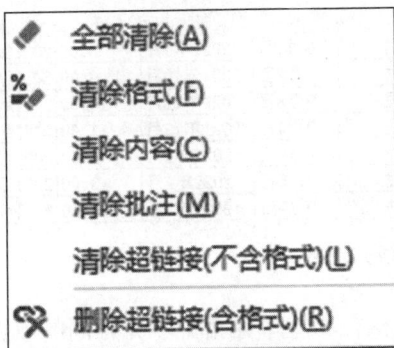

图 4.2 清除选项

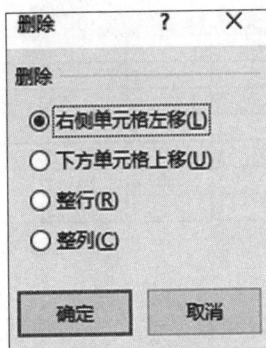

图 4.3 【删除】对话框

②如果对操作反悔，可以通过撤消和恢复操作完成，快捷键【Ctrl】+【Z】实现撤消功能，快捷键【Ctrl】+【Y】实现恢复功能。

（4）查找、替换数据方法。

选中区域，按【Ctrl】+【F】或【Ctrl】+【H】组合键调出【查找和替换】对话框，如图 4.4 所示，填写有效的数据名或者含有的关键词，然后单击【查找全部】按钮即可，如需替换部分内容，则单击【替换】按钮，填写查找内容和替换的内容，然后单击【全部替换】按钮即可，更多选择可以通过【选项】按钮来切换。

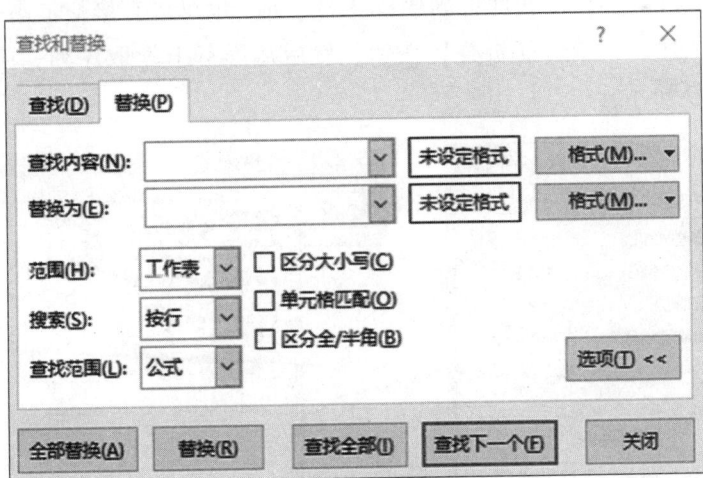

图 4.4 【查找和替换】对话框

2. 自动填充数据

Excel 2016 有自动填充功能，可以自动填充一些有规律的数据。如：填充相同数据，填充数据的等比数列、等差数列和日期时间序列等，还可以输入自定义序列。

（1）自动填充。

自动填充是根据初值决定以后的填充项。方法为：将鼠标移动到初值所在的单元格填充柄上，当鼠标指针变成黑色"十"字形时，按住鼠标左键拖动到所需的位置，松开鼠标即可完成自动填充，如图 4.5 所示。

	A	B	C	D	E	F	G	H	I	J
1	1	1	1	2	星期一	一月	9月1日	2021年9月	8:00	2021级1班
2	1	2	3	4	星期二	二月	9月2日	2021年10月	9:00	2021级2班
3	1	3	5	8	星期三	三月	9月3日	2021年11月	10:00	2021级3班
4	1	4	7	16	星期四	四月	9月4日	2021年12月	11:00	2021级4班
5	1	5	9	32	星期五	五月	9月5日	2022年1月	12:00	2021级5班
6	1	6	11	64	星期六	六月	9月6日	2022年2月	13:00	2021级6班
7	1	7	13	128	星期日	七月	9月7日	2022年3月	14:00	2021级7班

图 4.5　自动填充效果

初始值为纯数字或文本型数据时，拖动填充柄在相应单元格中填充相同的数据。若在拖动填充柄的同时按住【Ctrl】键，可使数字型数据自动增减 1。

初始值为文本和数字混合时，填充时文字不变，最右侧第一个数字增减。

选定相邻的两个单元格填充，填充时右侧第一个数字相差值自动增减。

输入任意等差、等比数列：先选定起始数字单元格，选择【开始】→【编辑】→【填充】→【序列】命令，弹出如图 4.6 所示的【序列】对话框，按照需求设置参数即可（"终止值"参数为可选项，用户根据先选择区域还是选择起始单元格决定是否填写）。

（2）创建自定义序列。

选择【文件】→【选项】→【高级】→【编辑自定义列表】命令，弹出【自定义序列】对话框。可以在【输入序列】列表框内输入序列的内容，每项占一行或用逗号隔开，输入完成后，单击【添加】按钮即可创建自己的序列。也可以直接从工作表导入，方法是先在工作表中输入序列，单击【折叠】按钮，然后从屏幕上划取序列，单击【导入】按钮完成，如图 4.7 所示。

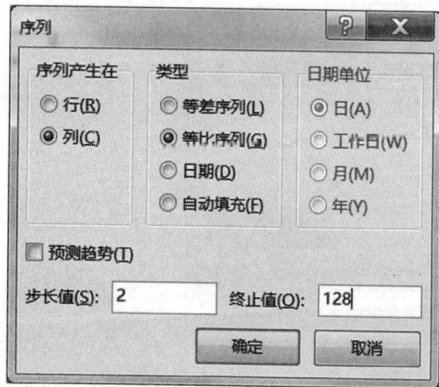

图 4.6　【序列】对话框

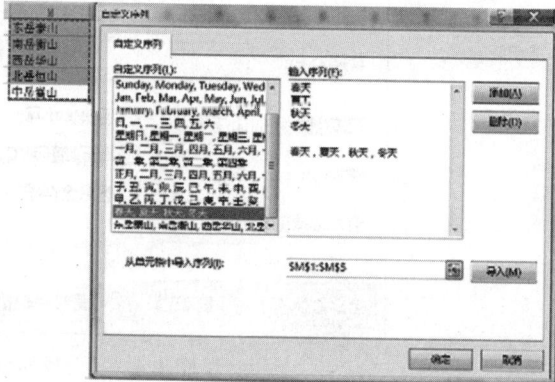

图 4.7　【自定义序列】对话框

3. 数据有效性的设置

在设置数据有效性时，选择【数据】→【数据工具】→【数据验证】命令，在【数据验证】对话框（见图 4.8）中的【设置】选项卡中的有效性条件的确定至关重要，需要根据对单元格中数据的限制，确定【允许】下拉列表中的选项及数据对应的条件。【输入信息】【出错警告】【输入法模式】等选项卡可以根据需要确定相关内容和设置。

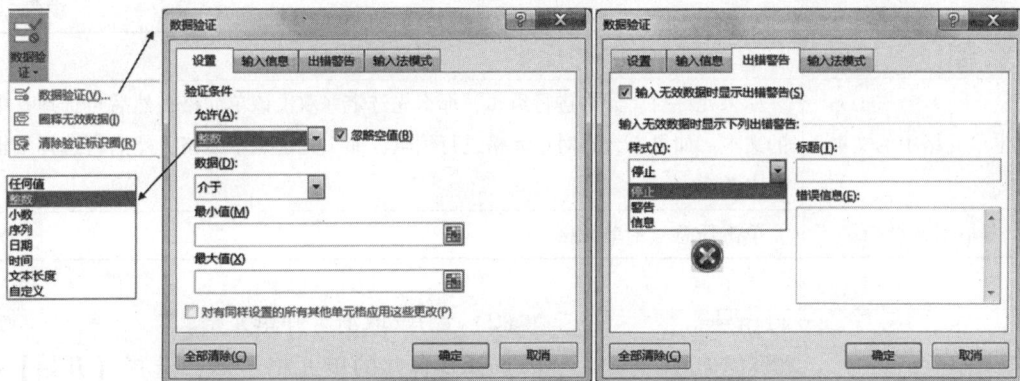

图 4.8　【数据验证】对话框

注：数据有效性可以复制，可以定位，可以删除。

4. 单元格（区域）、行和列的管理

基本操作包括：选择（一个或多个、连续或不连续）单元格和行和列、合并/取消合并单元格、插入/删除单元格和行和列、行和列的隐藏与取消隐藏等操作。

（1）选择。

包括单元格、单元格区域、行和列的选择，常用的选择操作如表 4.2 所示。

表 4.2　常用选择操作

选择内容	具体操作
单个单元格	单击相应的单元格，或用箭头键移动到相应的单元格
某个单元格区域	单击选定该区域的第一个单元格，然后拖动鼠标直至选定最后一个单元格
工作表中的所有单元格	单击全选按钮，如图 4.1 所示
不相邻的单元格或单元格区域	先选定第一个单元格或单元格区域，然后按住【Ctrl】键再选定其他的单元格或单元格区域
较大的单元格区域	单击选定区域的第一个单元格，然后按住【Shift】键再单击该区域的最后一个单元格（若此单元格不可见，则可以用滚动条使之可见）
整行	单击行标题
整列	单击列标题
相邻的行或列	沿行号或列标拖动鼠标；或先选定第一行或第一列，然后按住【Shift】键再选定其他行或列
不相邻的行或列	先选定第一行或第一列，然后按住【Ctrl】键再选定其他的行或列
增加或减少活动区域的单元格	按住【Shift】键并单击新选定区域的最后一个单元格，在活动单元格和所单击的单元格之间的矩形区域将成为新的选定区域
选择多个工作表中的相同区域	首先，在第一张工作表中选择一个数据区域，然后按住【Ctrl】键选择其他的工作表标签

续表

选择内容	具体操作
选定单元格中的文本	如果允许对单元格进行编辑，那么先选定并双击该单元格，然后再选择其中的文本。如果不允许对单元格进行编辑，那么先选定单元格，然后再选择编辑栏中的文本
取消选择	单击任意一个单元格

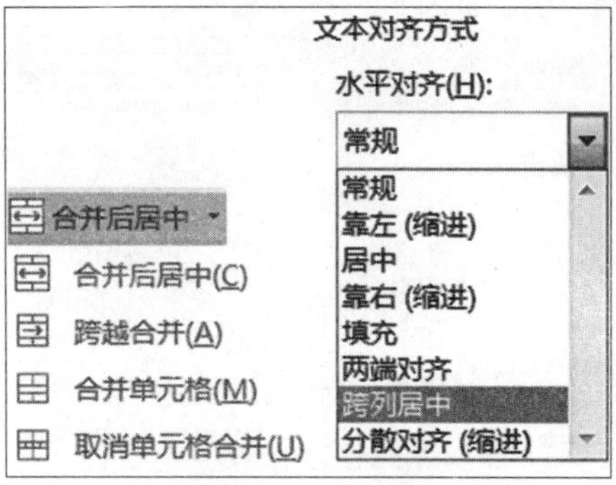

图 4.9　合并后居中

（2）合并/取消合并单元格。

选择要合并的单元格区域，选择【开始】→【对齐方式】→【合并后居中】命令（注意和对齐方式"跨列居中"不同，如图 4.9 所示）。注意：合并多个单元格时，只有一个单元格（如果是从左到右的语言，则为左上角单元格，或者，如果是从右到左的语言，则为右上角单元格）的内容会显示在合并单元格中，合并的其他单元格的内容会被删除。

（3）插入/删除。

插入单元格：在需要插入空单元格处选定相应单元格区域，选择【开始】→【单元格】→【插入】→【插入单元格】命令，弹出【插入】对话框，根据需要选中【活动单元格右移】或【活动单元格下移】单选按钮，然后单击【确定】按钮，如图 4.10 所示。

插入整行/列：若在某行上方插入 N 行，则选定插入新行之下相邻的 N 行；若在某列左侧插入 N 列，则选定插入新列右侧相邻的 N 列。执行【开始】→【单元格】→【插入】相应操作即可，如图 4.11 所示。

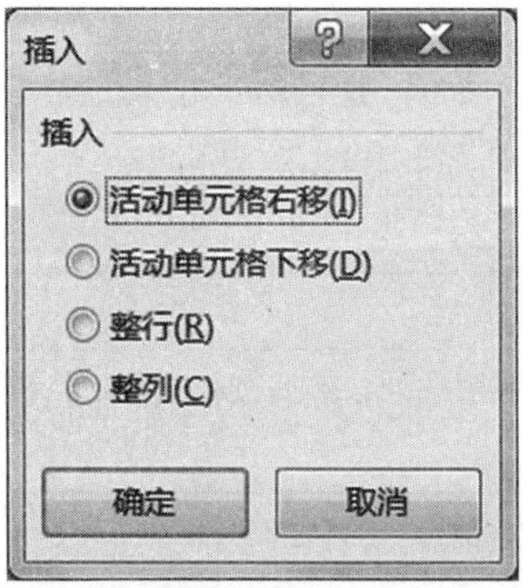

图 4.10　【插入】对话框

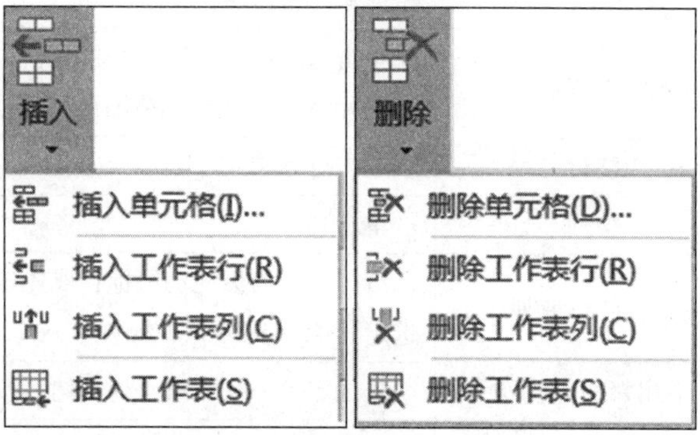

图 4.11　【插入/删除】命令

删除单元格和删除整行/列操作和插入类似。

（4）隐藏与取消隐藏行或列。

选择需要隐藏的行或列，选择【开始】→【单元格】→【格式】→【隐藏和取消隐藏】→【隐藏行】或【隐藏列】命令，如图 4.12 所示；选择取消隐藏的行或列两侧的行或列，再进行相应操作。

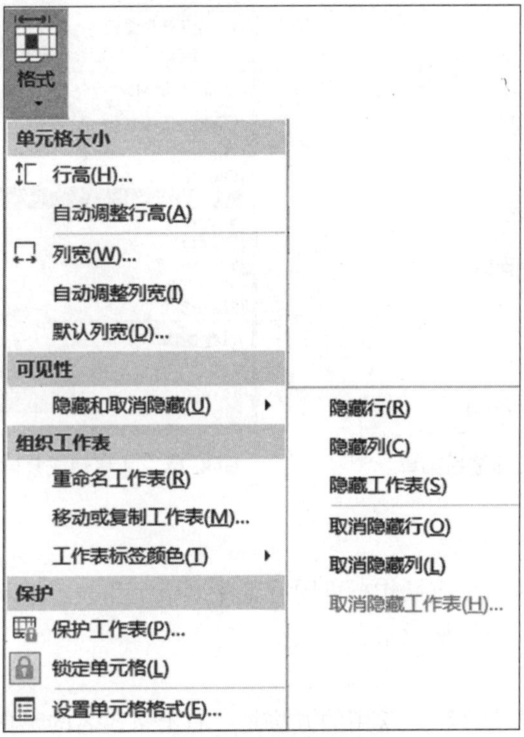

图 4.12 隐藏与取消隐藏行或列

5. 工作表的管理

一个工作簿包含多个工作表，根据需要可以对工作表进行选择、添加、删除、移动、复制、隐藏/取消隐藏和重命名等操作。

（1）选择工作表。

单击某个工作表标签，可以选择该工作表为当前工作表。按住【Ctrl】键分别单击工作表标签，可同时选择多个工作表。

（2）插入新工作表。

插入新工作表的方法有多种。可以首先单击插入位置右边的工作表标签，右击，选择【插入】命令，新插入的工作表出现在当前工作表之前。也可以直接单击工作表标签右侧"+"号。

（3）删除工作表。

删除工作表的方法有多种。常用方法是：右击要删除的工作表，选择快捷菜单的【删除】命令。注意：删除工作表后不可恢复。

（4）移动或复制工作表。

可以在一个工作簿中移动或复制工作表，也可以在不同工作簿之间移动或复制工作表，其方法多种，可右击工作表标签，执行【移动或复制】命令，如图 4.13 所示，在【移动或复制工作表】对话框选择相应工作表，如图 4.14 所示。注意：如果要复制而非移动工作表，则需要选中【建立副本】复选框。

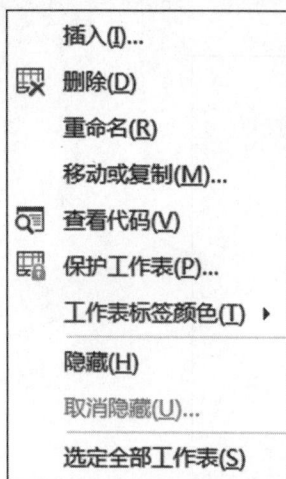

图 4.13　右击工作表标签后菜单　　图 4.14　【移动或复制工作表】对话框

（5）隐藏/取消隐藏工作表。

右击工作表标签，执行相应操作。可同时隐藏多个工作表，但不能将所有工作表同时隐藏，至少要有一个工作表处于显示状态。

（6）重命名工作表。

重命名工作表的方法有多种。常用的方法是：右击将改名的工作表标签，然后选择快捷菜单中的【重命名】命令，输入新的工作表名称即可。

4.1.3　应用案例：学生信息登记表

1. 案例描述

某高校开学，报到当日会对学生进行基本信息简要做个登记，登记效果图如图 4.15所示。

	A	B	C	D	E	F	G	H
1	学生信息登记表							
2	序号	报到日期	姓名	性别	身份证号	年龄	宿舍号	床铺
3	0001	08/21	陈雨馨	女	XXXXXXXXXXXXXXXXXX	18	1-101	靠门
4	0002	08/21	李文娟	女	XXXXXXXXXXXXXXXXXX	17	1-101	靠窗
5	0003	08/21	刘雨婷	女	XXXXXXXXXXXXXXXXXX	18	1-102	靠门
6	0004	08/21	刘倩倩	女	XXXXXXXXXXXXXXXXXX	17	1-102	靠窗
7	0005	08/22	龙海涛	男	XXXXXXXXXXXXXXXXXX	18	2-101	靠门
8	0006	08/22	王少帅	男	XXXXXXXXXXXXXXXXXX	18	2-101	靠窗
9	0007	08/22	许志浩	男	XXXXXXXXXXXXXXXXXX	17	2-102	靠门
10	0008	08/22	姚和壮	男	XXXXXXXXXXXXXXXXXX	18	2-102	靠窗

图 4.15　学生信息登记表效果图

2. 任务要点

（1）每列效果如图 4.15 所示。

（2）要求："性别"只可以输入"男"或"女"；"年龄"介于 16~26 之间；"床铺"

自定义序列完成。

3. 操作步骤

（1）"序号""报到日期""姓名"和"身份证号"列输入。

1）"序号"为【自定义】中类型为"0000"，如图 4.16 所示，每输入一行，下拉填充柄即可。

2）"报到日期"为【自定义】中类型为"mm/dd"。

3）"姓名"和"身份证号"列均为文本类型。

（2）"性别""年龄"列输入。

1）"性别"列在【数据验证】→【设置】选项卡中完成设置，如图 4.16 所示。

2）"年龄"列在【数据验证】→【设置】和【出错警告】选项卡中完成设置，如图 4.16 所示。

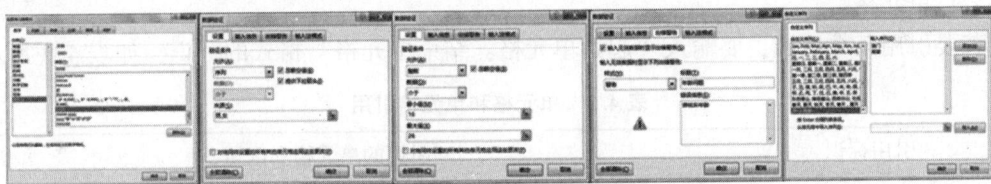

图 4.16　"应用案例：学生信息登记表"关键截图

（3）"宿舍""床铺"列输入。

1）"宿舍"为"楼号–宿舍号"模式。

2）"床铺"为自定义序列，如图 4.16 所示。

4.1.4　拓展练习：人口普查基本信息收集表

1. 案例描述

人口普查十年一次，通过第七次人口普查，国家再次展现"人口家底"。配合国家需要，我们进行相应信息录入。

2. 任务要点

（1）根据普查相关要求，严格按信息格式进行信息录入。

（2）信息录入错误，会进行重新编辑修改。

（3）为了更适合不同人群录入，请考虑采用什么措施减少信息录入错误？

3. 操作步骤

参考步骤扫描右侧二维码。

拓展练习：人口
普查基本信息
收集表

4.2　Excel 公式与函数

4.2.1　公式

公式是一个等式，以"="开头，通常包含引用、运算符、常量和函数或其中之一，并得到返回值。

1. 单元格引用

单元格引用是把单元格的数据和公式联系起来，标识工作表中单元格或单元格区域，指明公式中使用数据的位置。

（1）相对引用：单元格引用时会随着公式所在的位置变化而改变，公式的值将会依据更改后的单元格地址重新计算。

（2）绝对引用：公式中的单元格或单元格区域地址不随着公式位置的改变而发生改变，行标列号前都有"$"。

（3）混合引用：公式中的单元格或单元格区域地址部分相对引用，部分绝对引用，例如 $B2，B$2。

（4）三维地址引用：引用不同工作簿，不同工作表中的单元格，可表示为"［工作簿］工作表！单元格"。

若要引用某个区域，要输入"起始单元格：结束单元格"格式的标识，如表4.3所示。

表 4.3　单元格和单元格引用

引用标识	引用的单元格和区域
B2	列 B 和行 2 交叉处的单元格
B2：B4	列 B 和行 2 到行 4 之间单元格区域
2：4/B：F	行 2 到行 4 之间的全部单元格/列 B 到列 F 之间的全部单元格
［工作簿1］sheet1！B2：F4	工作簿 1 中 sheet1 表列 B 到列 F 和行 2 到行 4 之间单元格区域

2. 公式中的运算符

Excel 包含四类运算符：算术运算符、比较运算符、文本运算符和引用运算符，如表4.4所示。

表 4.4　运算符分类

分类	包含	例如	结果或说明
算术	+、-、*、/、%，^	=2+2^5	34
比较	=、>、<、>=、<=、<>	=1<9	True
文本	&	="护理"&NUMBERSTRING（1，1）&"班"	护理 1 班
引用	冒号	B2：F4	B2 到 F4 之间所有单元格
	逗号	SUM（B2：F4，C5：D6）	求两个区域之和
	空格	SUM（B2：F4 C2：D6）	求两个区域公共部分之和

4.2.2　函数

函数是 Excel 内部预定义的功能，以"="开头，按照特定的规则进行计算，并得到返回值。Excel 提供了许多内置函数，共有财务、日期与时间、数学与三角函数、统计、查找与引用、数据库、文本、逻辑、信息、工程、多维数据集、兼容性、Web 等 13 类上百种函数，为用户对数据进行运算和分析带来了极大方便。

函数由函数名（不区分大小写）、一对英文小括号和参数组成，如"=SUM（B2:F4）"，然后按【Enter】键即可得到结果。

1. 常用函数

常用函数有求和函数 SUM、求均值函数 AVERAGE、条件函数 IF、超链接函数 HYPER-LINK、计数函数 COUNT、最大值函数 MAX、单条件求和函数 SUMIF、正弦值函数 SIN、年金函数 PMT、标准偏差函数 STDEV。

2. 推荐函数

还有一些函数，如最小值函数 MIN、符合指定条件的统计函数 COUNTIF、条件求均值函数 AVERAGEIF 和 AVERAGEIFS、条件求和函数 SUMIF 和 SUMIFS、查找函数 VLOOKUP、排序函数 RANK.EQ 等。

3. 函数输入方法

（1）从键盘上直接输入函数。

（2）使用【插入函数】对话框，例如图 4.17 所示。

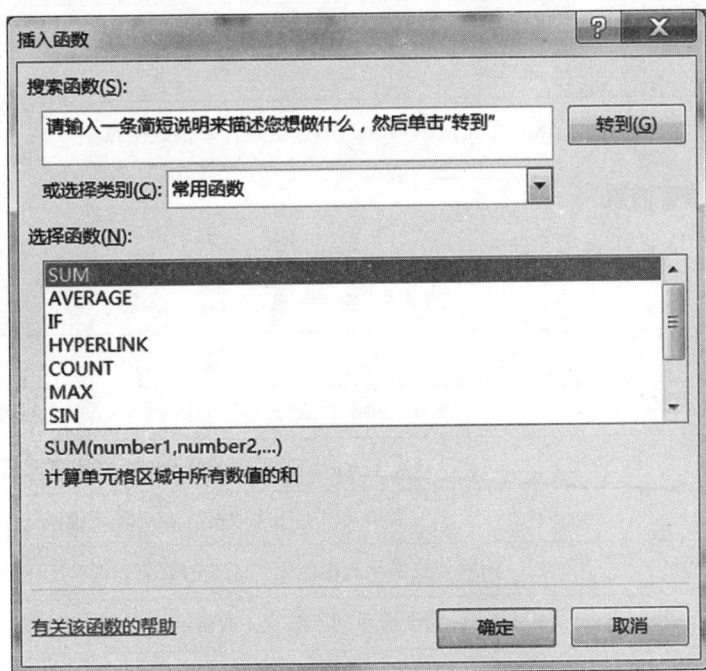

图 4.17　【插入函数】对话框

4. 部分函数使用举例

（1）IF 函数是 Excel 中最常用的函数之一，它可以对条件进行逻辑判断并返回指定内容。具体用法："=IF（判断条件，符合条件时返回的值，不符合条件时返回的值）"，因此 IF 语句一般有两个结果：第一个结果是比较结果为"Ture"，即符合条件时返回的值；第二个结果是比较结果为 False，即不符合条件时返回的值。例如"=IF（C2>90，"及格"，"不及格"）"表示如果单元格 C2 中的值大于 90 时，则返回"及格"，否则返回"不及格"。

（2）SUMIF 函数是按指定条件求和。用法："=SUMIF（条件区域，指定的求和条件，求和的区域）"。以图 4.18 所示的数据源为例：如计算每位销售经理的成交总金额，可在 L3 至 L9 单元格均使用公式"=SUMIF（[销售经理]，[@销售经理]，[成交金额]）"可完成；又如要计算 I3：I8 单元格区域大于 800 的成交数量总和时，在显示结果的单元格中使用"=SUMIF（I3：I8,">800"）"可完成。

（3）SUMIFS 函数完成多个指定条件的求和计算。用法："=SUMIFS（求和区域，条件区域 1，求和条件 1，条件区域 2，求和条件 2……）"。以图 4.18 所示的数据源为例：如计算张乐 2021 年一月份成交的总金额时，在显示结果的单元格中使用"=SUMIFS（[成交金额]，[销售经理]，[@销售经理]，[咨询日期],">=2021-1-1"，[咨询日期],"<2021-2-1"）"可完成。

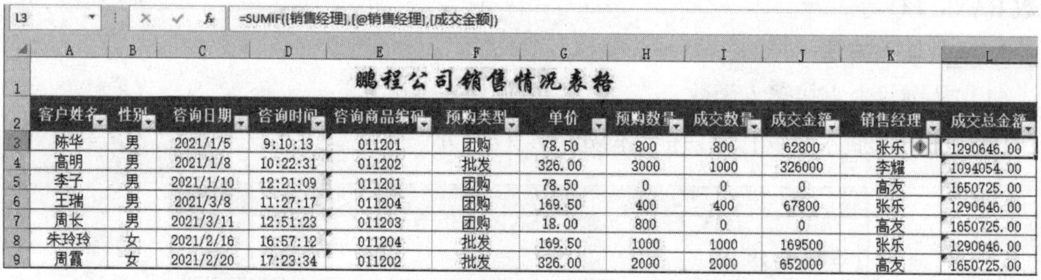

图 4.18　【SUMIF 和 SUMIFS 函数】举例数据源

5. 函数返回错误信息

函数返回错误信息如表 4.5 所示。

表 4.5　错误信息

错误信息	原因
#N/A	当数值对函数或公式不可用时，将出现此错误
NAME?	当 Excel 无法识别公式中的文本时，将出现此错误
#REF!	当单元格引用无效时，会出现此错误
#NUM!	如果公式或函数中使用了无效的数值，则会出现此错误
######	此错误表示列不够宽，或者使用了负日期或时间
#VALUE!	此错误表示使用的参数或操作数的类型不正确
#DIV/0!	这种错误表示使用数字除以零

4.2.3　应用案例：大学生奖学金发放表

1. 案例描述

某大学每学年会对优秀学生发放一次奖学金，效果图如图 4.19 所示。

	A	B	C	D	E	F	G	H	I	J
1					虚拟大学学生奖学金发放表					
2	学号	姓名	身份证号	性别	学院	年龄	年级	奖学金等级	论文	奖学金
3	200601130007	聂晓玉	******198801052535	男	文学院	33	2006	二等	优秀	3000
4	200609220150	洪文娟	******198906105739	男	物理与电子科学学院	32	2006	一等	优秀	5000
5	200705010109	徐月婷	******198803264528	女	外国语学院	33	2007	二等	优秀	3000
6	200707010406	杜希萍	******198812060624	女	美术学院	33	2007	一等	良好	4000
7	200709030235	于斌	******198710111948	女	物理与电子科学学院	34	2007	二等	良好	3000
8	200710030111	赵敏	******198806031164	女	化学化工与材料科学学院	33	2007	二等	良好	3000
9	200711010131	安研研	******198704070865	女	信息科学与工程学院	34	2007	一等	良好	4000
10	200713000136	赵芹	******198906200224	女	生命科学学院	32	2007	二等	良好	3000
11	200715010509	孙菅菅	******198612074912	男	体育学院	35	2007	二等	良好	3000
12	200802230102	刘杰	******199002104022	女	政治与国际关系学院	31	2008	二等	优秀	3000

图 4.19 学生信息登记表效果图

2. 任务要点

（1）根据"学号"和"学院信息"工作表中数据（见图 4.20），自动获取"学院"，以及"年级"。

（2）根据"身份证号"，自动获取"性别"和"年龄"。

（3）根据"奖学金等级"和"论文"，自动计算出"奖学金"。其中"一等、优秀"为 5000，"一等、良好"为 4000，"二等"为 3000。

3. 操作步骤

（1）"学院""年级"列计算。

在"学院"列 E3 单元格，输入"＝VLOOKUP（MID（A3,5,2），学院信息! $A $2：$B $16,2)"或采用函数对话框完成，如图 4.21 所示。在"年级"列 G3 单元格，输入"=LEFT（A3，4）"，或采用函数对话框完成，如图 4.22 所示。利用填充柄下拉，完成同列其他行信息。

	A	B
1	学院代号	学院名称
2	01	文学院
3	02	政治与国际关系学院
4	03	历史与社会发展学院
5	04	教育学院
6	05	外国语学院
7	06	音乐学院
8	07	美术学院
9	08	数学科学学院
10	09	物理与电子科学学院
11	10	化学化工与材料科学学院
12	11	信息科学与工程学院
13	12	传媒学院
14	13	生命科学学院
15	14	人口. 资源与环境学院
16	15	体育学院

学生基本信息 | 学院信息

图 4.20 学院信息

图 4.21 "学院"列函数参数

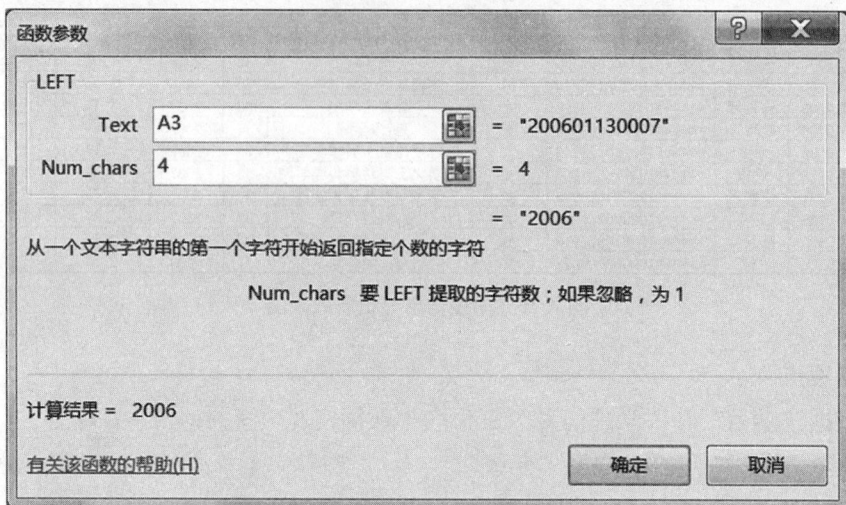

图 4.22 "年级"列函数参数

（2）"性别"和"年龄"列计算。

在"性别"列 D3 单元格，输入"=IF(MOD(MID(C3,17,1),2)=0,"女","男")"完成。在"年龄"列 F3 单元格，输入"=YEAR(NOW())-(MID(C3,7,4))"完成。利用填充柄下拉，完成同列其他行信息。

（3）"奖学金"列计算。

在"奖学金"列 J3 单元格，输入"=IF(AND(H3="一等"，I3="优秀")，5000，IF（H3="一等"，4000，3000））"。

4.2.4 拓展练习：演讲比赛评分汇总表

1. 案例描述

某班级的一次演讲比赛，九个评委参与评分，评委4在给序号8的同学评分时未及时评分（如图4.23中阴影部分成绩），采用一种办法填充上，为增加公平性，排名去掉最高分和最低分后的平均分（四舍五入小数点后3位），效果图如图4.23所示。

序号	演讲者	演讲题目	评委1评分	评委2评分	评委3评分	评委4评分	评委5评分	评委6评分	评委7评分	评委8评分	评委9评分	最高分	最低分	总分	平均分	名次
1	覃正力	加油，中国	8.80	8.90	8.70	9.20	9.80	9.05	8.65	8.80	8.90	9.80	8.65	62.35	8.907	第7名
2	艾明亮	中国，我为你自豪	9.20	9.25	9.30	9.35	9.40	9.45	9.15	9.20	9.25	9.45	9.15	64.95	9.278	第1名
3	梁怀乘	李福，似春风吹过祖国	9.30	9.25	9.20	9.15	9.10	9.05	9.35	9.30	9.25	9.35	9.05	64.55	9.221	第2名
4	毛秀翔	看家乡变化，颂幸福生活	8.65	8.75	8.85	8.95	9.05	9.15	8.55	8.65	8.75	9.15	8.55	61.65	8.807	第8名
5	郭晓婷	祖国，我为你骄傲	8.00	9.85	8.80	9.00	8.90	8.00	9.85	8.00	9.85	9.85	8.00	62.40	8.914	第6名
6	万家兴	我们向前行	8.10	9.80	8.85	9.05	8.85	8.10	9.80	8.10	9.80	9.80	8.10	62.45	8.935	第5名
7	高星辰	幸福就是常怀感恩之心	8.70	9.75	9.10	9.10	8.80	8.20	9.75	8.70	9.75	9.75	8.20	63.90	9.128	第3名
8	赵正飞	幸福在你我身边	8.30	9.70	8.95	9.00	8.75	8.30	9.70	8.30	9.70	9.70	8.30	62.70	8.957	第4名
	优秀人数														三	

图 4.23 评分表效果图

2. 任务要点

（1）评委4漏缺信息，用其给前几位同学的中间随机一值填充上。

（2）总分为去掉最高分和最低分后的分值和。

（3）平均分四舍五入后保留小数点后 3 位。

（4）最后排名及优秀人数（平均分≥9.0）。

3. 操作步骤

参考步骤扫描右侧二维码。

拓展练习：演讲
比赛评分汇总表

4.3 Excel 表格的格式化

4.3.1 格式化单元格和单元格区域

单元格区域指的是单个的单元格，或者是由多个单元格组成的区域，或者是整行、整列等。如何选中单元格区域？

（1）选中一个单元格。

打开一个 Excel 工作表将鼠标指针移动到选中的单元格上，待鼠标指针变为"十"字形状时单击鼠标左键即可选中该单元格，被选中的单元格四周出现黑框，并且单元格的地址出现在名称框中，内容则显示在编辑栏中。

（2）选中相邻的单元格区域。

打开 Excel 工作表，选中单元格区域中的第一个单元格，然后按住鼠标左键并拖动到单元格区域的最后一个单元格后释放鼠标左键，即可选中相邻的单元格区域。

（3）选中不相邻的单元格区域。

打开 Excel 工作表，选中一个单元格区域，然后按住【Ctrl】键不放再选择其他的单元格，即可选中不相邻的单元格区域。

（4）选中整行或整列。

1）选中整行。打开 Excel 文件，将鼠标指针移动到要选中行的行号处，单击鼠标左键即可选中整行。

2）选中整列。打开 Excel 文件，将鼠标指针移动到要选中行的行号处，单击鼠标左键即可选中整列。

3）选中所有单元格。打开 Excel 文件，单击工作表左上角的行号和列标交叉处的按钮，即可选中整张工作表。

4）合并单元格，指的是在办公软件中，Excel 将两个或多个位于同一行或者同一列的单元格合并成一个单元格。

4.3.2 设置单元格行高和列宽

一般有以下几种方法设置行高和列宽。

1. 鼠标拖动调整

选定要调整的行后，在行号位置处用鼠标拖动调整任意一个选定的行的高度，拖动鼠标的同时可以显示当前行高的具体值，如图 4.24 所示。同理可以完成列宽的调整。

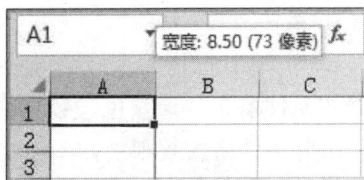

图 4.24 设置列宽

2. 使用功能选项卡设置

在选定要调整的行后，选择【开始】→【单元格】→【格式】→【行高】命令，在弹出的【行高】对话框中输入具体的行高数值即可，如图 4.25 所示。同理可以完成列宽的设置。

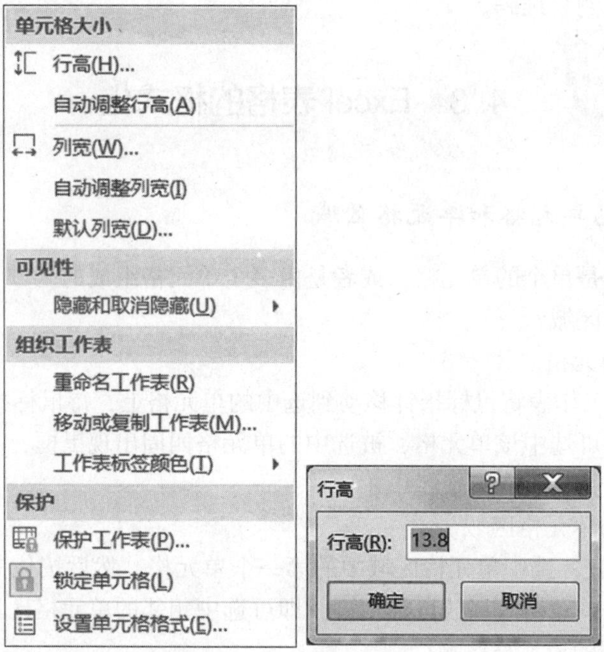

图 4.25 设置行高

3. 设置最适合的行高与列宽

选中【自动调整行高】或者将鼠标指针停放在行号中两行的边界处，当鼠标指针变成上下方向的黑箭头时双击即可。同理可以完成列宽的设置。

4. 复制列宽

复制列宽，选择性粘贴选【列宽】。

4.3.3 自动套用格式和条件格式

1. 套用表格样式

Excel 2016 提供了很多种预定义的表格格式，无论是新建的空表，还是已输入数据的表格，选择【开始】→【样式】→【套用表格样式】命令（见图 4.26），都可以使用表格自动套用格式。

2. 条件格式

Excel 2016 提供的条件格式功能，可以给单元格内容有选择地设置显示格式，比如根据不同的条件填充背景颜色、数据颜色刻度和图标集等，通过管理规则方式新建、编辑、查看、清除条件格式规则。如图 4.27 所示，在条件格式中可以进行多样的突出显示单元格规则、最前/最后规则、数据条、色阶、图标集等的设置。

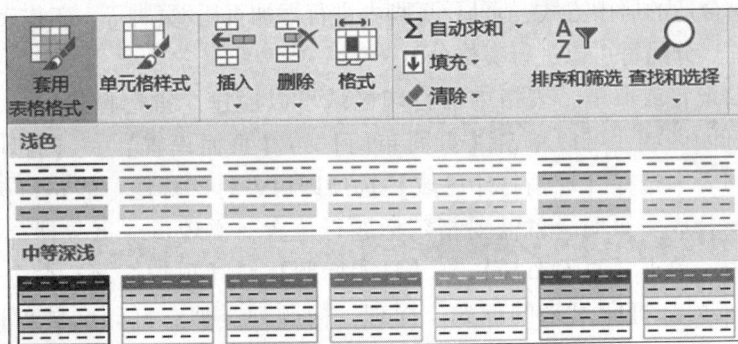

图 4.26　套用表格样式

图 4.27　条件格式

4.3.4　页面布局和表格打印

Excel 2016 表格中的页面布局如图 4.28 所示，主要包括【主题】、【页面设置】、【调整为合适大小】、【工作表选项】和【排列】。【页面设置】中可进行页边距、纸张方向、纸张大小、打印区域、分隔符、背景和打印标题的设置。页面设置与打印，其主要功能与 Word 软件页面设置方法相似。【页面设置】对话框包括【页面】、【页边距】、【页眉/页脚】、【工作表】四个选项卡。

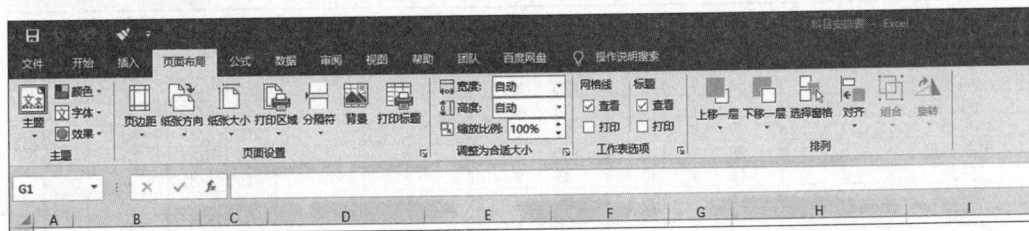

图 4.28　页面布局

【页面布局】功能选项主要是对页面进行布局以及设计，比如在【页面设置】中，可以设置纸张大小、页面方向、缩放等，页边距中可以进行页眉、页脚、上、下、左、右等边距的设置以及选择合适的居中方式，页眉/页脚中进行添加页眉/页脚等，工作表可以进行表格打印的相关设置。分隔符可以进行表格分页。

打印区域的设置或取消，表格中的打印区域可以通过左键选择指定的打印范围去设置。若想取消打印区域，可以单击【页面布局】→【页面设置】→【打印区域】命令，在打开的下拉列表中选择【取消打印区域】选项即可。打印标题：表格以标题行居多时，当一个表格需要分成多页时，就需要指定标题行位置，实现每一页数据都有相同的标题行。具体步骤为：单击【页面布局】→【打印标题】→【顶端标题】命令，通过鼠标拖曳选择要在每一页都打印出来的标题。同理，标题列类似。打印区域可以在【页面布局】→【页面设置】→【缩放】中设置缩放比例，控制打印在一页或多页纸上。设置好打印方式，单击【文件】，在打开的窗口左侧选择【打印】命令，就可预览要打印区域的打印效果，确实无误后再打印。

4.3.5 应用案例：物资采购登记表

1. 案例描述

请帮助采购员小宋对"物资采购登记表"（见图4.29）进行格式化，效果如图4.30所示。

采购目录	数量	单价	总价	资金来源				需求时间	直接拨付
物资采购登记表									
单位名称（盖章）：								单位：元	
				预算内	预算外	其他	合计		是√否√
A4纸	2	¥ 58	¥ 116	¥ 120	¥ 4	—	—	44439	√
笔记本	10	¥ 1	¥ 10	¥ 8	¥ 2	—	—	44439	√
水笔	2	¥ 9	¥ 18	¥ 20	¥ 2	—	—	44439	√
电脑键盘	5	¥ 25	¥ 125	¥ 130	¥ 5	—	—	44439	√
鼠标	5	¥ 10	¥ 50	¥ 45	¥ 5	—	—	44439	√
鼠标垫	10	¥ 10	¥ 100	¥ 80	¥ 20	—	—	44439	√
拖把	1	¥ 5	¥ 5	¥ 8	¥ 3	—	—	44439	√
纸杯	1	¥ 13	¥ 13	¥ 15	¥ 2	—	—	44439	√
总计			¥ 437						
单位主管领导：李**			负责人：花**			填表人宋**：			
联系电话:18187878787			日期：2021/7/31						

图4.29 "物资采购登记表"格式化前

采购目录	数量	单价	总价	资金来源				需求时间	直接拨付	
物资采购登记表										
单位名称（盖章）：									单位：元	
				预算内	预算外	其他	合计		是√	是√
A4纸	2	¥ 58	¥ 116	¥ 120	¥ 4	-	-	2021/8/31	√	√
笔记本	10	¥ 1	¥ 10	¥ 8	¥ 2	-	-	2021/8/31	√	√
水笔	2	¥ 9	¥ 18	¥ 20	¥ 2	-	-	2021/8/31	√	√
电脑键盘	5	¥ 25	¥ 125	¥ 130	¥ 5	-	-	2021/8/31	√	√
鼠标	5	¥ 10	¥ 50	¥ 45	¥ 5	-	-	2021/8/31	√	√
鼠标垫	10	¥ 10	¥ 100	¥ 80	¥ 20	-	-	2021/8/31	√	√
拖把	1	¥ 5	¥ 5	¥ 8	¥ 3	-	-	2021/8/31	√	√
纸杯	1	¥ 13	¥ 13	¥ 15	¥ 2	-	-	2021/8/31	√	√
总计			¥ 437							
单位主管领导：李**			负责人：花**			填表人：宋**				
联系电话：18187878787						日期：2021/7/31				

图4.30 "物资采购登记表"打印预览

2. 任务要点

具体要求如表4.6所示。

表 4.6　格式要求

行高要求	列宽要求	字体字号要求	其他要求
1,18行：3.8	A列：15	2行"华文行楷"，18号，加粗	纸张大小：A4，方向：横向，居中方式：水平
2行：36.8	B~F列：9	4,16~17行"宋体"，12号	页边距：上下1.9厘米，左右1.8厘米
3行：4.5	H~J列：自适应	5~15行"黑体"，12号	外框线：实线，颜色：蓝色、个性色4、深色50%
5~15行：15.6	K列=J列		内框线：虚线，颜色：黑色、文字1
4,16~17行：17.4			2行填充：金色，个性色4，淡色60%

3. 操作步骤

（1）行高设置。

按【Ctrl】键，依次单击第1和第18行行标题，选择【开始】→【单元格】→【格式】→【行高】命令，输入"3.8"。同理，依次设置其他行高。

（2）列宽设置。

1）A~F列宽设置。单击A列标题，选择【开始】→【单元格】→【格式】→【列宽】命令，输入"15"。按【Shift】键，依次单击B、F列标题，选中B~F列，设置列宽。

2）H~J列宽设置。鼠标拖动H列标题到J列标题，选中H~J列，鼠标在两列标题中间，变成左右箭头形状，双击，完成自适应设置。

3）H列宽设置。复制J列列宽，选择性粘贴（列宽）到H列。

（3）字体字号设置。

同Word章节。

（4）合并单元格。

选择A1:K1，单击【开始】→【对齐方式】→【合并后居中】命令；单元格合并还有A4:K4、A5:A6、C5:C6、D5:D6、E5:F5、I5:I6、J5:K5、A16:K16等，同理完成合并。

（5）填充设置。

选择A2，选择【开始】→【字体】→【设置单元格格式】→【填充】命令，然后将背景色设置为"金色，个性色4，淡色60%"，单击【确定】按钮。

（6）页面设置。

如图4.31所示设置。

（7）边框设置。

选择A4:K17，单击【开始】→【字体】→【设置单元格格式】→【边框】命令，设置内边框：虚线、黑色文字1，外边框：实线，蓝色、个性色4、深色50%，然后单击【确定】按钮。如图4.32所示。

（8）打印预览。

选择【文件】→【打印】命令，可实现打印预览。

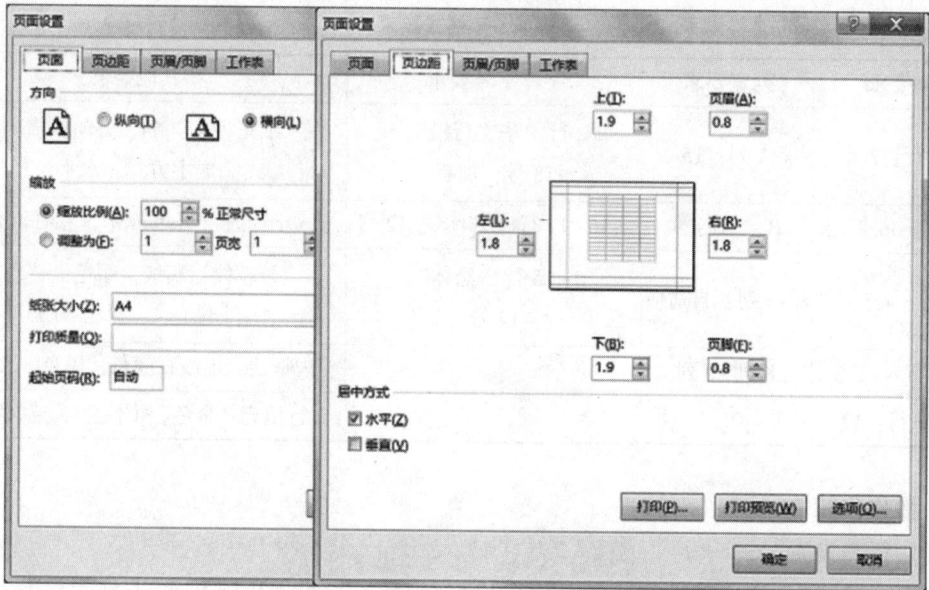

图 4.31　页面设置纸张、方向及页边距

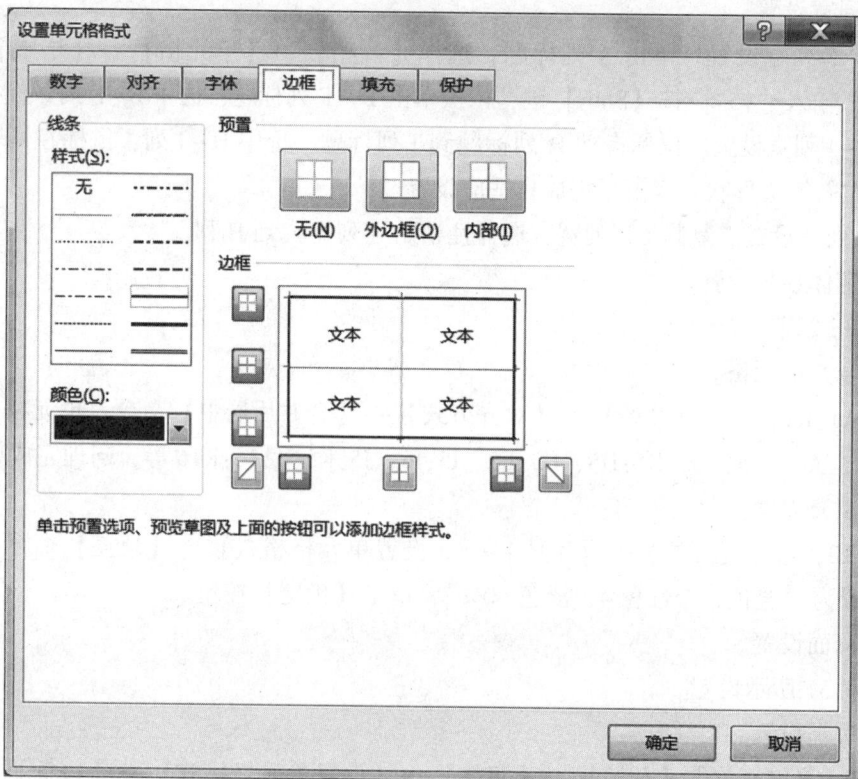

图 4.32　边框设置

4.3.6　拓展练习：报销汇总单

1. 案例描述

请帮助会计小王完成如图 4.33 所示的报销汇总单第一联模板制作。

图 4.33　报销汇总单第一联

2. 任务要点

（1）行高及列宽要求。

行高及列宽要求详见表 4.7。

表 4.7　行高及列宽要求

行高	1：28.5	2：24	3：30	4~10：24	
列宽	A：13	B~D：11	E：6.5	F：22	G~J：0.6

（2）参考第一联，完成第二联和第三联的制作。

3. 操作步骤

参考步骤扫描右侧二维码。

拓展练习：
报销汇总单

4.4　Excel 数据处理和分析

Excel 可以进行各种数据的处理、统计分析和辅助决策操作，广泛地应用于管理、统计、财经、金融等众多领域。本节主要包括数据的排序和筛选、分类汇总和合并计算、建立数据透视表，以及如何获取外部数据和模拟分析等知识。【数据】选项卡内容，如图 4.34 所示。

图 4.34　【数据】选项卡

4.4.1 排序和筛选

1. 排序

将一组"无序"的记录序列调整为"有序"的记录序列。排序有升序和降序两种方式，排序还可以多关键字排序，以及以数值、单元格颜色、字体颜色、单元格图标排序，如图 4.35 所示。数值型排序规则：

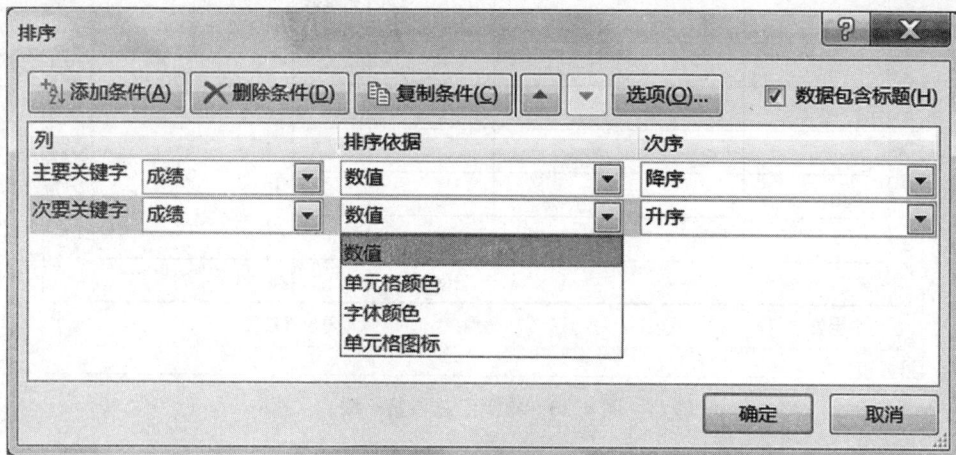

图 4.35 【排序】对话框

（1）数字按从最小的负数到最大的正数排序。

（2）字母按照英文字母 A~Z 和 a~z 的先后顺序排序。

（3）在对文本进行排序时，Excel 从左到右一个字符一个字符地进行排序比较。

（4）特殊符号以及包含数字的文本，升序按如下排列：0~9（空格）!"#$%&()*,./:;?@[\]^_'{|}~+<=>A~Za~z。

（5）在逻辑值中，FALSE（相当于 0）排在 TRUE（相当于 1）之前。

（6）所有错误值的优先级等效。

（7）空格总是排在最后。

（8）汉字的排序可以按笔画，也可按汉语拼音的字典顺序。

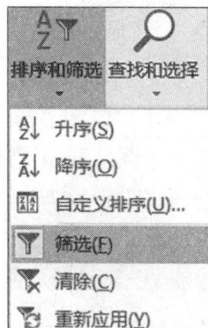

图 4.36 自动筛选

2. 筛选

根据指定条件从众多数据中筛选特定的记录。两种筛选方法："自动筛选"和"高级筛选"，符合条件的记录显示在工作表中，不满足条件的记录隐藏起来；或者将筛选出来的记录送到指定位置存放，而原数据表不动。

（1）自动筛选。

先选择筛选区域，单击【开始】→【编辑】→【排序和筛选】→【筛选】命令，如图 4.36 所示，在每个字段名旁会出现筛选器的箭头。例如筛选出"运输部女员工"信息，如图 4.37 所示。

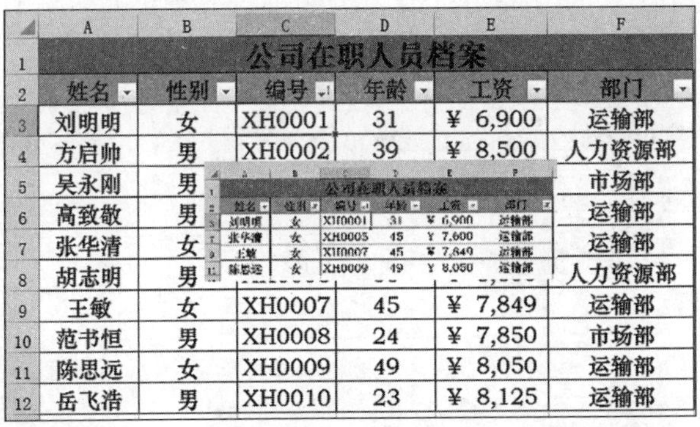

姓名	性别	编号	年龄	工资	部门
刘明明	女	XH0001	31	¥ 6,900	运输部
方启帅	男	XH0002	39	¥ 8,500	人力资源部
吴永刚	男				市场部
高致敬	男				运输部
张华清	女				运输部
胡志明	男				人力资源部
王敏	女	XH0007	45	¥ 7,849	运输部
范书恒	男	XH0008	24	¥ 7,850	市场部
陈思远	女	XH0009	49	¥ 8,050	运输部
岳飞浩	男	XH0010	23	¥ 8,125	运输部

图 4.37　运输部女员工

(2) 高级筛选。

自动筛选无法实现多个字段之间的“或”运算，高级筛选可以实现。要进行高级筛选，必须首先设置筛选条件区域，如图 4.38 所示。

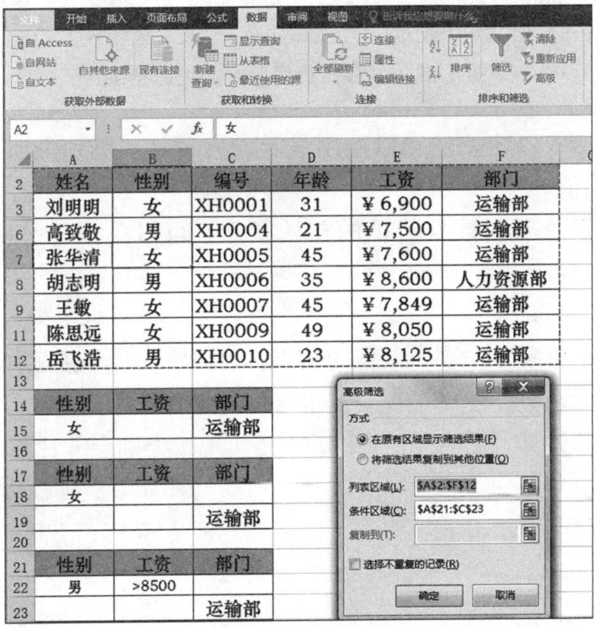

姓名	性别	编号	年龄	工资	部门
刘明明	女	XH0001	31	¥6,900	运输部
高致敬	男	XH0004	21	¥7,500	运输部
张华清	女	XH0005	45	¥7,600	运输部
胡志明	男	XH0006	35	¥8,600	人力资源部
王敏	女	XH0007	45	¥7,849	运输部
陈思远	女	XH0009	49	¥8,050	运输部
岳飞浩	男	XH0010	23	¥8,125	运输部

性别	工资	部门
女		运输部

性别	工资	部门
女		
		运输部

性别	工资	部门
男	>8500	
		运输部

图 4.38　高级筛选

4.4.2　分类汇总和合并计算

1. 分类汇总

分类汇总是把数据清单中的数据分门别类地统计处理，不需要用户自己建立公式，Excel 将会自动对各类别的数据进行求和、求平均等多种计算，并把汇总结果以“分类汇总”和“总计”显示出来。

注：数据清单中必须包含带有标题的列，并且数据清单必须先对分类汇总的列排序；表格不能进行分类汇总，需要先将表格转换成数据清单（通过【设计】→【工具】→【转换为区域】实现）。

例如：将如图 4.39 所示的"股市行情"为例进行分类汇总，统计出各省份的成交量和成交额。

图 4.39 "股市行情"分类汇总结果

左上方的"1""2""3"按钮可以控制显示或隐藏某一级别的明细数据，也可以通过"+""–"号完成此功能。

如果想清除分类汇总回到数据清单的初始状态，可以单击【分类汇总】对话框中的【全部删除】按钮。

2. 合并计算

若要汇总报表多个单独工作表中数据的结果，可以将每个单独工作表中的数据合并到一个工作表中。可以使用函数，使用透视表，也可以通过合并计算完成。合并计算可以实现按类别和按位置两种合并计算。图 4.40、图 4.41 是实现按类别合并计算。

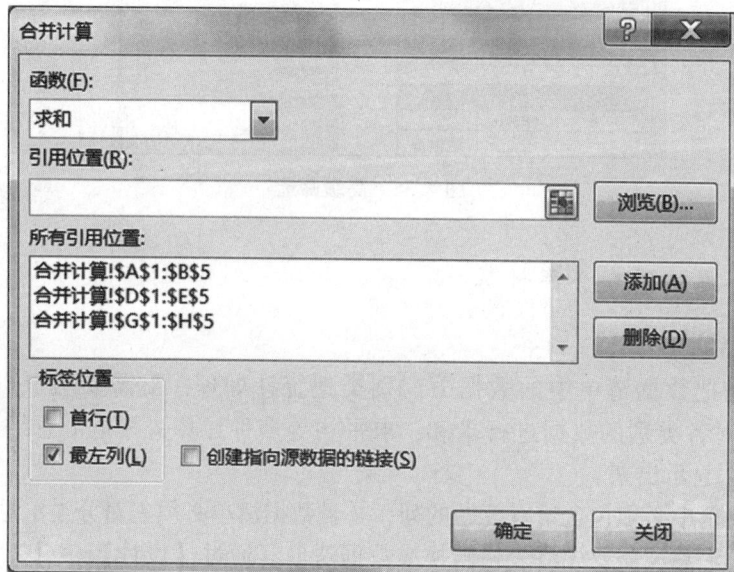

图 4.40 【合并计算】对话框

图 4.41　合并计算结果

4.4.3　数据透视表

数据透视表是一种交互式的交叉制表，能够将筛选、排序和分类汇总等操作依次完成，并生成汇总表格。具有大量数据的速度汇总，多维度数据分析，通过筛选对重点关注内容的专题分析，生成动态报表保持与数据源同步更新等优点。

例如：通过单击【插入】→【表格】→【数据透视表】命令创建数据透视表，如图 4.42 所示，实现对各"部门"中通过"性别"筛选，计算平均年龄和最大工资数量，如图 4.43 所示。

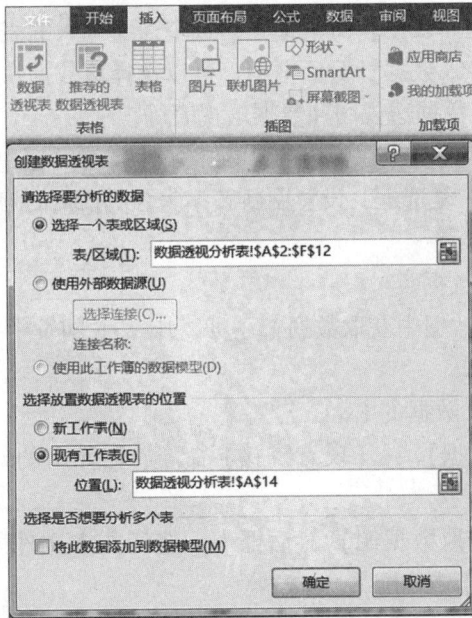

图 4.42　创建数据透视表

图 4.43　数据透视表结果

对于数据源，需注意：①数据源必须是比较规则的；②字段不能空；③不能有合并单元格、不能断行、断列；④每个字段中的数据类型须一致。

4.4.4　获取外部数据

Excel 2016 不仅可以使用工作簿中的数据，还可以访问外部数据库文件。用户通过执行导入和查询，可以在 Excel 中使用熟悉的工具对外部数据进行处理和分析。能够导入 Excel 的数据文件可以是文本文件、Microsoft Access 数据库、Microsoft SQL Server 数据库、Microsoft OLAP 多维数据集以及 dBaSE 数据库等。常用的导入外部数据的方法共有四种，分别是从 Access 数据库文件导入数据、自 Web 网站获取数据、从文本文件导入数据以及使用现有链接的方法导入多种类型的外部数据。

（1）从 Access 数据库文件导入数据。

步骤 1：打开需要导入外部数据的 Excel 工作簿。

步骤 2：单击【数据】选项卡下【获取外部数据】组中的【自 Access】按钮，在弹出的【选取数据源】对话框中，选择文本文件所在路径，选中该文件后，单击【打开】按钮。可支持的数据库文件类型包括：.Mdb、.mde、.accdb 和 .accde 四种格式

步骤 3：在弹出的【选择表格】对话框中，选中需要导入的表格。

步骤 4：在弹出的【导入数据】对话框中，可以选择该数据在工作簿中的显示方式，包括"表"、数据透视表以及数据透视图和数据透视表等。

步骤 5：单击【属性】按钮，在弹出的【链接属性】对话框中，勾选【允许后台刷新】和【打开文件时刷新数据】复选框，设置刷新频率为 30 分钟，依次单击【确定】按钮，关闭对话框。

（2）自 Web 网站获取数据。

Excel 不仅可以从外部数据中获取数据，还可以从 Web 网页中获取数据。通过【现有链接】的方法导入 Excel 数据。

步骤 1：打开需要导 入数据的 Excel 工作簿。

步骤 2：依次单击【数据】→【现有链接】命令，在弹出的对话框中，单击【浏览更多】按钮。

步骤 3：在弹出的【选取数据源】对话框中，选择文本文件所在路径，选中要导入的 Excel 文件后，单击【打开】按钮。

步骤 4：在弹出的【选择表格】对话框中，单击要导入的工作表名称，保留【数据首行包含列标题】的勾选，单击【确定】按钮。

（3）从文本文件导入数据。

1）依次单击【文件】→【打开】命令，可以直接导入文件。使用该方法时，如果文本文件的数据发生变化，不能在 Excel 中体现，除非重新进行导入。

2）单击【数据】选项卡，在【获取外部数据】命令组中单击【自文本】命令，可以导入文本文件。使用该方法时，Excel 会在当前工作表的指定位置上显示导入的数据，同时 Excel 会将文本文件作为外部数据源，一旦文本文件中的数据发生变化，可以在 Excel 工作表中进行刷新操作。

3）使用 Microsoft Query。使用该方法时，用户可以添加查询语句，以选择符合特定需要

的记录，设置查询语句需要用户有一定的 SQL 语句基础。

（4）使用 Microsoft Query 导入外部数据。

用户可以利用 Microsoft Query 来访问任何安装了 ODBC、OLE-DB 或 OLAP 驱动程序的数据源，例如 Access、Excel 和文本文件数据库等。Microsoft Query 可以起到 Excel 和这些外部数据源之间链接的桥梁作用，并允许用户从数据源中只选择所需的数据列导入 Excel。

4.4.5 模拟分析

Excel 表格不仅可以进行数据的录入、数据的实时分析，也可以进行数据模拟运算分析。Excel 2016 提供了模拟分析数据的功能，通过该功能可对表格数据的变化情况进行模拟，并分析出该数据变化后导致其他数据变化的结果。下面将模拟分析数据的相关知识进行讲解。

（1）单变量求解。

利用公式对单元格中数据进行计算后，如果要分析在公式达到目标值时，公式中所引用的某一个单元格值的变化情况，此时可以使用 Excel 2016 提供的单变量求解功能来实现。

（2）模拟运算表。

在对数据进行分析处理时，如果需要查看和分析某项数据发生变化时影响到的结果变化的情况，此时，可以使用模拟运算表。在 Excel 2016 中，模拟运算表包括单变量模拟运算表和双变量模拟运算表。

1）单变量模拟运算。

进行数据分析模拟运算时，如果只需要分析一个变量变化对应的公式变化结果，则可以使用单变量模拟运算表。

2）双变量模拟运算。

当要对两个公式中变量的变化进行模拟，分析不同变量在不同的取值时公式运算结果的变化情况及关系，此时，可应用双变量模拟运算表。

4.4.6 应用案例：产品管理和分析

1. 案例描述

某公司一部门有 7 位业务员，一年 12 个月的 5 类产品销售明细如图 4.44 所示，统计部要筛选出销售额最高的 10 条，并对业务员（采用数据透视表）和产品（采用分类汇总）分别进行分析。

	A	B	C	D	E	F	G
1	客户简称	业务员	月份	存货编码	存货名称	销量	销售额
2	客户03	业务员01	1月	CP001	产品1	15185	691,975.68
3	客户61	业务员01	1月	CP001	产品1	759	81,539.37
4	客户14	业务员01	1月	CP004	产品4	1898	52,772.28
130	客户68	业务员06	12月	CP005	产品5	316	89,693.30
131	客户44	业务员07	12月	CP002	产品2	7466	28,049.54
132							

销售明细

图 4.44 销售明细

2. 任务要点

（1）分别复制"销售业绩"工作表，命名为"数据透视表"和"分类汇总"，完成对对业务员（采用数据透视表）和产品（采用分类汇总）的分析，必要时进行格式处理。

（2）在"销售业绩"工作表中，利用筛选完成销售额前 10 条。

3. 操作步骤

（1）制作数据透视表，完成对产品销售情况分析。

1）复制工作表"销售明细"，重命名为"数据透视表"。

2）创建数据透视表，如图 4.45 所示，"月份"为列，"存货名称"为行，"销售额"为值（总计）。

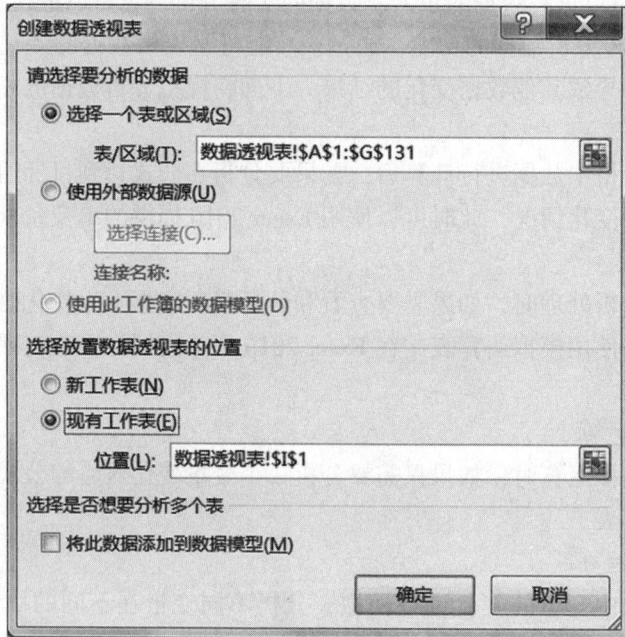

图 4.45　创建数据透视表

3）设置数值部分格式：数字，使用千分位分隔符，小数点位数 0；设置数据透视表数据区水平对齐方式：居中；单击"总计"任一单元格，设置排序：降序。如图 4.46 所示。

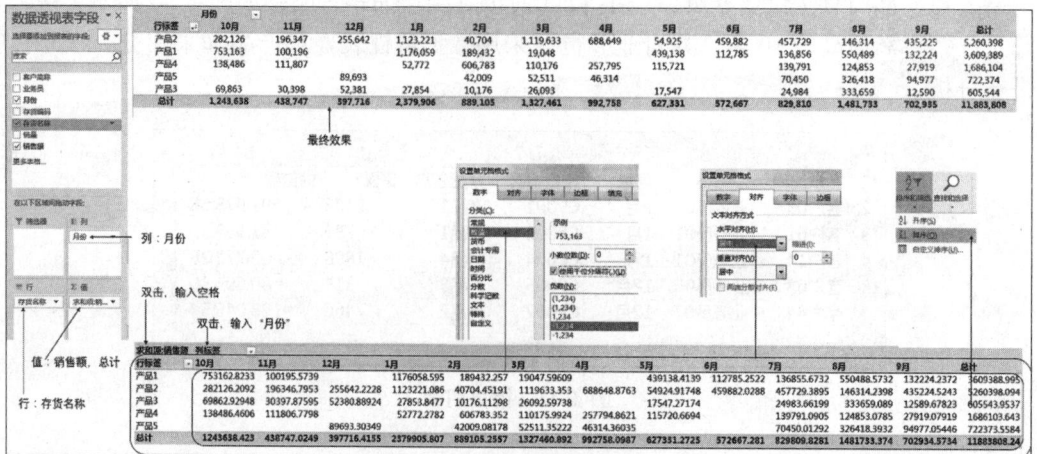

图 4.46　数据透视表

（2）制作分类汇总，完成对业务员业绩分析。

1）复制工作表"销售明细"，重命名为"分类汇总"。

2）单击"业务员"任一单元格，设置排序：升序。

3）单击【数据】→【分级显示】→【分类汇总】命令，设置分类字段为"业务员"、汇总方式为"求和"、选定汇总项为"销售额"、勾选"每组数据分页"，如图 4.47 所示。

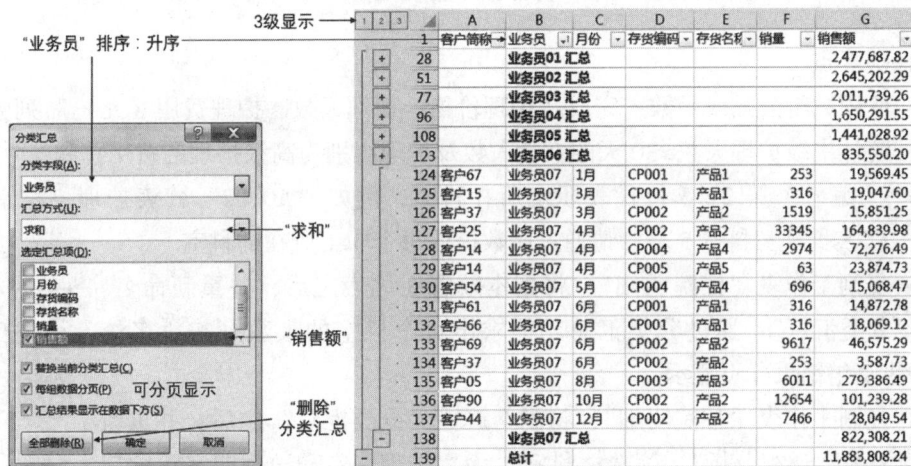

图 4.47　实现分类汇总

（3）筛选销售额居前 10 条的行。

1）选择"销售明细"工作表，单击【开始】→【编辑】→【排序和筛选】→【筛选】命令，行标题会出现黑色箭头。

2）单击"销售额"右侧黑色箭头，单击【数字筛选】→【前 10 项】命令，如图 4.48 所示，完成前 10 项筛选。

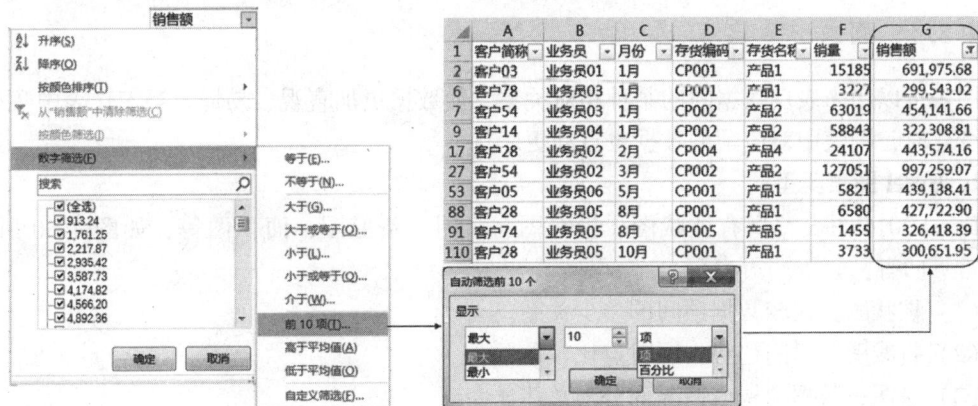

图 4.48　实现前 10 项筛选

4.4.7　拓展练习：医院病人护理统计表分析

1. 案例描述

请帮助护士小刘完成对"医院病人护理统计表"分析，如图 4.49 所示。

图 4.49 住院明细

2. 任务要点

（1）使用数组公式或函数，完成"护理价格、护理天数、护理费用（元）"列数据。

（2）统计中级护理天数>30 天的女性人数及护理级别为高级护理的费用总和。

（3）"编号"第 2、3 位代表职工所在科室，例如"A0102"代表护理一科室 2 号、"A0305"代表护理三科室 5 号。请通过函数提取每个职工所在的科室。

（4）复制工作表"住院明细"，将副本放置在原表之后，并重新命名，新表为"分类汇总"。通过分类汇总功能求出每个科室的人数（按姓名统计）。并将每组结果分页显示。

（5）复制工作表"住院明细"，将副本放置"分类汇总"之后，并重新命名，新表为"透视分析"。筛选"科室"为"护理三室和护理四室"的三级护理费用合计，并按升序排序。

拓展练习：医院病人护理统计表分析

3. 操作步骤

参考步骤扫描右侧二维码。

4.5 Excel 图表和迷你图

4.5.1 图表

图表可以用来表现数据间的某种相对关系，使数据更加直观、易懂。当工作表中数据源发生变化时，图表中对应项的数据也自动更新。

1. Excel 图表类型

Excel 2016 图表类型有柱状图、折线图、饼图、条形图、面积图等，如图 4.50 所示。其中常见的有：

（1）柱状图，比较数据项间的多少关系。

（2）折线图，时间趋势，同时点比较。

（3）饼图，数据项构成情况部分与总体比率。

2. Excel 图表元素功能

图表元素包括图表区、绘图区、数据系列、图表标题、坐标轴（横纵）标题、数据标签、网格线、图例、趋势线等，如图 4.51 所示。

（1）图表区。

用于存放图表所有元素的区域以及其他添加到图表当中的内容，是图表展示的"容器"。

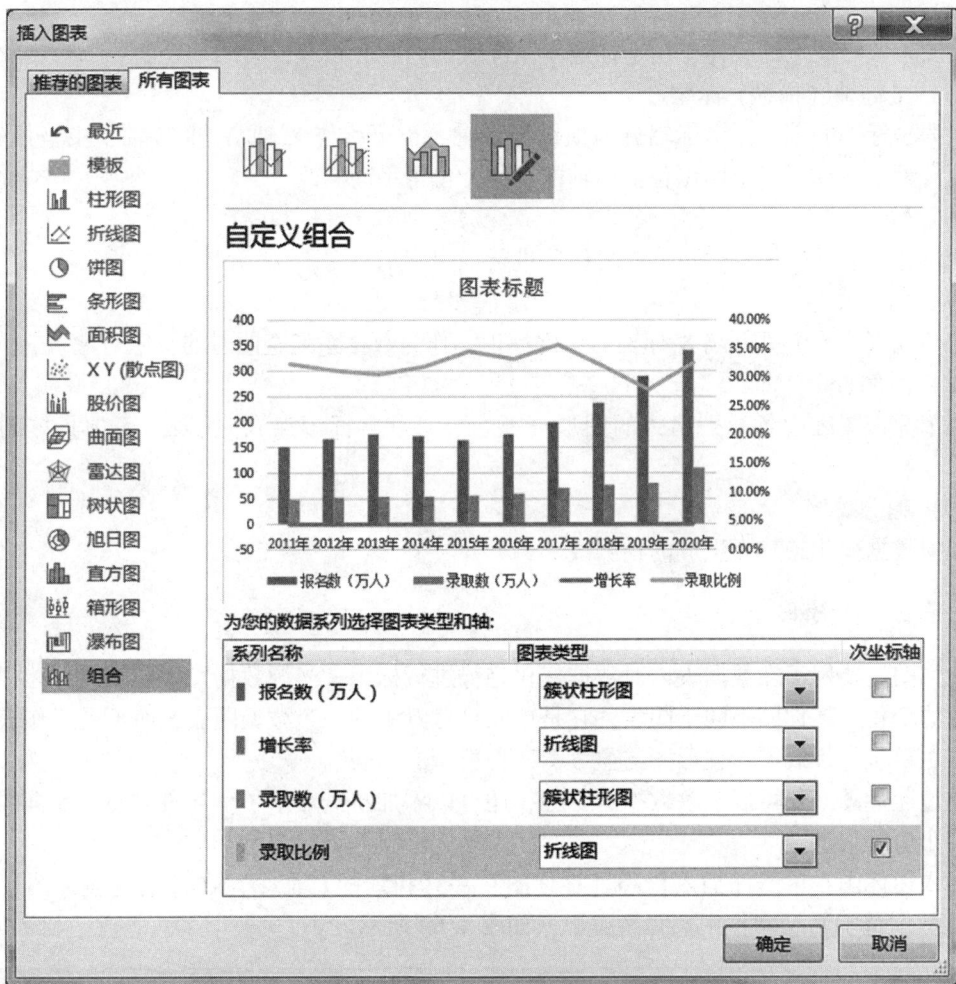

图 4.50　图表类型

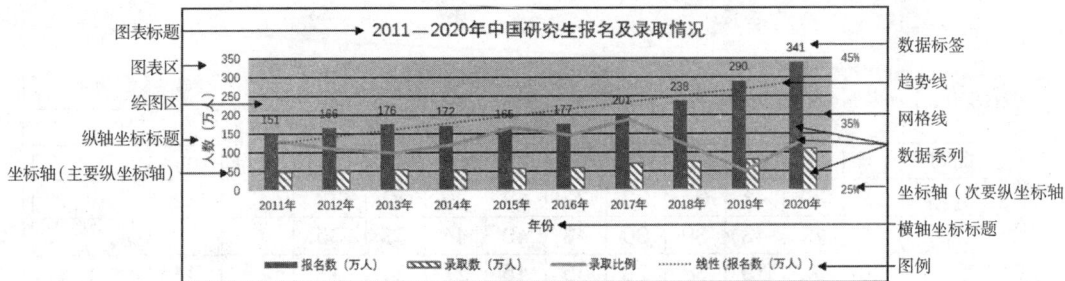

图 4.51　图表元素

（2）绘图区。

在图表区域内部，仅包含数据系列图形（柱形图、折线图等区域），可调整大小和颜色等。

（3）数据系列。

根据制图数据源绘制的各类图形，用来形象化、可视化地反映数据。

（4）图表标题。

是图表核心观点的载体，用于描述本张图表的内容介绍或作者的结论。

（5）坐标轴（横纵）标题。

根据坐标轴的方向，坐标轴分为横纵坐标轴，也可称作 X 轴/Y 轴/Z 轴、主坐标轴/次坐标轴。轴坐标标题用于标识各坐标轴的名称，也可手动修改。

（6）数据标签。

针对数据系列的内容、数值或名称等进行锚定标识。

（7）网格线。

网格线（主次）用于各坐标轴的刻度标识，作为数据系列查阅时的参照对象。

（8）图例。

用于标识图表中各系列格式的图形（颜色、形状、标记点），代表图表中具体的数据系列。

（9）趋势线。

模拟数据变化趋势而生成的预测线。

4.5.2 迷你图

迷你图主要用于在数据表内对数据变化趋势进行标识。当源数据发生更改时，迷你图做出相应的变化。迷你图不同于图表，它是单元格背景中的一个微型图表，而不是工作表中的对象，主要包括折线图、柱形图与盈亏图三种类型的图表。

通过迷你图不仅可以了解数据的走势，还可以添加特殊点来了解某段时间内数据的最大值、最小值等信息。

插入迷你图：单击【插入】→【迷你图】→【折线图】命令，在【创建迷你图】对话框的【数据范围】文本框中选择数据源，如图 4.52 所示。

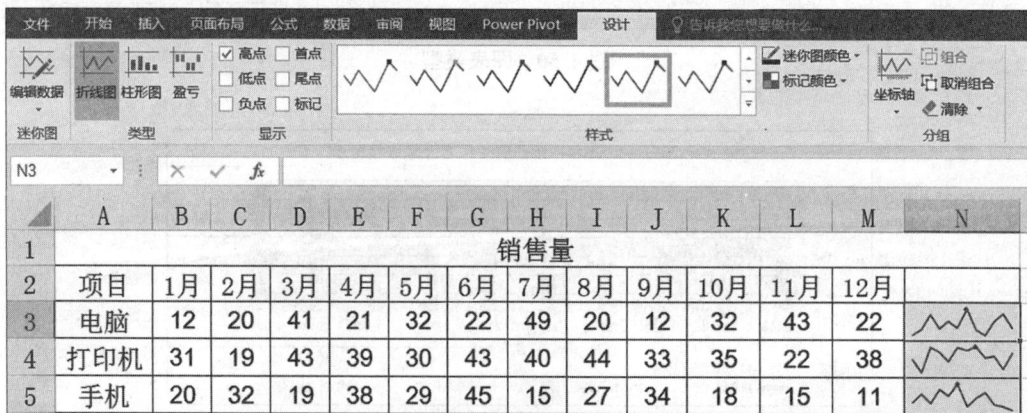

	销售量												
	A	B	C	D	E	F	G	H	I	J	K	L	M	N
2	项目	1月	2月	3月	4月	5月	6月	7月	8月	9月	10月	11月	12月	
3	电脑	12	20	41	21	32	22	49	20	12	32	43	22	
4	打印机	31	19	43	39	30	43	40	44	33	35	22	38	
5	手机	20	32	19	38	29	45	15	27	34	18	15	11	

图 4.52 迷你图

删除迷你图：选择【开始】→【编辑】→【清除】→【全部清除】命令实现。

4.5.3 应用案例：研究生报名及录取图表

1. 案例描述

某高校要分析近 10 年我国研究生报名人数、录取人数情况，及录取率趋势，需要制作

"2011—2020年中国研究生报名及录取情况"图表。

2. 任务要点

（1）使用 Excel 2016 完成图表的制作。

（2）采用"整理基础数据源→创建 Excel 图表→完善图表信息→美化图表"流程制作。

3. 操作步骤

（1）整理基础数据源。

保证第一列"年份"为文本型数据类型，如图 4.53 所示。

（2）创建 Excel 图表。

1）选择如图 4.53 所示的数据区域，按图 4.50 图表类型中选择【组合】数据，并修改【为您的数据系列选择图表类型和轴】部分，单击【确定】按钮。

	A	B	C	D	E
1	年份	报名数（万人）	增长率	录取数（万人）	录取比例
2	2011年	151	7.86%	49	32.45%
3	2012年	166	9.93%	52	31.33%
4	2013年	176	6.02%	54	30.68%
5	2014年	172	-2.27%	55	31.98%
6	2015年	165	-4.07%	57	34.55%
7	2016年	177	7.27%	59	33.33%
8	2017年	201	13.56%	72	35.82%
9	2018年	238	18.41%	76	31.93%
10	2019年	290	21.85%	81	27.93%
11	2020年	341	17.59%	111	32.55%
12	2021年	377	10.56%		
13	数据来源：教育部公布				

图 4.53 基础数据源整理

2）单击【图表工具/设计】→【数据】→【选择数据】命令，打开【选择数据源】对话框，如图 4.54 所示，取消选中【增长率】复选框，单击【确定】按钮。

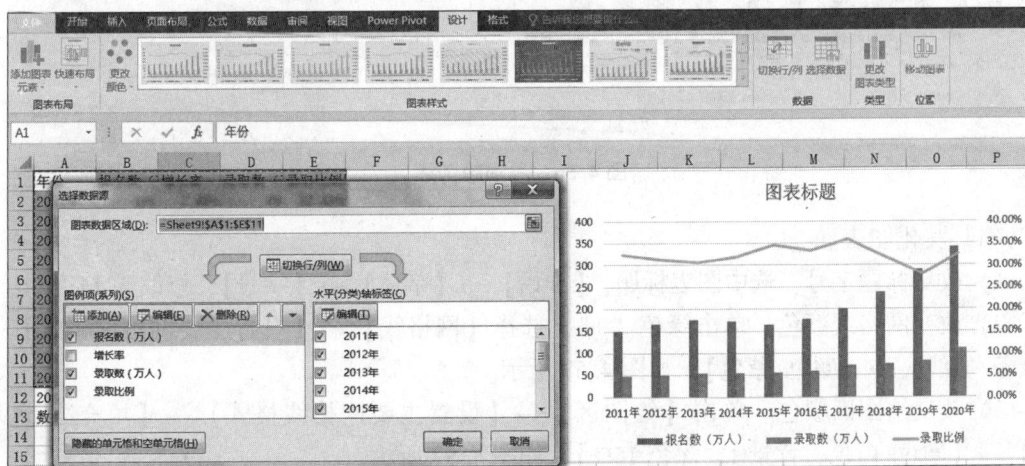

图 4.54 选择数据

（3）完善图表信息。

1）设置纵坐标轴。选中图表，依次选择【添加图表元素】→【轴标题】→【更多轴标题选项】命令，在【设置坐标轴格式】对话框中设置如图 4.55 所示内容，结果如右图所示。

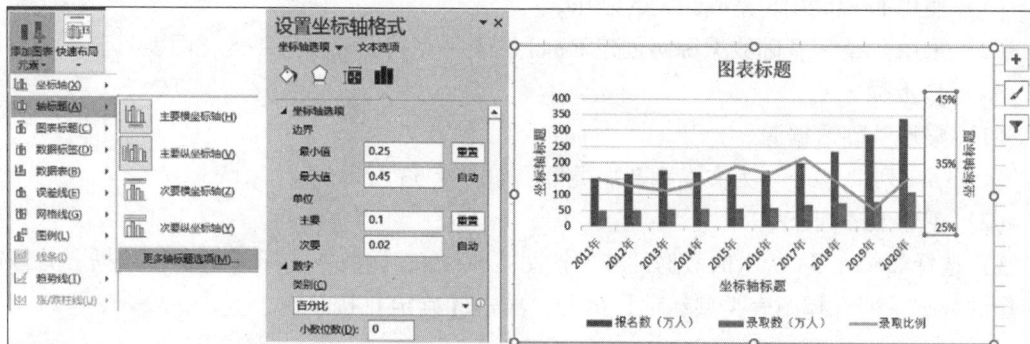

图 4.55　完善次要坐标轴

同理，可完善主要坐标轴信息，"边界–最大值"设置为 350，"单位–主要"设置为 50。

2) 修改标题。删除次要纵"坐标轴标题"，修改主要纵"坐标轴标题"为"人数（万人）"、主要横"坐标轴标题"为"年份"；修改"图表标题"为"2011—2020 年中国研究生报名及录取情况"。

3) 添加数据标签。选中"报名数"数据序列，单击绿色"+"，选择【数据标签】。

4) 添加趋势线。选中"报名数"数据序列，右击或单击绿色"+"，选择【趋势线】，在【设置趋势线格式/趋势线选项】中选择【线性】，如图 4.56 所示。

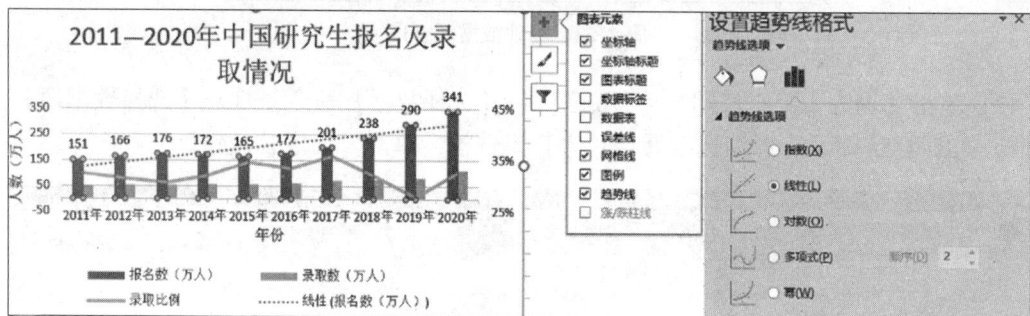

图 4.56　添加趋势线

（4）美化图表。

1) 改变标题字号。选中图表标题，【开始】→【字体】→【字号】，修改为 14 号。

2) 改变网格线颜色。单击绿色"+"，选择【网格线】→【设置主要网格线格式】→【线条/实线】→【颜色/紫色】，如图 4.57 所示。

3) 改变绘图区颜色。单击【绘图区】→【设置主要网格线格式】→【填充/纯色填充】→【颜色/白色，背景 1，深色 15%】，如图 4.57 所示。

4) 填充数据系列。选中"录取数"数据系列，【设置数据系列格式】→【填充】中纯属填充为绿色，"图案填充"为"宽下对角线"，如图 4.57 所示。

5) 调整图表大小。选中图表，鼠标移向图表周边"〇"变为双箭头后，按住鼠标左键改变图表大小，直到满意为止。最终效果图，如图 4.51 所示。

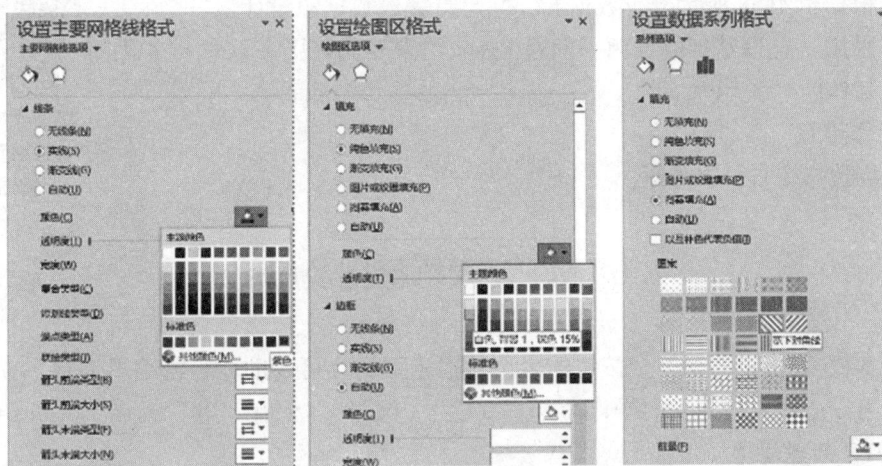

图 4.57 美化图表

4.5.4 拓展练习：全国铁路近十年来增速图表

1. 案例描述

小里是铁路一员工，近期需要做 2010 年以来全国铁路通车里程和增速图表，他利用网络资源，收到了如图 4.58 所示的图表，请帮他完成类似图表的制作。

图 4.58 2010 年以来全国铁路新增里程及增速图表

2. 任务要点

（1）根据图 4.58 所示分析数据源，并自行完成数据源设计。

（2）采用"整理基础数据源→创建 Excel 图表→完善图表信息→美化图表"流程制作。

3. 操作步骤

参考步骤扫描右侧二维码。

拓展练习：全国铁路近十年来增速图表

4.6　WPS 表格基础及应用

熟悉 WPS 表格中的每一个按钮的名称是很重要的，可以助你轻松编辑表格。WPS 表格的基础使用方法从表格的入门操作命令"新建""编辑""保存"和"命名"来介绍。

1. WPS 新建表格

WPS 表格是一款制作表格的软件，和 Excel 软件非常相似。打开 WPS 表格以后，单击左上角的 WPS 表格后面的倒三角。弹出下拉菜单，选择菜单中的第一项【文件】字样的按钮，继续在菜单中选择第一项【新建】字样的按钮，一个新建的表格就出来了。以上鼠标操作，我们可以直接使用快捷键【Ctrl】+【N】新建表格。

2. WPS 表格移动整行整列

WPS 表格移动整行整列，或者移动单元格操作非常简单，选中数据之后，鼠标拖动到目标区域即可。

3. WPS 表格快速移动和复制操作

选中需要调整的某行或某列，然后按住键盘上的【Shift】键不松，将光标移动到单元格边框处，直到出现"十"字形箭头后，开始拖动行或列到目标处。

4.6.1　WPS 表格简介

WPS 表格是 WPS Office 的一部分，是金山 WPS Office 的图表处理软件，具有与微软 Office Excel 相同的功能，提供专业、方便的图表处理功能。WPS 软件与 MS Office Excel 文件格式完全兼容，可以直接打开和编辑所有 Excel 文件格式，包括 .xls、.xlsx、.xlsm、.xlt。

4.6.2　WPS 表格特点

1. WPS 表格设计上的特点

（1）讲究细节。用于满足专家终极需求的超办公工具。

（2）支持多平台。Windows/Linux/iOS/Android 四个系统平台可以顺利运行。

（3）更快更有力。达到秒速开/计算/处理，1 000 000 行表数据处理能力。

（4）模板库丰富。WPS 是一种便于制作文档的稻谷壳模板库，异常结束时将回归现场通过自由改变皮肤，自由定制个性化主题。

2. WPS 表格应用上的特点

（1）WPS 表格提供了对一组数字格式、对齐、字体、底纹、边框等格式进行命名和管理的样式功能。如果用户想要在工作表中使用一致的格式，只需更改样式的设置，应用该样式的所有单元格就会更改。在节省时间的同时，也减少了格式化错误的可能性。

（2）排列式，WPS表格提供了对一个或多个数据组执行多次运算并返回一个或多个结果的数组表达式。本功能实现了许多公式无法实现的运算，大大扩展了公式函数的功能。

（3）拉伸编辑框，WPS表格提供了一个扩展的编辑框，允许用户根据实际需要控制是否展开编辑框，从而大大减少了单元格内容过多阻碍正常工作表浏览的可能性。

（4）分层显示，WPS表格具有对指定范围内的行或列进行分组和分层显示的功能。用户在浏览数据报表时，如果想关注摘要项目，可以使用分组和分级功能轻松隐藏详细数据。

（5）删除分类摘要，WPS表格除了原始分类汇总外，还添加了替换、删除的操作，可以轻松恢复原始数据列表，重新汇总分类。

（6）更改状态栏的聚合，WPS表在状态栏中添加了计数、平均值、最值等多种合计方法，使得所选区域内的数据合计结果无须插入公式即可轻松得到。

4.7　思考与练习

1. 单项选择题

（1）构成 Excel 工作表的基本单位是（　　）。

A. 工作表　　　　　B. 单元格　　　　　C. 单元格区域　　　　D. 数据

（2）在 Excel 中，若要在指定单元格中输入并显示分数 3/4，正确的输入方法是（　　）。

A. #3/4　　　　　B. 0 3/4　　　　　C. 3/4　　　　D. 0.75

（3）Excel 单元格中输入公式时，B \$3 的单元格引用方式，称为（　　）。

A. 相对地址引用　　　　　　　　　B. 绝对地址引用

C. 混合地址引用　　　　　　　　　D. 交叉地址引用

（4）Excel 某单元格中输入公式"＝LEFT（RIGHT（"'ABCDEF"，4），2）"，然后按【Enter】键，该单元格中显示的数据为（　　）。

A. ABCD　　　　　B. ABC　　　　　C. CD　　　　　D. CDE

（5）在 Excel 2016 中，如果要同时在多个单元格中输入相同的数据，可先选定相应的单元格，然后输入数据，按（　　）键，即可向这些单元格同时输入相同的数据。

A.【Shift】＋【Enter】　　　　　　　B.【Ctrl】＋【Enter】

C.【Alt】＋【Enter】　　　　　　　　D.【Enter】

2. 多项选择题

（1）在 Excel 2016 中，重命名工作表，正确的操作是（　　）。

A. 右击要重命名的工作表标签，在弹出的快捷菜单中单击【重命名】命令

B. 单击选定要重命名的工作表标签，按【F2】键，输入新名称

C. 单击选定要重命名的工作表标签，在【名称】框中输入新名称

D. 双击相应的工作表标签，输入新名称

（2）在 Excel 2016 中，下列（　　）为日期分隔符。

A. "/"　　　　　B. "－"　　　　　C. ":"　　　　　D. "\"

（3）在 Excel 2016 中，下列关于自动填充的描述中，正确的是（　　）。

A. 初值为纯数字型数据时，左键拖动填充柄，填充自动增 1 的序列

B. 初值为纯数字型数据时，按住【Ctrl】键，左键拖动填充柄，填充自动增 1 的序列

C. 初值为日期型数据时，左键拖动填充柄为复制填充

D. 初值为日期型数据时，按住【Ctrl】键，左键拖动填充柄为复制填充

（4）在 Excel 2016 中，下列关于图表的描述中，错误的是（　　）。

A. Excel 中的图表分两种，一种是嵌入式图表，另一种是独立图表

B. 一个完整的图表通常由图表区、绘图区、图表标题和图例等几大部分组成

C. 数据系列用于标识当前图表中各组数据代表的意义

D. 图例对应工作表中的一行或者一列数据

（5）在 Excel 2016 中，可以采用下列哪种操作方式，修改已创建的图表类型（　　）。

A. 选择"图表工具"区【格式】选项卡下的【更改图表类型】命令

B. 选择"图表工具"区【布局】选项卡下的【更改图表类型】命令

C. 选择"图表工具"区【设计】选项卡下的【更改图表类型】命令

D. 右键单击图表，在快捷菜单中选择【更改图表类型】命令

3. 填空题

（1）工作簿是指在 Excel 2016 中用来存储并处理数据的文件，其扩展名是_____。

（2）具有规范二维表特性的电子表格在 Excel 2016 中被称为_____。

（3）Excel 2016 中有三种迷你图样式，即折线图、柱形图和_____。

4. 判断题

（1）Excel 2016 的单元格区域是默认的，不能重新命名。　　　　　　　　　（　　）

（2）Excel 2016 中，如果单元格的数字格式数值为两位小数，此时输入 3 位小数，则末位四舍五入，计算时以显示的数字为准，而不再采用输入数值。　　　　　　　（　　）

（3）在 Excel 2016 中，删除工作表是永久删除，无法撤消删除操作。　　　　（　　）

（4）在 Excel 2016 中，数据删除和清除是两个不同的概念。　　　　　　　　（　　）

（5）Excel 2016 是电子表格处理软件，没有添加页眉页脚功能。　　　　　　（　　）

（6）在 Excel 2016 中输入公式时，引用单元格数据有两种方法，第一种是直接输入单元格地址，第二种是利用鼠标选择单元格，最后按【Enter】键确认。　　　　　（　　）

第 5 章　演示文稿软件

【教学目标】

（1）掌握 PowerPoint 的基本概念和基本操作，幻灯片的编辑与管理以及演示文稿的动画效果和动作设置，演示文稿的打印和打包。

（2）掌握多媒体的概念、多媒体系统的组成、多媒体技术及多媒体的应用领域等内容。

（3）熟悉多媒体系统的构成，了解多媒体技术处理过程中使用的各种技术和多媒体的简单应用。

PowerPoint 是一个功能强大的演示文稿制作工具，它是进行教学多媒体演示、学术交流、商业产品展示、工作汇报的重要工具。同时，计算机多媒体技术对多种媒体的综合处理也进入各个领域。通过本章的学习，使读者了解演示文稿的基本功能并熟练创建各种精美、实用的演示文稿，以满足日常工作和学习的需要。

5.1　PowerPoint 概述及基本操作

5.1.1　PowerPoint 概述

PowerPoint 是微软公司推出的功能强大，具有友好的界面、生动活泼的动化效果、丰富的模板以及智能化的向导工具的演示文稿制作软件。PowerPoint 可以制作出图文并茂、色彩丰富、生动形象并且具有极强的表现力和感染力的宣传文稿、演讲文稿、幻灯片和投影胶片等，可以制作出动画影片并通过投影机直接投影到银幕上以产生卡通影片的效果；还可以制作出图形圆滑流畅、文字优美的流程图或规划图。在演讲、报告和教学等场合有很大的帮助。

本章演示文稿学习以 PowerPoint 2016 为例进行学习。

1. PowerPoint 的主要特点

（1）强大的制作功能。文字编辑功能强、段落格式丰富、文件格式多样、绘图手段齐全、色彩表现力强等。

（2）通用性强，易学易用。PowerPoint 是在 Windows 操作系统下运行的专门用于制作演示文稿的软件，其界面与 Windows 界面相似，与 Word 和 Excel 的使用方法大部分相同，提供有多种幻灯版面布局，多种模板及详细的帮助系统。

（3）强大的多媒体展示功能。PowerPoint 演示的内容可以是文本、图形、图表、图片或有声图像，并具有较好的交互功能和演示效果。

（4）较好的 Web 支持功能。利用工具的超级链接功能，可指向任何一个新对象，也可

113

发送到互联网上。

2. PowerPoint 的启动与退出

（1）PowerPoint 的启动。

启动 PowerPoint 应用程序的方法有以下几种：

1）在 Windows 窗口中，单击【开始】→【所有程序】→【PowerPoint 2016】命令。

2）直接双击快捷方式即可启动该应用程序。

3）打开任意一个 PowerPoint 文件即可启动。

（2）PowerPoint 的退出。

退出 PowerPoint 的方法有以下几种：

1）单击标题栏的【关闭】按钮。

2）在标题栏空白处右键单击，在下拉菜单中选择【关闭】选项。

3）按组合键【Alt】+【F4】。

4）单击【文件】选项卡下的【关闭】命令。

5.1.2 演示文稿界面与视图

1. 演示文稿界面

以 PowerPoint 2016 版本工作界面为例，如图 5.1 所示，其工作界面与 Word 2016 相似。

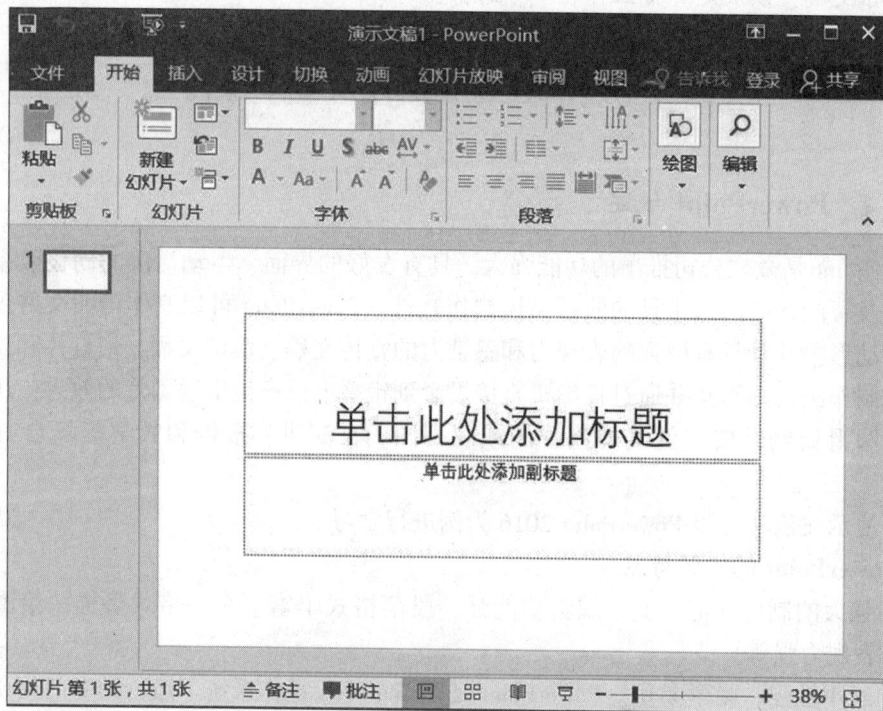

图 5.1 PowerPoint 2016 主界面

2. 视图模式

PowerPoint 2016 主要有"普通视图""大纲视图""幻灯片浏览视图""备注页视图""阅读视图"和"母版视图"六种视图模式，如图 5.2 所示。不同的视图中，对演示文稿进行编辑和加工，都将反映到其他视图中。

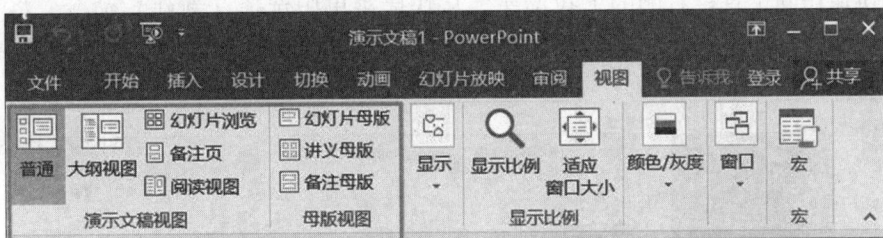

图 5.2　PowerPoint 2016 视图模式

（1）普通视图。

普通视图主要用于编辑幻灯片的总体结构，也可以编辑单张幻灯片或大纲，还可以在备注页添加演讲者备注，供文稿的报告人演示文稿时参考。

（2）大纲视图。

大纲视图模式主要用于显示幻灯片的文本内容，常用于输入和组织幻灯片内容。

（3）幻灯片浏览视图。

幻灯片浏览视图可以在窗口中以每行若干张幻灯片缩略图的方式按先后顺序显示幻灯片，用户能快速地定位到某张幻灯片，添加、删除和移动幻灯片以及选择幻灯片切换效果。

（4）备注页视图。

备注页视图可以很方便地编辑备注文本内容，也可以对文本进行格式设置。同时，表格、图表、图片等对象也可以插入备注页中。备注内容不会在其他视图显示，但可以在打印的备注页中显示。

（5）阅读视图。

阅读视图以适应当前窗口大小，可以看到图形、时间、影片、动画元素以及将在实际放映中看到的切换效果，按【Esc】键则可退出幻灯片。

（6）母版视图。

幻灯片母版用于设置幻灯片的样式，可供用户设定各种标题文字、背景、属性等，只需更改一项内容就可更改所有幻灯片的设计。幻灯片母版包含标题样式和文本样式。在 Power-Point 2016 中有三种母版：幻灯片母版、讲义母版、备注母版。

5.2　演示文稿的编辑

5.2.1　创建演示文稿

在 PowerPoint 2016 中，提供了四种不同的创建空演示文稿方式：

（1）启动 PowerPoint，在当前页面单击【空白演示文稿】创建空演示文稿。

（2）使用【文件】选项卡创建空演示文稿。

单击【文件】→【新建】命令，如图 5.3 所示，单击中间的【空白演示文稿】，即可新建一个空白演示文稿。

（3）通过快速访问栏创建。

单击快速访问工具栏右侧的下拉箭头，从快捷菜单中选择【新建】命令，将【新建】按钮添加到快速访问工具栏，如图5.4所示，然后单击【新建】按钮，即可新建一个空白演示文稿。

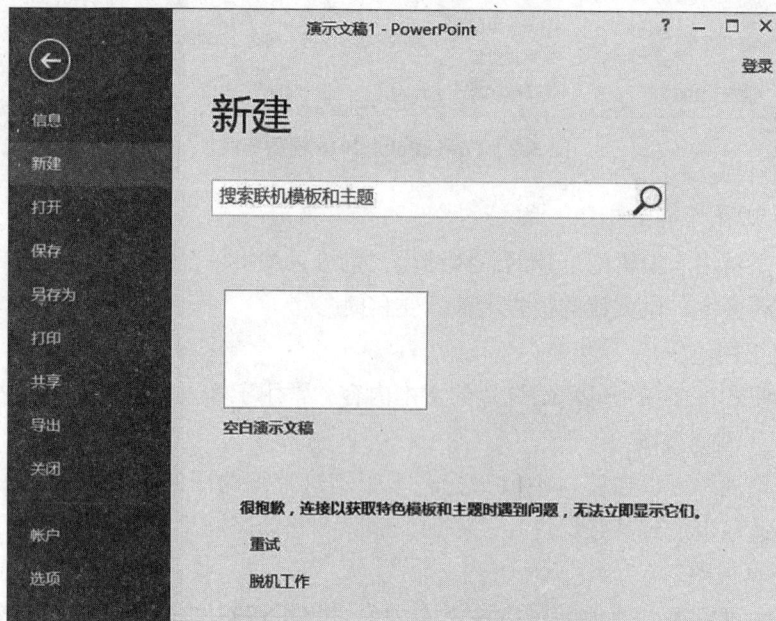

图 5.3　创建空演示文稿

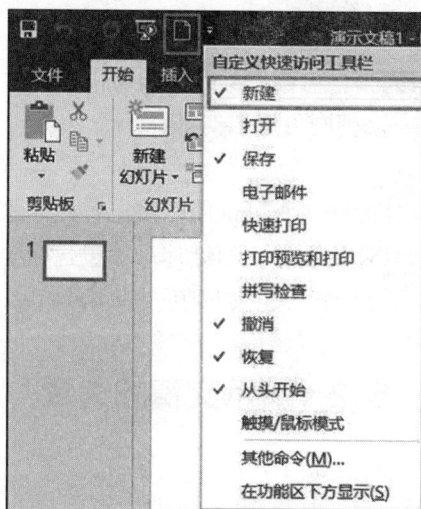

图 5.4　通过快速访问栏创建

（4）启动 PowerPoint 2016 后，按【Ctrl】+【N】组合键快速创建。

5.2.2　编辑幻灯片

演示文稿是幻灯片的有序集合，所以，建立演示文稿的过程就是制作一张张幻灯片的过程。

幻灯片管理包括选择、插入、复制、移动和删除幻灯片等。在对幻灯片进行操作的过程中，最方便的操作视图是幻灯片浏览视图。对于小范围或少量的幻灯片，也可以在普通视图下进行。

1. 选择幻灯片

在普通视图的【幻灯片/大纲】窗格或在幻灯片浏览视图下，可以做如下操作：

（1）选择一张幻灯片：单击所选幻灯片的缩略图即可。

（2）选择多个连续的幻灯片：首先单击要选的第一张幻灯片的缩略图，然后按住【Shift】键，再单击要选择的最后一张幻灯片的缩略图。

（3）选择多张不相邻的幻灯片：按住【Ctrl】键再逐个单击要选择的各幻灯片缩略图。

（4）选择所有幻灯片：按【Ctrl】+【A】组合键。

2. 新建与插入幻灯片

启动 PowerPoint 后，会自动建立一张幻灯片；随着制作过程的进一步推进，需要在演示文稿中插入幻灯片。在新建幻灯片时可以选择幻灯片的版式，具体的操作方法如下。

（1）选择幻灯片的版式。

选择需要插入新幻灯片位置处的幻灯片，单击【开始】→【新建幻灯片】命令，在展开的下拉列表中选择所需要的版式，如图 5.5 所示。

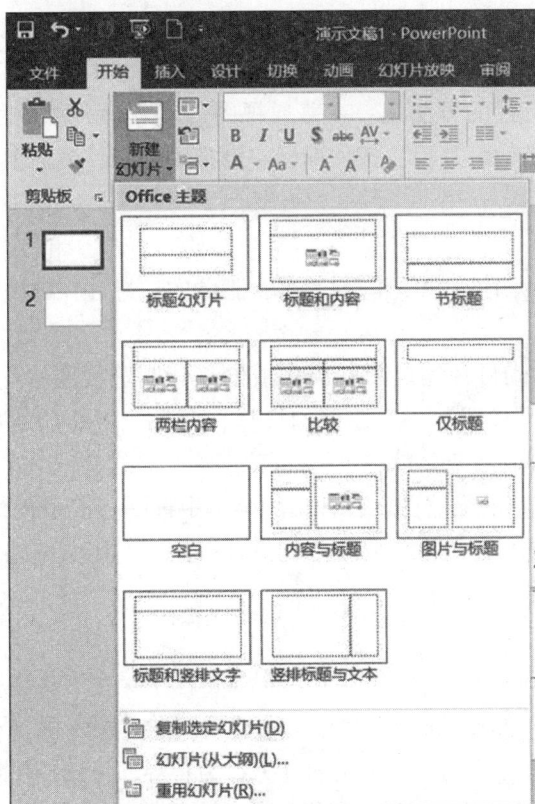

图 5.5　选择幻灯片的版式

（2）插入幻灯片。

1）在演示文稿中插入新幻灯片。

在普通视图的【幻灯片缩略图】窗格中选择目标幻灯片的缩略图，单击【开始】→

【幻灯片】→【新建幻灯片】命令，从出现的幻灯片版式列表中选择一种版式，则在当前幻灯片后插入新的幻灯片。

另外，在普通视图的【幻灯片缩略图】窗格中，右击某张幻灯片的缩略图，在弹出的菜单中选择【新建幻灯片】命令，也可以在幻灯片缩略图后面插入新幻灯片。

2）插入当前幻灯片的副本。

打开目标演示文稿，在普通视图的【幻灯片缩略图】窗格中选择目标幻灯片的缩略图。单击【开始】→【幻灯片】→【新建幻灯片】命令，从下拉列表中单击【复制选定幻灯片】命令，则在当前幻灯片之后插入与当前幻灯片完全相同的幻灯片。右击该幻灯片的缩略图，在弹出的菜单中选择【复制幻灯片】命令，也可实现上述操作。

另外，还可以使用【复制】和【粘贴】命令。

（3）删除幻灯片。

在普通视图的【幻灯片缩略图】窗格中，选中要删除的一张或多张幻灯片，然后按【Del】键。也可以右击该幻灯片的缩略图，在弹出的菜单中选择【删除幻灯片】命令。如果误删除了某张幻灯片，可使用快速访问工具栏中的【撤消】按钮恢复，或按【Ctrl】+【Z】组合键。

（4）移动幻灯片。

在制作演示文稿时，如果需要对幻灯片的顺序进行重新排列，就需要移动幻灯片。移动幻灯片可以用【剪切】和【粘贴】命令来完成。

另一种快速移动幻灯片的方法是：在普通视图的【幻灯片缩略图】窗格中或幻灯片浏览视图中，选择要移动的幻灯片后，按住鼠标左键拖动幻灯片到需要的位置，松开鼠标左键即可。

（5）隐藏幻灯片。

根据需要不能播放的幻灯片可以隐藏起来，隐藏的幻灯片在放映时不会出现。可以采用以下两种方法：

1）在普通视图的【幻灯片缩略图】窗格或幻灯片浏览视图中，选择欲隐藏的幻灯片，单击【幻灯片放映】→【设置】→【隐藏幻灯片】命令，所选的幻灯片缩略图右上角或右下角将出现"隐藏"标志。

2）右击欲隐藏幻灯片的缩略图，在弹出的菜单中选择【隐藏幻灯片】命令。

如果要取消隐藏，选择需要取消隐藏的幻灯片，然后右击其缩略图，在弹出的菜单中选择【隐藏幻灯片】命令。

3. 保存演示文稿

在 PowerPoint 中，保存演示文稿和其他 Microsoft 程序保存文件也是一样的，都选择【文件】选项卡下的【保存】选项。或者直接单击快捷访问工具栏上的【保存】按钮，或直接按下键盘上的组合键【Ctrl】+【S】，从弹出的【另存为】界面，选择保存路径，进行文件保存。

【保存类型】列表框中的新文件类型有演示文稿设计模板、PowerPoint 放映、大纲（＊.RTF）等格式文件，选择好后单击【确定】按钮保存该文件。

4. 放映演示文稿

制作幻灯片的目的是向观众播放最终的作品，在 PowerPoint 2016 中，提供了 4 种不同的幻灯片播放模式：从头开始放映、从当前幻灯片放映、联机演示、自定义幻灯片放映。

5.2.3　文本编辑与设置

在幻灯片中添加文本的方法有很多种，常用的方法有使用占位符、使用文本框和从外部导入文本。

1. 使用占位符创建文本

占位符指创建新幻灯片时出现的虚线方框。占位符是包含文字和图形等对象的容器，其本身是构成幻灯片内容的基本对象，具有自己的属性。用户可以对其中的文字进行操作，也可以对占位符本身进行大小调整、移动、复制、粘贴及删除等操作。

单击需要添加文本的占位符，如图 5.6 所示，输入文本即可。

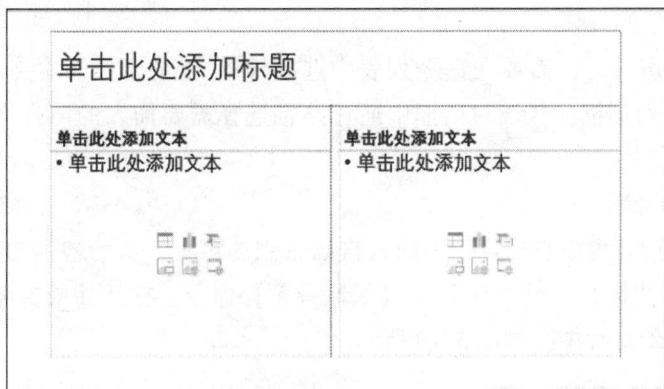

图 5.6　使用占位符创建文本

2. 使用文本框添加文本

文本框是一种可移动、可调整大小的文字容器，它与文本占位符非常相似，如图 5.7 所示。

3. 从外部导入文本

用户除了使用复制的方法从其他文档中将文本粘贴到幻灯片中，还可以通过单击【插入】→【对象】命令，直接将文本文档导入幻灯片中，如图 5.8 所示。

图 5.7　使用文本框
添加文本

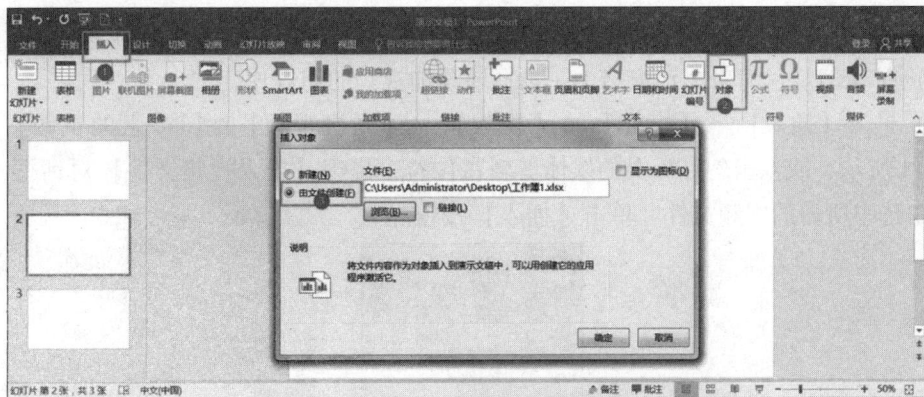

图 5.8　从外部导入文本

PowerPoint 的文本基本操作主要包括选择、复制、粘贴、剪切、撤消与重复、查找和替换等，操作方法和 Word 中文本的操作基本相似。

5.2.4 对象插入与编辑

PowerPoint 和 Word 、Excel 一样，在幻灯片中也可以使用图片、公式、图表、艺术字等对象，并可以使用组织结构图、影片和声音等对象。在这里重点讲述插入声音和影像对象。在 PowerPoint 中可以方便地插入影片和声音等多媒体对象，使用户的演示文稿从画面到影音，多方位地向观众传递信息，增强演示文稿感染力。

1. 插入音频文件

（1）插入 PC 上的音频。

从文件中插入声音时，需要在命令列表中选择【PC 上的音频】命令，如图 5.9 所示，打开【插入音频】对话框，从该对话框中通过路径选择需要插入的声音文件，即可添加到幻灯片中。

（2）插入录制音频。

在 PowerPoint 中，可以在幻灯片中插入自己录制的声音，从而增强幻灯片的艺术效果，单击【插入】→【媒体】→【音频】→【录制音频】命令，打开【录制声音】对话框，即可开始录音并插入幻灯片中，如图 5.10 所示。

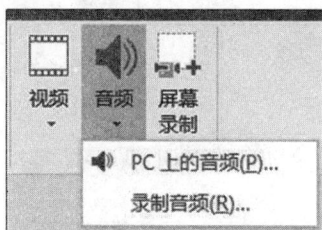

图 5.9 插入文件中的声音　　　图 5.10 插入录制的声音

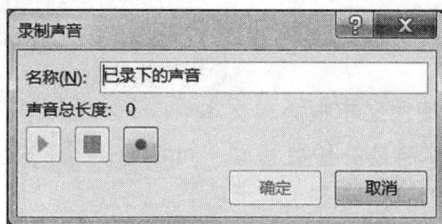

2. 插入影像文件

在 PowerPoint 中，可以插入和播放多种格式的视频文件，如 Video for Windows 格式（AVI 格式和 ASF 格式）、MPEG 格式等，在幻灯片中插入视频的方法是：

（1）在【幻灯片缩略图】窗格中，选择要添加视频的幻灯片。

（2）单击【插入】→【媒体】→【视频】→【联机视频】/【PC 上的视频】命令，如图 5.11 所示，或双击幻灯片上的媒体剪辑占位符，出现【插入视频文件】对话框，在该对话框中选中所需的视频文件，单击【插入】按钮。

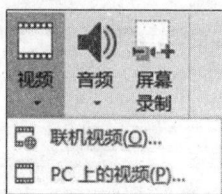

图 5.11 插入文件中的视频

3. 设置影片属性

对于插入幻灯片中的视频，不仅可以调整它们的位置、大小、亮度、对比度、旋转等，还可以进行剪裁、设置透明色、重新着色及设置边框线条等，如图 5.12 所示，这些操作都与图片的操作相同。

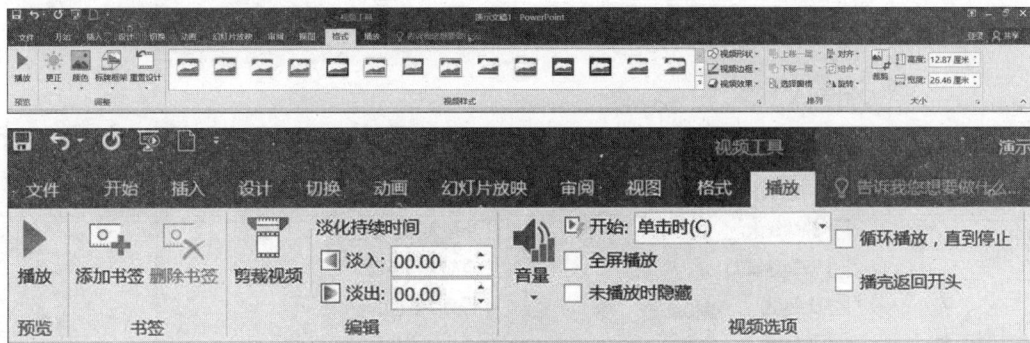

图 5.12 视频工具设置影片属性

5.2.5 应用案例：魅力家乡

1. 案例描述

某班级以"魅力家乡"为主题开展活动，小明需制作一份介绍自己家乡的演示文稿。

2. 任务要点

(1) 创建幻灯片并为每张幻灯片应用合适版式。

(2) 文本的添加及格式的修改。

(3) 插入图片并为图片添加动画效果。

3. 操作步骤

(1) 幻灯片的创建及编辑。

新建 PPT 演示文稿，打开演示文稿，选择【开始】选项卡，在【幻灯片】组中单击【新建幻灯片】命令，第 1 张设置为"标题"幻灯片，第 2 到 8 张设置为"标题和内容"幻灯片，第 9 张设置为"空白幻灯片"。

(2) 文本编辑与格式设置。

在幻灯片内输入文本，选择【开始】选项卡，单击【字体】对话框启动器，打开【字体】对话框，设置中文为仿宋，西文为 Times New Roman，字体样式为加粗，大小为 32，颜色为红色，如图 5.13 所示。

(3) 图片插入与动画设置。

1) 图片插入。

选择【插入】选项卡，在【图像】组中选择【图片】，然后选择素材中的图片进行插入。

2) 动画设置。

选中某个图片，选择【动画】选项卡，在【动画】组中选择合适的动画。

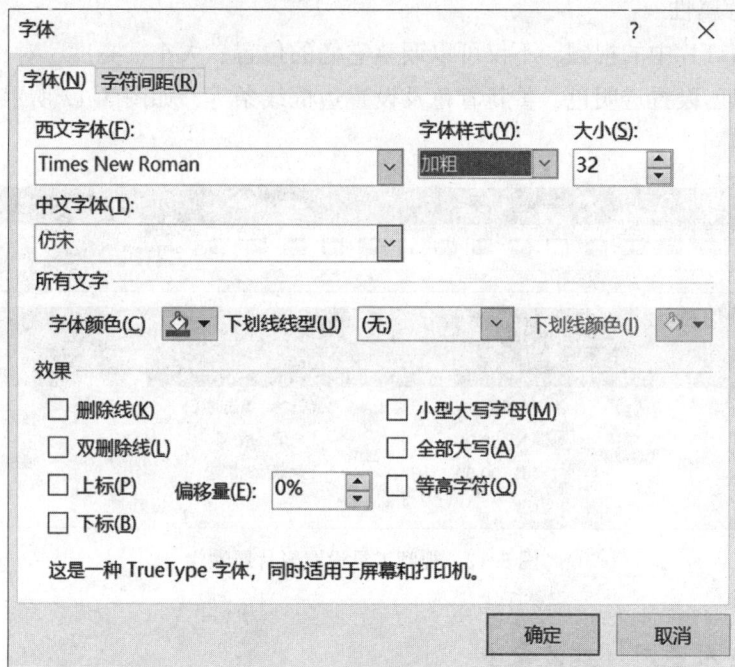

图 5.13　设置字体格式

5.3　演示文稿的美化

演示文稿的特色之一就是可以使演示文稿的幻灯片具有统一的外观，而控制幻灯片外观的方法有多种，可以使用系统提供的预设格式，也可以让用户自定义设置格式。常用的方法有应用主题样式、设置幻灯片的背景和母版等。

5.3.1　主题背景设置

在演示文稿中，幻灯片的背景对幻灯片放映的效果起着重要作用，为此，可以更改幻灯片、备注页及讲义的背景色或背景设计。所谓讲义，是指演示文稿的打印版本，它可以在每页中包含一、二、三、四、六或九张幻灯片，以便给听众提供一份书面的幻灯片内容，并在每页讲义上留出空间供听众注释。若对幻灯片的背景不满意，可以重新设置。背景设置既可以是纯色填充，也可以是渐变填充、图片或纹理填充、图案填充等多种方式。通常情况下要根据演示文稿的内容和主题设置背景。

1. 设置幻灯片背景

（1）设置单一颜色。

具体操作方法如下：

打开演示文稿，选择一张或多张幻灯片，单击【设计】→【自定义】→【设置背景格式】命令，在属性栏选中【纯色填充】单选按钮，若对系统提供的背景样式不满意，则单击【设置背景格式】命令，打开如图 5.14 所示对话框，通过【填充颜色】命令，选择所需的颜色。若要更改背景透明度，则移动透明度滑块，透明度百分比可以从 0%（完全不透明）变化到 100%（完全透明）。

若只对所选幻灯片应用颜色，则直接单击【关闭】按钮，若要对演示文稿的所有幻灯片应用颜色，则单击【全部应用】按钮。

（2）设置填充效果或图片。

渐变色是指有两种或两种以上的颜色分布在画面上，并均匀过渡。除了渐变色以外，还可以为幻灯片设置纹理图案和背景图片。具体操作如下：

1）打开演示文稿，单击【设计】→【自定义】→【设置背景格式】命令，选中【渐变填充】单选按钮，打开如图 5.15 所示对话框。

2）单击【预设渐变】命令可在下拉列表中直接选择一种预设好的渐变效果。然后通过对【类型】、【方向】、【角度】、【颜色】、【位置】和【透明度】等设置完成渐变色填充，如图 5.15 所示。

3）设置完成后，若单击【关闭】按钮，则只对当前选中的幻灯片有效；若单击【全部应用】按钮，则所有幻灯片都将采用此背景设置。

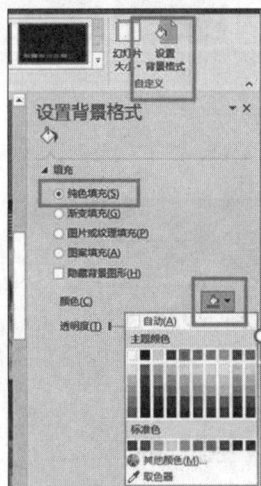

图 5.14　设置纯色填充背景　　　　图 5.15　设置渐变色背景

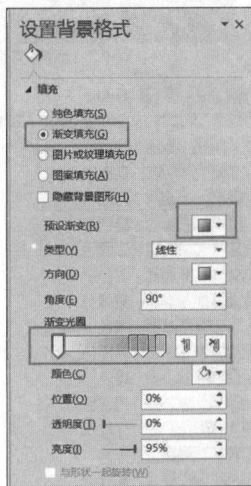

（3）设置图片或纹理填充。

打开演示文稿，选择一张幻灯片，单击【设计】→【自定义】→【设置背景格式】命令，选中【图片或纹理填充】单选按钮，可以通过【文件】路径选择本地图片填充背景，也可以通过【联机】连接网络填充背景，单击【纹理】下拉列表，可以选择任意一种纹理效果填充背景。

（4）图案填充。

选中【图案填充】单选按钮，可以选择预设图案作为背景，假若要修改颜色，可以通过下方的【前景】或【背景】命令更改图案的颜色属性。

2. 设置幻灯片主题

幻灯片主题是对幻灯片中的标题、文字、图片、背景等项目设定一组配置，PowerPoint

为每种设计模板提供了多种内置的主题颜色，用户可以根据需要选择不同的颜色来设计演示文稿。这些颜色是预先设置好的协调色，自动应用于幻灯片的背景、文本线条、阴影、标题文本、填充、强调和超链接。PowerPoint 的背景样式功能可以控制母版中的背景图片是否显示，以及控制幻灯片背景颜色的显示样式。

（1）使用默认主题。

打开 PowerPoint 演示文稿，文档将自动新建一个空白页面的幻灯片，单击【设计】→【主题】命令组，就可以预览默认主题。

如果要为某一张幻灯片设置主题，可以选择该张幻灯片，在选择的主题上单击鼠标右键，在弹出的快捷菜单中选择【应用于选定幻灯片】，这时将只对选定的幻灯片应用选定的主题。

（2）设置主题颜色、字体效果。

应用设计模板后，在功能区单击【设计】→【主题】→【颜色】按钮，打开主题颜色菜单，如图 5.16 所示。

图 5.16　主题颜色菜单

如果对系统自带的主题配色方案不满意，还可以自定义配色方案，方法如下：

①在演示文稿中单击【设计】→【主题】→【颜色】按钮，在弹出的菜单中选择【自定义颜色】命令，打开【新建主题颜色】对话框（见图 5.17），在对话框中为幻灯片中的文字、背景、超链接等定义颜色，并将新建的主题命名保存到当前演示文稿中。

②单击【字体】按钮，在弹出的内置字体命令中选择一种字体类型，或选择【自定义

字体】命令，在打开的【新建主题字体】对话框中定义幻灯片中文字的字体，并将主题命名保存到当前演示文稿中，如图 5.17 所示。

图 5.17　【新建主题颜色】与【新建主题字体】对话框

5.3.2　母版视图设置

母版用于设置演示文稿中每张幻灯片的预设格式，这些格式包括每张幻灯片的标题及正文文字的位置和大小、项目符号的样式、背景图案等。PowerPoint 含三个母版，它们是幻灯片母版、讲义母版和备注母版。

1. 幻灯片母版

幻灯片母版是存储模板信息的设计模板的一个元素。幻灯片母版中的信息包括字形、占位符大小和位置、背景设计和配色方案。用户通过更改这些信息，就可以更改整个演示文稿中幻灯片的外观，从而改变整个演示文稿风格。

在功能区单击【视图】→【母版视图】→【幻灯片母版】按钮，打开幻灯片母版视图，如图 5.18 所示。

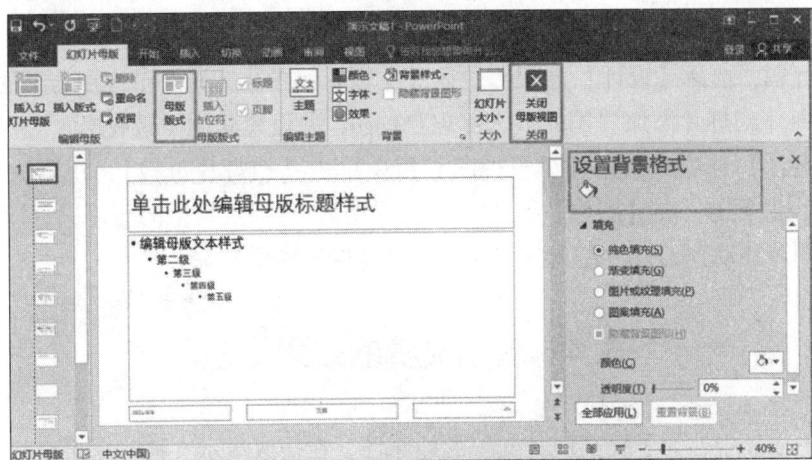

图 5.18　幻灯片母版视图

一套完整的演示文稿包括标题幻灯片和普通幻灯片，因此，幻灯片母版也包括标题幻灯片母版和普通幻灯片母版，其中普通幻灯片母版控制的是除标题幻灯片外所有幻灯片的外观。幻灯片母版上有五个占位符，用来确定幻灯片母版的板式：

（1）更改文本格式。

（2）设置页眉、页脚、日期及幻灯片编号。

（3）向模板中插入对象。

这三方面的操作和前面单张幻灯片中各种元素的添加设置方法几乎相同。

2. 讲义母版

讲义母版用得不多，主要用于控制幻灯片以讲义形式打印的格式。

3. 备注母版

备注母版主要用于设置供演讲者备注使用的空间以及设置备注幻灯片的格式。

5.3.3 应用案例：节约用水

1. 案例描述

为宣传"世界节水日"，某班级需制作一份宣传水知识和节水重要性的演示文稿。

2. 任务要点

（1）演示文稿分为 3 节，1~3 张幻灯片为"水的知识"，4~6 张幻灯片为"水的应用"，7~10 张幻灯片为"节水工作"。

（2）为每节应用不同的设计主题。

（3）为每张幻灯片左上角添加"国家节水标志"Logo，并设置其位于最底层以免遮挡标题文字。

3. 操作步骤

（1）演示文稿分节。

选中左侧第一张幻灯片，在幻灯片上方右击，选择【新增节】命令，再次在幻灯片上方右击，选择【重命名节】命令，输入对应节标题。

（2）每节应用不同的设计主题。

单击节标题，选择【设计】选项卡，在【主题】组中，为每一节应用合适的主题。

（3）为每张幻灯片添加"国家节水标志"Logo，并设置其位于最底层。

选择【视图】选项卡，在【母版视图】组中单击【幻灯片母版】，在第一页幻灯片中选择【插入】选项卡，在【图像】组中选择【图片】，选择素材中的图片进行插入。

将选中图片移动到幻灯片左上角，右击选择【置于底层】命令。

5.4 演示文稿的效果处理

在 PowerPoint 中，为了提高演示文稿的趣味性，在播放演示文稿时，可以为幻灯片中的文本、图像和其他对象预设动画效果，如设置文本从左侧飞入，同时发出声音，以突出重点，引起观众注意，并可以通过动作设置和超链接技术来增强演示文稿的放映效果。

5.4.1 设置动画与切换

1. 设置动画效果

（1）添加单个动画效果。

在普通视图中选择某张幻灯片中的一个或多个对象，选择【动画】选项卡，在【动画】组中单击列表框中的下拉按钮，从动画效果列表中选择所需的动画效果即可，如图5.19所示。

动画效果有四类："进入"动画、"强调"动画、"退出"动画和"动作路径"动画。

若想查看更多的动画效果，则在如图5.19所示列表的下方单击【更多进入效果】选项（或【更多强调效果】、【更多退出效果】和【其他动作路径】选项），在弹出的相应对话框中进行选择后，单击【确定】按钮。

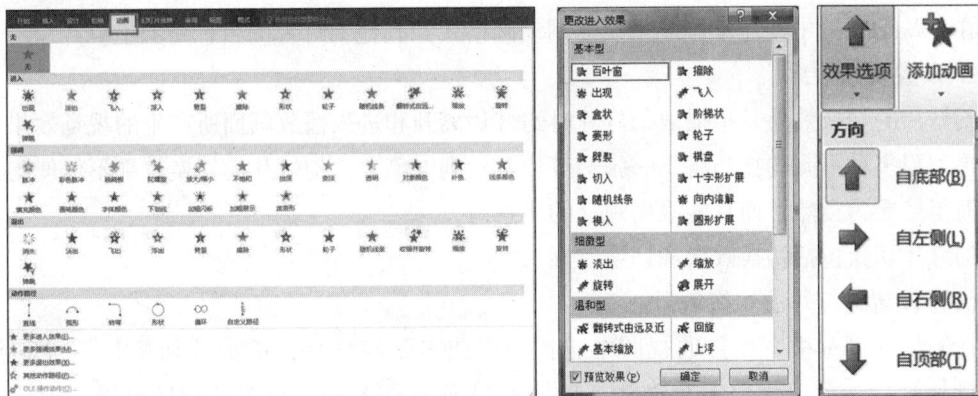

图5.19 添加及设置单个动画效果

若要进行动画效果的其他设置，可单击【动画】→【效果选项】按钮，在弹出的对话框中可更改动画的进入效果，如图5.20所示。

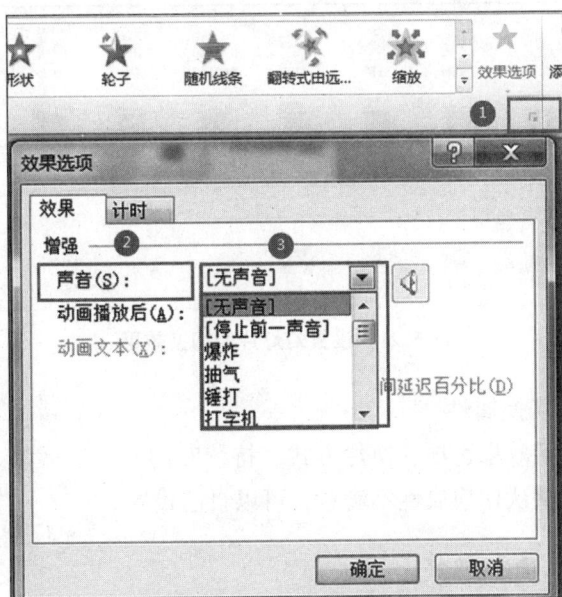

图5.20 动画效果的其他设置

单击【动画】组右下角的对话框启动器按钮，在【计时】组设置动画开始的方式以及动画播放的持续时间及延时时间。要为动画设置音效，则可选择声音效果。

（2）为同一个对象添加多个动画效果。

为了使幻灯片中对象的动画效果更加丰富，在普通视图下，选中要添加动画的对象（如标题和内容）。单击【动画】选项卡，再单击列表框的下拉按钮，可以选择更多的动画效果。也可以对其添加多个动画效果。

（3）编辑动画效果。

添加动画效果后，还可以单击【动画窗格】按钮，对这些效果进行相应的编辑操作，如更改动画效果、删除动画效果和调整动画播放顺序。

（4）使用动画刷。

在 PowerPoint 中使用动画刷可以复制动画格式到其他幻灯片的目标对象上。

2. 设置切换效果

幻灯片的切换效果是指播放幻灯片时幻灯片离开和进入播放画面所产生的视觉效果。切换效果可用多种不同的技巧将下一张幻灯片显示到屏幕上，幻灯片的切换效果不仅使幻灯片的过渡衔接更为自然，而且能吸引观众的注意力。

幻灯片切换包括切换效果和切换属性。

（1）设置幻灯片的切换效果。

在幻灯片浏览视图或普通视图中选择一张或多张幻灯片，单击【切换】→【切换到此幻灯片】组中要应用的切换效果，如图 5.21 所示。若需要更多的切换效果，则单击切换效果列表右下角的【其他】按钮，打开切换效果列表，在列表中选择一种切换样式即可。如果希望全部幻灯片均采用该切换效果，单击【计时】组中的【全部应用】按钮即可。

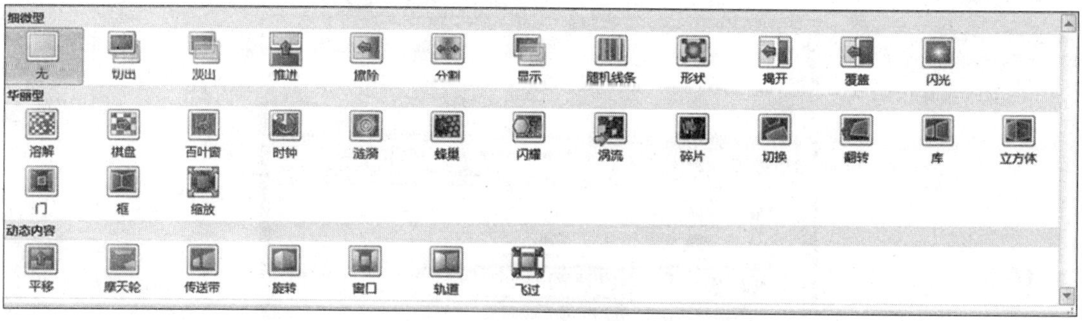

图 5.21　设置幻灯片的切换效果

（2）设置幻灯片的切换属性。

幻灯片切换属性包括效果选项、换片方式、持续时间和声音效果。如不设置切换属性，则采用默认设置。若对默认切换属性不满意，可以自己设置。

5.4.2　设置超链接和动作

利用【超链接】命令和【动作设置】可以制作具有交互功能的演示文稿，以便于更好地说明问题。

1. 超链接

超链接是实现从一个演示文稿或文件快速跳转到其他演示文稿或文件的捷径，通过它可以在自己的计算机上，甚至网络上进行快速切换。超链接可以链接到其他幻灯片或文件，也可以链接到 Web 中的网页。超链接必须在放映演示文稿时才能被激活。

若要编辑或删除已建立的超链接，可以在普通视图中选中超链接的对象，单击【插入】→【链接】→【超链接】按钮，在弹出的对话框中更改或删除超链接，也可以用鼠标右击用作超链接的文本或对象，在弹出的快捷菜单中选择【编辑超链接】命令或【取消超链接】命令，如图 5.22 所示。

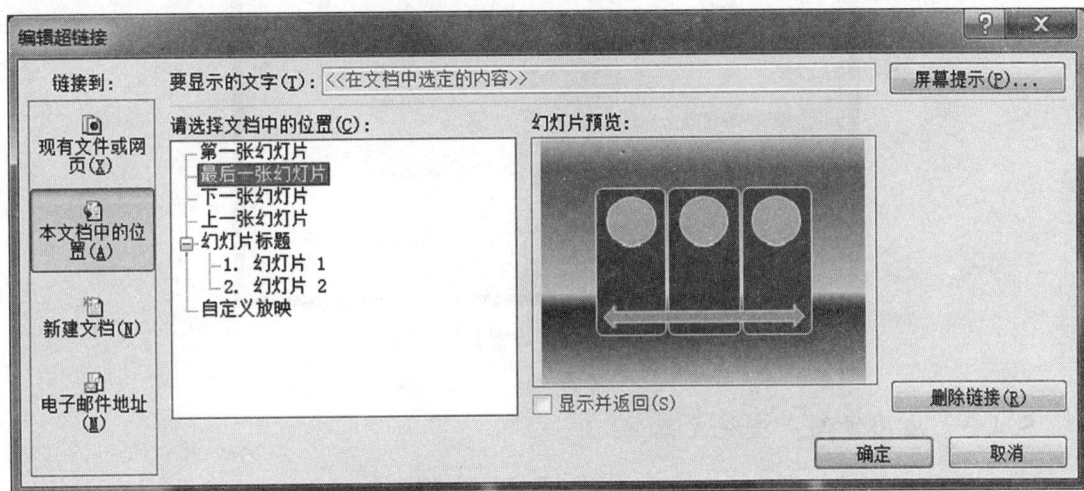

图 5.22　插入超链接对话框

在文稿演示过程中，把鼠标指针移到链接标志上时，指针就会变成手形，此时，单击鼠标就可以实现跳转或者打开文档或网页。

2. 动作设置

演示文稿放映时，单击【插入】→【链接】→【动作】按钮，演讲者可以操作幻灯片上的对象去完成下一步的某项既定工作，称为该对象的动作。对象动作的设置提供了在幻灯片放映中人机交互的一个途径，使演讲者可以根据自己的需要选择幻灯片的演示顺序和展示演示内容，可以在众多的幻灯片中实现快速跳转，也可以实现与 Internet 的超链接，甚至可以应用动作设置启动某个应用程序或宏。如图 5.23 所示。

3. 动作按钮

动作按钮是 PowerPoint 中预先设置好的一组特定动作的图形按钮，这些按钮被预先设置为指向下一张、前一张、第一张、最后一张、最近观看的幻灯片等。PowerPoint 默认提供了12 个动作按钮供用户选择和使用。在幻灯片中单击【插入】→【链接】→【动作】按钮可以实现超链接。

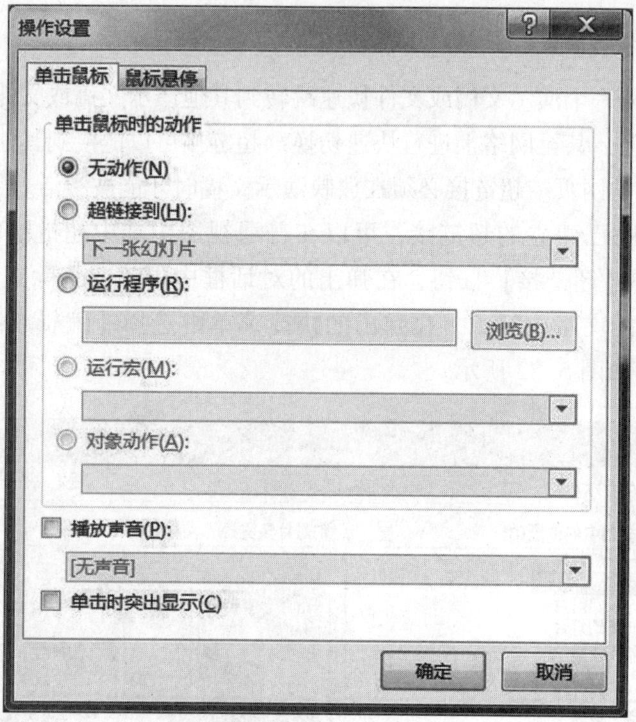

图 5.23 【操作设置】对话框

5.4.3 应用案例：庆祝元旦

1. 案例描述

元旦即将来临，某班级为开展元旦活动，需制作一份以"庆祝元旦"为主题的演示文稿。

2. 任务要点

（1）为每张幻灯片的文字和图片设置不同的动画效果。

（2）为每张幻灯片设置不同的幻灯片切换效果。

（3）将目录页的内容分别超链接到后面对应的幻灯片，并添加返回到目录页的动作按钮。

3. 操作步骤

（1）设置动画效果。

选中幻灯片中的文字和图片，选择【动画】选项卡，在【动画】组中选择合适的动画。

（2）设置切换效果。

选中某张幻灯片，选择【切换】选项卡，在【切换到此幻灯片】组中选择合适的切换方式。

（3）添加超链接和动作。

1）添加超链接。

选中某个目录项，选择【插入】选项卡，在【链接】组中选择【超链接】，弹出【插

入超链接】对话框，左边选择【本文档中的位置】，右边选择对应的幻灯片。如图 5.24
所示。

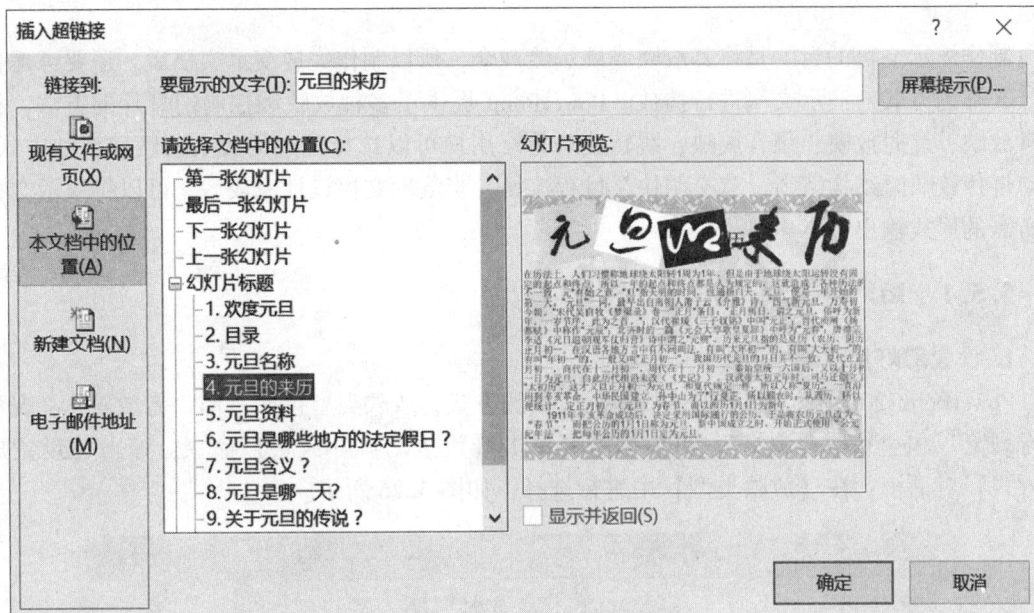

图 5.24　添加超链接

2）添加动作。

选中链接到的对应幻灯片，选择【插入】选项卡，在【插图】组中选择【形状】，选
择【动作按钮】的第一个，并用鼠标画在幻灯片的右下角，弹出【操作设置】对话框，在
【超链接到】选项中选择【幻灯片…】，在弹出的【超链接到幻灯片】对话框中选择【目
录】。如图 5.25 所示。

图 5.25　添加动作

5.5 演示文稿的放映

制作演示文稿的目的是将其放映或展示给观众，所以制作完成演示文稿后，还要考虑使用什么样的方式对演示文稿进行播放。PowerPoint 提供了多种放映和控制幻灯片的方法，如正常放映、计时放映、录音放映、跳转放映等。用户可以选择理想的放映速度和放映方式，使幻灯片放映时结构清晰、节奏明快、过程流畅。当演示文稿设计完成后，可以将演示文稿以所需的形式输出。

5.5.1 幻灯片放映

1. 设置幻灯片放映

PowerPoint 2016 提供了三种播放演示文稿的方式，放映类型包括"演讲者放映""观众自行浏览"和"在展台浏览"，可根据需要单击【设置幻灯片放映】命令，弹出【设置放映方式】对话框，在【放映类型】中进行选择，如图 5.26 所示。

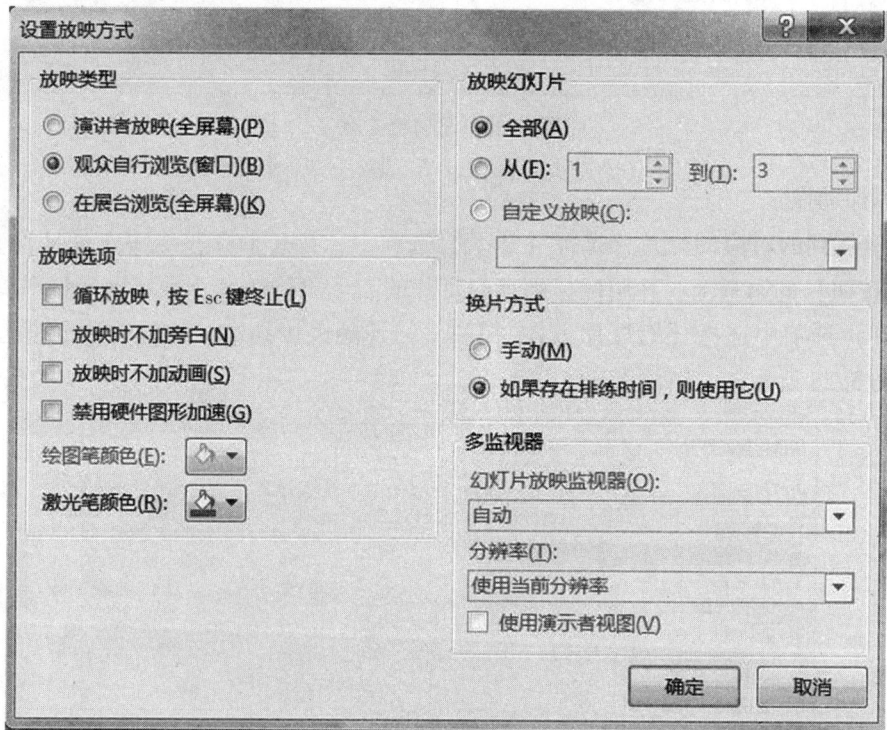

图 5.26 设置放映方式

演讲者放映：如果要在观众面前现场放映演示文稿，可以采用这种方式。该放映方式，通常由演讲者边演示边播放演示文稿，放映哪张幻灯片以及如何切换等都由演讲者操作，演讲者有完全的控制权，还可以在放映过程中暂停、添加标记等。

观众自行浏览：通常是观众需要在计算机上或者通过浏览器在 Internet 上根据需要自行浏览演示文稿时采用的放映方式，该方式采用窗口放映方式，通过窗口状态栏中的【上一张】和【下一张】按钮进行顺序播放或使用【菜单】按钮选择放映的幻灯片。

在展台浏览：在展览馆、会议大厅、候机厅等人流密集的地方并且无人管理的情况下，可以采用此方式全屏循环放映演示文稿。

另外，对话框中有【放映幻灯片】选项，可以指定放映范围，即全部幻灯片、指定范围的幻灯片和播放制作的自定义放映。

若要指定换片方式，则在对话框的【换片方式】区进行选择；若选中【手动】单选按钮，则在放映幻灯片时必须有人干预才能切换幻灯片；若选中【如果存在排练时间，则使用它】单选按钮，且设置自动换页时间，则幻灯片在播放时能自动切换。

若要进行其他设置，还可以在"演讲者放映"和"观众自行浏览"方式下选中【循环放映，按 Esc 键终止】复选框，则在最后一张幻灯片放映结束后，会自动返回第一张幻灯片继续播放。

2. 放映演示文稿

设置好放映方式后，就可以放映演示文稿了。

（1）从头放映幻灯片。

在放映幻灯片的过程中，若要从头到尾播放幻灯片，可使用以下两种方法：

1）单击【幻灯片放映】→【开始放映幻灯片】→【从头开始】按钮。

2）按【F5】键。

（2）从当前幻灯片放映。

1）在任何一种视图中，从当前幻灯片开始放映有三种方法：

①单击 PowerPoint 2016 窗口状态栏中间的视图工具栏中的【幻灯片放映】命令按钮，即可进入幻灯片放映视图，从当前幻灯片开始放映。

②单击【幻灯片放映】→【开始放映幻灯片】→【从当前幻灯片开始】按钮。

③按【Shift】+【F5】组合键。

2）控制幻灯片放映。

在幻灯片放映视图中，单击鼠标按钮，则可切换到下一张幻灯片演示；在全屏方式下使用键盘上的【Page Up】、【Page Down】键或上下光标键或空格和【Backspace】键，可以切换到上一张或下一张幻灯片演示。在最后一张幻灯片上单击鼠标后，屏幕返回原来的视图。按数字键回车可以转向指定幻灯片。

3）在幻灯片放映视图中单击鼠标右键，可弹出控制放映过程的快捷菜单，如图 5.27 所示。

（3）自定义幻灯片放映。

自定义放映是将演示文稿中的所有幻灯片进行重组，根据自己的需要，生成新的放映内容组，它是一种灵活的放映方式。

打开需要进行自定义放映的演示文稿，单击【幻灯片放映】→【开始放映幻灯片】→【自定义幻灯片放映】→【自定义放映】命令，将打开【自定义放映】对话框，单击【新建】命令打开【定义自定义放映】对话框，可以设置幻灯片放映名称，然后在左侧列表框中选择要添加到自定义放映中的幻灯片，单击【添加】按钮，设置结束后单击【确定】按钮，在【自定义放映】对话框中，可以看

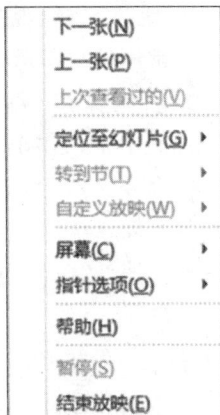

图 5.27 控制放映
快捷菜单

到刚才设置的自定义放映名称，单击【放映】按钮，可以直接放映自定义设置的幻灯片，单击【关闭】按钮可以返回编辑窗口。

3. 排练计时

在演示文稿的放映方面，PowerPoint 还提供了排练计时功能，排练计时是将每张幻灯片的播放时间记录下来，保存这些计时，以用于自动放映。

5.5.2 打印与导出

1. 打印演示文稿

由于演示文稿中幻灯片的特殊组织结构，打印演示文稿比打印其他 Office 文档要复杂一些，在打印之前常常需要对演示文稿进行一些必要的页面设置工作。

（1）演示文稿的页面设置。

打开演示文稿并切换到普通视图，单击【设计】→【页面设置】命令打开【页面设置】对话框，如图 5.28 所示。在对话框中可以设置幻灯片大小、幻灯片编号起始值(0~9999)，设置幻灯片、备注、讲义和大纲的方向。设置完成后，单击【确定】按钮。

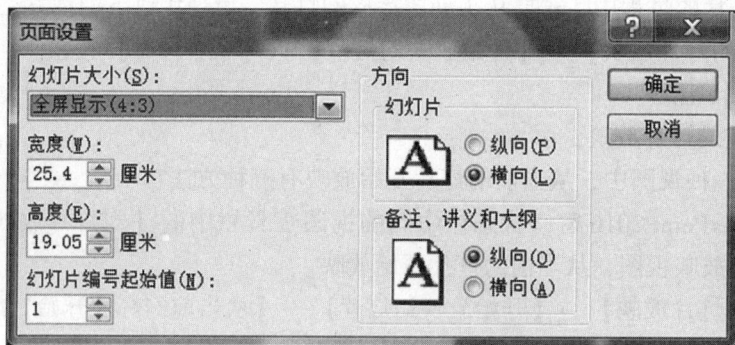

图 5.28　演示文稿的页面设置

（2）打印演示文稿。

制作好的演示文稿不仅可以进行演示，还可以通过单击【文件】→【打印】命令将其打印出来，分发给观众作为演讲提示。在打印时，根据个人的需求将演示文稿打印为不同的形式，常用的打印形式有幻灯片、讲义、备注和大纲视图，如图 5.29 所示。

2. 打包演示文稿

PowerPoint 2016 提供了"将演示文稿打包成 CD"功能，通过单击【文件】→【保存并发送】命令，然后双击【将演示文稿打包成 CD】，利用该功能可以将演示文稿、播放器以及相关文件一次打包到 CD 光盘中，并制作成专门的演示文稿光盘，实现将演示文稿分发或转移到其他计算机上或没有安装 PowerPoint 2016 应用程序的计算机上进行演示。如图 5.30 所示。

在【打包成 CD】对话框中，可以设置 CD 名称，默认情况下包含链接文件和嵌入的字体，若要更改此项设置可单击【选项】按钮，打开如图 5.31 所示对话框。为了增强安全性和隐私保护，还可以在该对话框中设置打开和修改演示文稿的密码，设置后单击【确定】按钮。

图 5.29　打印演示文稿

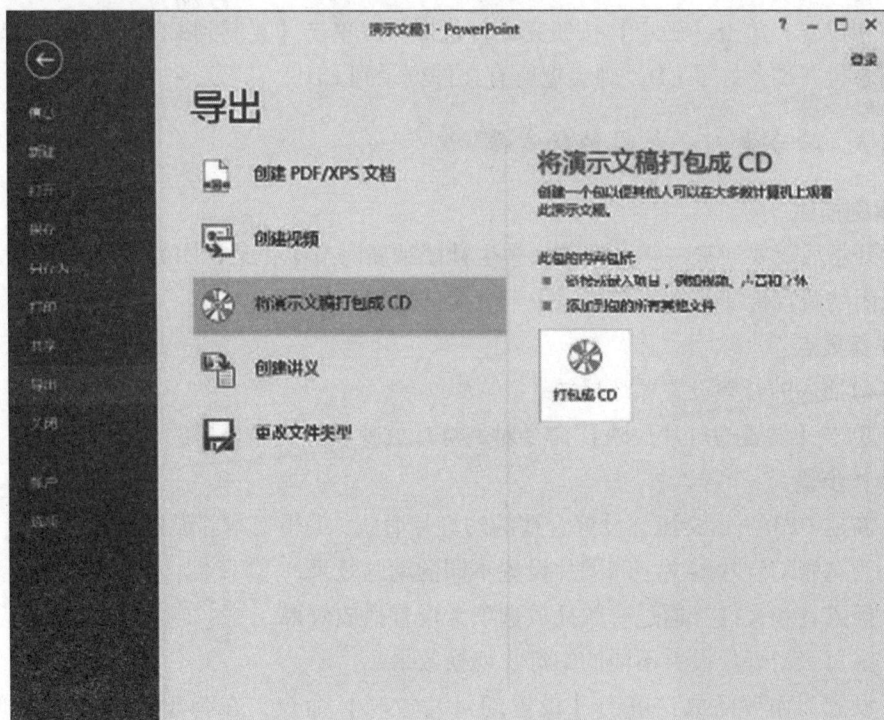

图 5.30　【打包成 CD】对话框

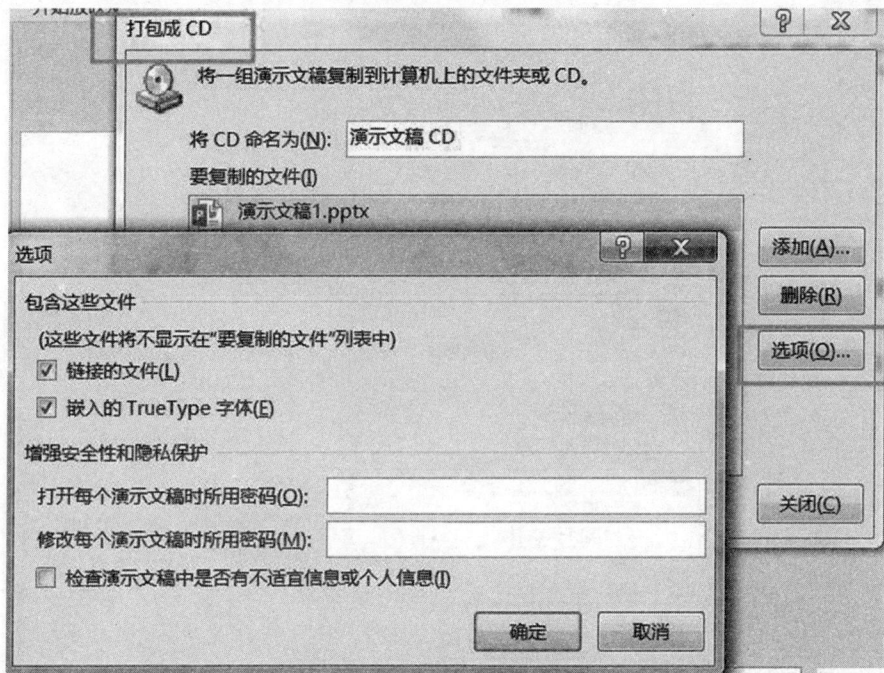

图 5.31 【选项】对话框

返回【打包成 CD】对话框，单击【复制到文件夹】按钮，在弹出的对话框中指定文件夹的名称和位置，单击【确定】按钮完成打包操作；单击【复制到 CD】按钮，如果计算机上装有刻录机并准备好了 CD，则会把所有文件刻录到 CD 上。

5.5.3 综合案例：社团纳新宣传

1. 案例描述

大学开学后就要迎来一年一度的大学生社团纳新时节了，某社团为增加新鲜活力，需制作一份社团纳新宣传演示文稿在校园主干道大屏循环播放。

2. 任务要点

（1）对插入的音频设置循环播放。

（2）单击【设置幻灯片放映】命令对幻灯片放映设置为循环播放。

3. 操作步骤

（1）新建 PPT 演示文稿，设置合适的幻灯片版式，编辑文本并设置格式。

（2）为每张幻灯片的文字和图片设置不同的动画效果。

（3）插入音频文件，通过音频播放选项卡设置播放效果。

（4）为每张幻灯片设置不同的幻灯片切换效果。

（5）设置为循环播放：单击【设置幻灯片放映】命令，在弹出的【设置放映方式】对话框中，在【放映类型】组中选中【在展台浏览（全屏幕）】单选按钮，【循环放映，按 Esc 键终止】复选框会被自动选中，再选中旁边的【如果存在排练时间，则使用它】选项，如图 5.32 所示。

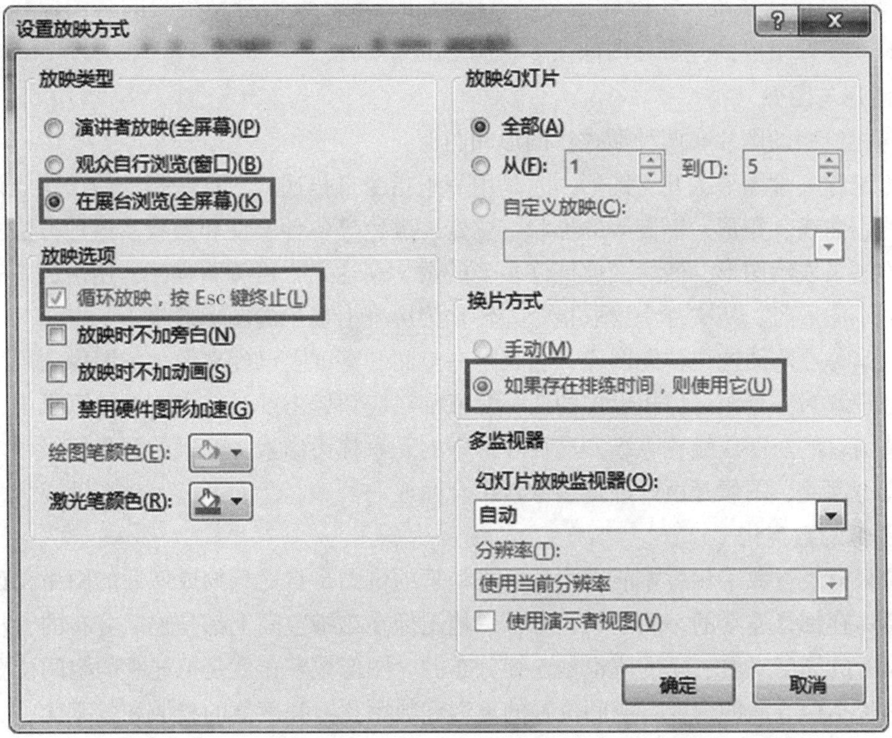

图 5.32　设置为循环播放

（6）单击放映后，就会自动循环播放，此时鼠标失效。要结束放映，选择【Esc】键结束放映即可。

5.5.4　拓展练习：争做当代优秀大学生

为进一步提升大学生的文明行为意识，加强同学们对文明的理解，进一步对同学们的行为进行规范，共同创建文明校园生活，各学院即将举办"不负青春韶华，争做新时代文明大学生"演讲比赛，参赛同学需要准备一份完整的演示文稿，制作要求如下：

（1）PPT 使用的背景颜色要简单大气，最重要的是让听众可以清楚地看清 PPT 上的字。

（2）制作时，应注意 PPT 上不应有太多的字，而只应该有最主要的条目，不能让听众只看你的 PPT 而忽略你的声音。

（3）可以根据听众的年龄或兴趣把 PPT 制作得好看或者简练等不同的格式。

（4）适当设置多样动画效果和切换效果。

5.6　数字图形图像技术

5.6.1　数字图形图像基础知识

图像是多媒体中携带信息的极其重要的媒体，有人发表过统计资料，认为人们获取的信息中 80%来自视觉系统，实际就是文字、图像和视频。人们最易接受的是图像和视频，而视频也是由图像组成的，可见图像在多媒体中的重要性。

1. 图形与图像

计算机绘制的图片有两种形式：图形和图像。

图形又称矢量图形或几何图形，它是用一组指令来描述的，这些指令给出构成该画面的所有直线、曲线、矩形、椭圆等的形状、位置、颜色等各种属性和参数。这种方法实际上是用数学方法来表示图形，然后变成许许多多的数学表达式，再编制程序，用语言来表达。计算机在显示图形时，从文件中读取指令并转化为屏幕上显示的图形效果。

图像又称点阵图像或位图图像，它是指在空间和亮度上已经离散化的图像。可以把一幅位图图像理解为一个矩形，矩形中的任一元素都对应图像上的一个点，在计算机中，对应于该点的值为它的灰度或颜色等级。这种矩形中的元素称为像素，像素的颜色等级越多，则图像越逼真。因此，图像是由许许多多像素组合而成的。

2. 图像的数字化

图像只有经过数字化后才能成为计算机处理的位图。自然景物成像后的图像无论以何种记录介质保存都是连续的。从空间上看，一幅图像在二维空间上都是连续分布的，从空间的某一点位置的亮度来看，亮度值也是连续分布的。图像数字化就是把连续的空间位置和亮度离散，它包括两方面的内容：空间位置的离散和数字化，亮度值的离散和数字化。

影响图像数字化质量的主要参数有分辨率、颜色深度等，在采集和处理图像时，必须正确理解运用这些参数。

（1）像素与分辨率。

像素：像素是一个带有数据信息的正方形小方块。

分辨率：一般分辨率有三种，分别为显示器分辨率、图像分辨率、专业印刷分辨率。

显示器分辨率：显示器分辨率即指显示器上每单位长度显示的像素或点的数目，通常用dpi 为度量单位。PC 显示器分辨率通常为 96dpi，Mac OS（苹果电脑）显示器的分辨率为 72dpi。

图像分辨率：图像分辨率是指单位打印长度上像素的个数，通常用 ppi（pixels per inch，像素/英寸）表示。

（2）颜色深度。

颜色深度是指记录每个像素所使用的二进制位数。对于彩色图像来说，颜色深度决定了该图像可以使用的最多颜色数目；对于灰度图像来说，颜色深度决定了该图像可以使用的亮度级别数目。颜色深度值越大，显示的图像色彩越丰富，画面越自然、逼真，但数据量也随之激增。实际应用中，彩色图像或灰度图像的颜色分别用 4 位、8 位、16 位、24 位和 32 位等二进制数表示。

图像文件的大小是指在磁盘上存储整幅图像所需的字节数，它的计算公式是：

$$图像文件的字节数=图像分辨率×颜色深度/8$$

显然，图像文件需要较大的存储空间。在制作多媒体应用软件时，一定要考虑图像的大小。因此，对图像文件进行压缩处理，从而减小图像文件所占用的存储空间是非常必要的。

5.6.2 数字图形图像格式知识

1. 图像压缩标准

（1）二值图像压缩标准（JBIG）。

二值图像压缩标准有 G3、G4 和 JBIG。以非自适应、一维游程编码为基础，JBIG 采用无损压缩技术，但它的压缩率是目前 CCITT G3、G4 标准的 1.1~30 倍（根据内容的不同）。虽然 JBIG 是二值图像的编码标准，但也可以对含灰度值的图像或彩色图像进行无失真压缩。

（2）静止图像压缩标准（JPEG/JPEG 2000）。

为了压缩连续色调（即灰度级或彩色）的静止图像，联合图片专家组（Joint Photographic Expert Group，简称 JPEG）于 1991 年 3 月提出了 ISO/IEC 10918 号建议草案《连续色调静止图像的数字压缩编码》，1992 年正式通过。JPEG 标准采用混合编码方法，可以支持很高的图像分辨率和量化精度。JPEG 算法的平均压缩比为 15∶1，当压缩比大于 50 时可能出现方块效应。这一标准适用于黑白及彩色照片、传真和印刷图片。

JPEG 2000 是一个新标准，不仅提高了图像的压缩质量，还可根据图像质量、视觉感受和分辨率进行渐进传输。

（3）动态图像压缩标准（H.261）。

CCITT 在 1990 年 12 月通过了 H.261 即 p×64 kb/s 视听业务用的优织编/解码器。这个建议针对运动实时动态图像的压缩编码和解码算法采用混合编码方法，压缩比可达 48∶1。它的原理框架奠定了以后 MPEG 标准的基础。

（4）动态图像压缩标准（MPEG-1）。

动态图片专家组（Moving Picture Expert Group，简称 MPEG）提出的《用于数字存储媒体运动图像及其伴音率为 1.5 Mb/s 的压缩编码》，简称 MPEG-1，它包括 MPEG 视频、MPEG 音频和 MPEG 系统。MPEG-1 标准的平均压缩比为 50∶1，其处理能力可达到 360 × 240 像素。

（5）动态图像压缩标准（MPEG-2/H.262）。

1996 年年底正式公布的 MPEG-2 标准引用了 MPEG-1 标准的基本结构，并做了扩展。它可以直接对隔行扫描视频信号进行处理，空间分辨率、时间分辨率和信噪比可分级，以适应不同用途的解码要求，输出码流速率可以是恒定的，也可以是变化的，以适应同步和异步传输。

MPEG-2 标准的处理能力可达广播级水平，即 720×480 像素。MPEG-2 标准兼容 MPEG-1 标准，适应 1.5~80 Mb/s 编码范围。MPEG-2 标准也是高清晰度电视（HDTV）全数字方案、DVD 方案所采用的数据压缩标准。

（6）动态图像压缩标准（MPEG-4/H.263）。

MPEG-4 是 ISO 为传输码率低于 64 kb/s 的实时图像设计的。与 JPEG、MPEG-1、MPEG-2 等其他标准所采用的基本压缩算法不同，该标准采用基于模型的编码、分形编码等方法，以获得极低码率的压缩效果，所涉及的应用范围覆盖了有线、无线、移动通信、Internet 以及数字存储回放等各个领域。它在信息描述中首次采用了"对象"（Object）概念，是以内容为中心的描述方法，对信息元的描述更符合人的心理，不仅获得了比原有标准更优越的压缩性能，也提供了各种新功能的应用。

2. 图像文件的格式

常用的图像文件格式有 BMP、JPEG 、GIF、PNG 和 PSD 等，不同图像文件具有不同特性，以适应不同的应用环境。

（1）BMP 格式：BMP 是微软公司的专用格式，它是 DOS 和 Windows 兼容计算机上的标准 Windows 图像格式，也是 Photoshop 软件最常用的位图格式之一。BMP 格式支持 RGB、Indexed Color（索引颜色）、Grayscale（灰度）和 Bitmap（位图）颜色模式，但不能保存 Alpha 通道。

（2）JPEG 格式：是 Joint Photographic Experts Group（联合图像专家组）的缩写，它是互联网上最为常用的图像格式之一。JPEG 格式支持真彩色、CMYK、RGB 和灰度颜色模式，也可以保存图像中的路径，但不支持 Alpha 通道。

JPEG 文件格式是所有压缩格式中最卓越的，它最大优点是能够大幅度降低文件的存储空间，但由于这一操作是通过有选择地删除图像数据来进行的，因此图像的质量有一定的损失。在将图像文件保存为 JPEG 文件格式时，可以选择压缩的级别，级别越高，得到的图像文件越小，品质也越小。

（3）GIF 格式：GIF 是由 CompuServe 公司于 1987 年开发的图像文件格式。它主要用来交换图片，为网络传输和 BBS 用户使用图像文件提供方便。大多数图像软件都支持 GIF 文件格式。它特别适合于动画制作、网页制作及演示文稿制作等领域。

（4）PNG 格式：PNG 是一种能存储 32 位信息的位图文件格式，其图像质量远胜过 GIF。同 GIF 一样，PNG 也使用无损压缩方式。在压缩位图数据时，它采用了颇受好评的 LZ77 算法的一个变种。目前，越来越多的软件开始支持这一格式。与 GIF 不同的是，PNG 图像格式不支持动画。

（5）PSD 格式：是 Photoshop 的默认文件格式，而且是唯一支持所有图像模式（位图、灰度、双色调、索引颜色、RGB、CMYK、Lab 和多通道）的文件格式。

PSD 格式的图像文件可以保存图像中的每一个细节，包括参考线、Alpha 通道和图层，从而为再次调整、修改图像提供可能。PSD 格式的唯一缺点就是保存的文件大小比较大。

3. 图形图像处理工具

Photoshop 是目前最流行的图像软件，也是 Adobe 公司最著名的平面图像设计处理软件，它的强大功能和易用性得到了广大用户的喜爱。在图像处理领域，计算机的图形图像数字化处理技术已经得到普及，而图像处理及特效是 Photoshop 最突出的功能。

5.6.3 应用案例：Photoshop 制作证件照

1. 案例描述

于小萌要去一家外贸公司任职，上班第一天收到人事处通知，要上交一份证件照。要求如下：使用蓝色作为证件照背景，画面为 8 张一版，单张为 1 寸的证件照。

素材文件请扫描二维码下载获取。

应用案例：
Photoshop
制作证件照

2. 任务要点

使用 Photoshop 软件进行裁剪、抠图、替换背景并排版。

3. 操作步骤

（1）打开 Photoshop，导入照片。单击【图像】菜单，在下拉列表中选择【调整】命令，在调整列表中选择【替换颜色】选项，进入替换颜色界面，用吸管吸取证件照的背景色，将【颜色容差】设置到 100 以上，如图 5.33 所示。单击图中红色方框的【结果】上方的方形色块，选择想要的颜色，然后单击【确定】按钮。

图 5.33 替换颜色

（2）单击【图像】→【图像大小】菜单命令修改图像尺寸，1 寸证件照的标准像素是 295×413，如果用厘米表示就是 2.5×3.5，分辨率设置为 300，如图 5.34 所示。

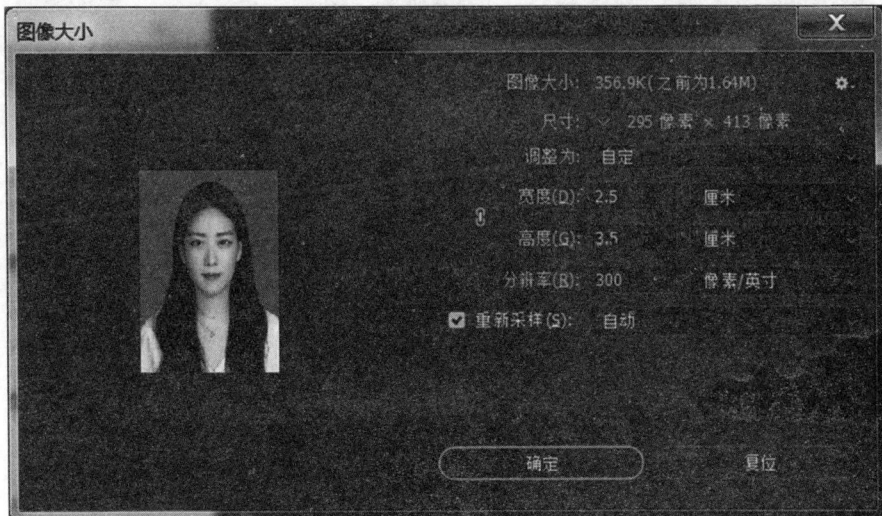

图 5.34 修改图像尺寸

（3）单击【图像】→【画布大小】菜单命令设置白边，在弹出的画布大小设置框中，选中"相对"复选框，白边预留 0.1 厘米即可，并设置画布的扩展颜色为白色，如图 5.35 所示。

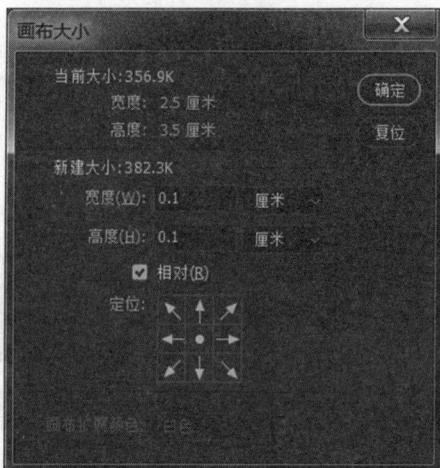

图 5.35 设置白边

（4）单击【选择】→【编辑】→【定义图案】命令，把设置好的照片定义成图案，并设置图案名称。新建一个能够容纳 4×2 共 8 张 1 寸证件照的空白文档，因为预留了白边，计算得出 4×2 共 8 张的排版的文档大小为 1 228×850。单击【编辑】→【填充】命令，在弹出的【填充】窗口中设置【内容】为【图案】，同时在【自定图案】的下拉列表框中选择前面定义好的图案，单击【确定】按钮即可应用，如图 5.36 所示。

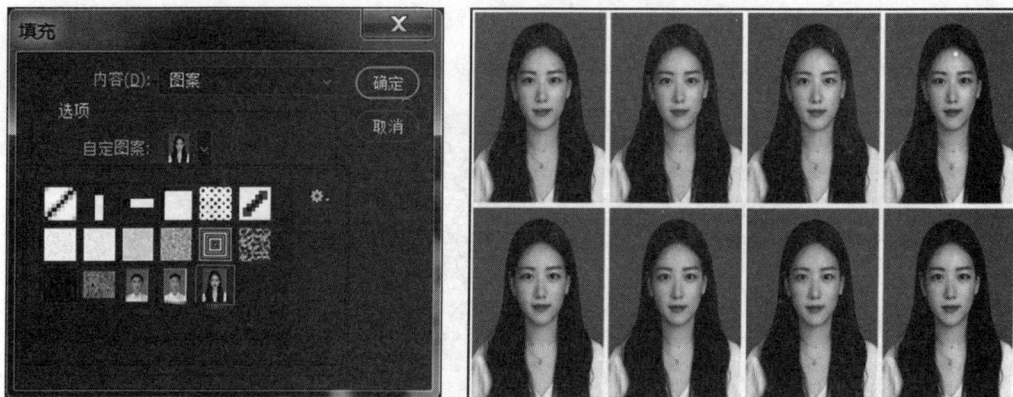

图 5.36 填充效果

（5）通过【文件】→【另存为】命令保存 JPEG 格式图像文件。

5.7 数字音频与视频技术

多媒体技术的特点是交互式地综合处理声音、文字和图像等多种信息。在多媒体系统中，语音和音乐是必不可少的，没有音频的视频是不可接受的。音频和视频同步，使视频图像更具真实性。娓娓动听的音乐和解说，可使静态图像变得更加丰富多彩。可视电话、电视会议中的声音更为重要。

5.7.1　数字音频与视频的基本概念

1. 声音

（1）声音的基本概念。

声音是人类进行交流和认识自然的主要媒体形式。从本质上说，声音是通过一定介质（如空气、水等）传播的一种连续的波，在物理学中称为声波。声音的强弱体现在声波的振幅上，音调的高低体现在声波的周期或频率上。

声波是随时间连续变化的模拟量，它有以下三个重要指标。

1）振幅。声波的振幅通常是指音量，它是声波波形的高低幅度，表示声音信号的强弱程度。

2）周期。声音信号的周期是指两个相邻声波之间的时间长度，即重复出现的时间间隔，以秒为单位。

3）频率。声音信号的频率是指信号每秒钟变化的次数，即周期的倒数，以赫兹（Hz）为单位。

声音质量是用声音信号的频率范围来衡量的。一般而言，声源的频带越宽，表现力越好，层次越丰富。

（2）声音的数字化。

声音是一种具有一定的振幅和频率且随时间变化的声波，通过话筒等转化装置可将其变成相应的电信号，但这种电信号是一种模拟信号，不能由计算机直接处理，必须先对其进行数字化，即将模拟声音信号经过模/数转换器变换成计算机能处理的数字声音信号，然后利用计算机进行存储、编辑或处理。在数字声音回放时，由数/模转换器将数字声音信号转换为实际的声波信号，经放大后由扬声器播出。

把模拟声音信号转变为数字声音信号的过程称为声音的数字化，它是通过对声音信号进行采样、量化和编码来实现的。

1）采样。采样是指以固定的时间间隔（采样周期）抽取模拟信号的幅度值。采样后得到的是离散的声音振幅样本序列，仍是模拟量。采样频率越高，声音的保真度越好，但采样获得的数据量也越大。在 MPC 中，采样频率的标准定为 11.25 kHz、22.05 kHz、44.1 kHz。

2）量化。量化是将采样得到的信号幅度的样本值从模拟量转换成数字量。数字量的二进制位数是量化精度。在 MPC 中，量化精度的标准定为 8 位、16 位。

采样和量化过程称为模/数转换。

3）编码。编码是指把数字化声音信息按一定数据格式表示。

（3）音频文件的格式。

音频数据都以文件的形式保存在计算机中。音频的文件格式主要有 WAV、MP3、WMA等，专业数字音乐工作者多使用非压缩的 WAV 格式进行操作，而普通用户更乐于接受压缩率高、文件容量相对较小的 MP3 或 WMA 格式。

1）WAV 格式：WAV 格式是 Microsoft 和 IBM 共同开发的 PC 标准声音格式。由于没有采用压缩算法，因此，无论进行多少次修改和剪辑都不会失真，而且处理速度也相对较快。

2）MP3 格式：MP3（MPEG Audio Laver 3）文件格式是用一种按 MPEG 标准的音频压缩技术制作的数字音频文件。它是一种有损压缩，通过记录未压缩的数字音频文件的音高、音色和音量信息，在它们的变化相对不大时，用同一信息替代，并且用一定的算法对原始的声音文件进行代码替换处理，这样就可以将原始数字音频文件压缩得很小，可得到 11∶1 的压缩比。

3）CD 格式：CD 格式音频文件的扩展名为 .cda。标准 CD 格式的采样频率为 44.1 kHz，量化位数为 16 bit，速率为 176 KB/s，CD 音轨是近似无损的，因此它的声音基本保真度高。

4）WMA 格式：WMA（Windows Media Audio）格式是 Windows Media 格式中的一个子集，而 Windows Media 格式是 Microsoft Windows Media 技术使用的格式，包括音频、视频或脚本数据文件，可用于创作、存储、编辑、分发、流式处理或播放基于时间线的内容。

2. 视频

（1）视频的分类。

按照处理方式的不同，视频分为模拟视频和数字视频。模拟视频是指每一帧图像是实时获取的自然景物的真实图像信号。我们在日常生活中看到的电视、电影都属于模拟视频的范畴；数字视频是基于数字技术以及其他更为拓展的图像显示标准的视频信息，它与模拟视频相比有以下特点：

1）数字视频可以不失真地进行无数次复制，而模拟视频信号每转录一次，就会有一次误差积累，产生信号失真。

2）模拟视频长时间存放后视频质量会降低，而数字视频便于长时间存放。

3）可以对数字视频进行非线性编辑，并可增加特技效果等。

4）数字视频数据量大，在存储与传输的过程中必须进行压缩编码。

随着数字视频的应用范围不断发展，它的功效也越来越明显。

（2）视频压缩标准。

视频数据的编码和压缩是以声音与图像的编码和压缩为基础的，主要采用的是 MPEG 系列标准。目前推出了专门支持多媒体信息基于内容检索的编码方案 MPEG-7，以及多媒体框架标准 MPEG-21。

由 ITU-T 和 MPEG 联合开发的新标准 H.264 是最新的视频编码算法。为了降低码率，获得尽可能好的图像质量，H.264 标准吸取了 MPEG-4 的长处，克服了以前标准的弱点，具有更高的压缩比、更好的信道适应性，必将在数字视频的通信和存储领域得到越来越广泛的应用。

（3）视频文件的格式。

视频格式可以分为适合本地播放的本地影像视频格式和适合在网络中播放的网络流媒体影像视频格式两大类。

1）本地影像视频格式。

①AVI 格式：即音频视频交错（Audio Video Interleaved）格式。AVI 格式允许视频和音频交错在一起同步播放，一般用于保存电影、电视等各种影像信息，有时它也出现于 Internet 中，主要用于让用户欣赏新影片的精彩片段。

②MPEG/MPG/DAT 格式：MPEG 是运动图像压缩算法的国际标准，现已被几乎所有的计算机平台共同支持。同时，图像和音响的质量也非常好，并且在微机上有统一的标准格式，兼容性相当好。

2）网络视频格式。

①RM 格式：它是 Real Networks 公司所制定的音频/视频压缩规范 Real Media 中的一种。RealPlayer 能利用 Internet 资源对这些符合 Real Media 技术规范的音频/视频进行实况转播。

②MOV 格式：QuickTime 是 Apple 公司用于 Mac 计算机的一种图像视频处理软件。它提供了两种标准图像和数字视频格式，即可以支持静态的 PIC 和 JPG 图像格式，动态的基于 Indeo Video 压缩算法的 MOV 和基于 MPEG 压缩算法的 MPG 视频格式。

③ASF 格式：ASF（Advanced Streaming Format，高级流格式）是 Microsoft 公司为了和 RealPlayer 竞争而发展出来的一种可以直接在网上观看视频节目的文件压缩格式。ASF 使用了 MPEG-4 压缩算法，压缩率和图像的质量都很不错。

④WMV 格式：WMV 的英文全称为 Windows Media Video，是一种独立编码在 Internet 上实时传播多媒体的技术标准，Microsoft 公司希望用其取代 QuickTime 之类的技术标准。WMV 的主要优点在于可扩充的媒体类型、本地或网络回放、可伸缩的媒体类型、流的优先级化、多语言支持、扩展性等。

5.7.2　数字音频与视频的编辑技术

1. 数字媒体技术的应用领域

数字媒体技术是一个涉及面极广的综合技术，是开放性的没有界限的技术。多媒体技术的研究涉及计算机硬件、计算机软件、计算机网络、人工智能、电子出版等，其产业涉及电子工业、计算机工业、广播电视、出版业和通信业等。

（1）教育（形象教学、模拟展示）：电子教案、形象教学、模拟交互过程、网络多媒体教学、仿真工艺过程。

（2）商业广告（特技合成、大型演示）：影视商业广告、公共招贴广告、大型显示屏广告、平面印刷广告。

（3）影视娱乐业（电影特技、变形效果）：主要应用在影视作品中，电视/电影/卡通混编特技、演艺界 MTV 特技制作、三维成像模拟特技、仿真游戏、赌博游戏。

（4）医疗（远程诊断、远程手术）：网络多媒体技术、网络远程诊断、网络远程操作（手术）。

（5）旅游（景点介绍）：风光重现、风土人情介绍、服务项目。

（6）人工智能模拟（生物、人类智能模拟）：生物形态模拟、生物智能模拟、人类行为智能模拟。

（7）办公自动化。

（8）通信：例如视频会议技术。

（9）创作：例如再创作一个《馒头血案》。

（10）展示空间中的运用。

2. 数字媒体计算机系统

多媒体计算机系统是指能把视、听和计算机交互式控制结合起来，对音频信号、视频信号的获取、生成、存储、处理、回收和传输综合数字化所组成的一个完整的计算机系统。

（1）多媒体计算机硬件系统。

多媒体计算机系统除了需要较高配置的计算机主机外，还包括表示、捕获、存储、传递和处理多媒体信息所需要的硬件设备。

1）多媒体外部设备。

按其功能又可分为如下四类：

人机交互设备，如键盘、鼠标、触摸屏、绘图板、光笔及手写输入设备等。

存储设备，如磁盘、光盘等。

视频、音频输入设备，如摄像机、录像机、扫描仪、数码相机、数码摄像机和话筒等。

视频、音频播放设备，如音响、电视机和大屏幕投影仪等。

2）多媒体接口卡。

多媒体接口卡是根据多媒体系统为获取、编辑音频或视频而需要插接在计算机上的接口卡。常用的接口卡有声卡、视频卡等。

声卡：也叫音频卡，是 MC 的必要部件，它是计算机进行声音处理的适配器，用于处理音频信息。它可以将话筒、唱机（包括激光唱机）、录音机、电子乐器等输入的声音信息进行模/数转换、压缩处理，也可以将经过计算机处理的数字化声音信号通过还原（解压缩）、数/模转换后用扬声器播放或记录下来。

3）视频卡。

视频卡是一种统称，有视频捕捉卡、视频显示卡（VGA 卡）、视频转换卡（如 TV Coder）以及动态视频压缩和视频解压缩卡等。它们完成的功能主要包括图形图像的采集、压缩、显示、转换和输出等。

（2）多媒体计算机软件系统。

多媒体计算机软件系统主要分为系统软件和应用软件。

1）系统软件。

多媒体计算机系统的系统软件有以下几种：

多媒体驱动软件：多媒体驱动软件是最底层硬件的软件支撑环境，直接与计算机硬件相关，完成设备初始化、基于硬件的压缩/解压缩、图像快速变换及功能调用等。

驱动器接口程序：驱动器接口程序是高层软件与驱动程序之间的接口软件。

多媒体操作系统：实现多媒体环境下实时多任务调度，保证音频、视频同步控制及信息处理的实时性，提供多媒体信息的各种基本操作和管理，具有对设备的相对独立性和可操作性。多媒体各种软件要运行于多媒体操作系统（如 Windows）上，故操作系统是多媒体软件的核心。

多媒体素材制作软件：为多媒体应用程序进行数据准备的程序，主要是多媒体数据采集软件，作为开发环境的工具库，供设计者调用。

多媒体创作工具、开发环境：主要用于编辑生成特定领域的多媒体应用软件，是在多媒体操作系统上进行开发的软件工具。

2）多媒体应用软件。

多媒体应用软件是在多媒体创作平台上设计开发的面向特定应用领域的软件系统。

3. 音视频处理工具

音视频的处理工作主要依靠软件来完成，一般的音视频处理软件都包括获取、重组、剪辑音视频片断，添加背景音乐，添加片头和片尾文字和设置特殊效果等功能。

EDIUS 是一款常用的音视频编辑软件，EDIUS 是美国 Grass Valley 公司的优秀非线性编辑软件，它有较好的兼容性，且可与其他软件相互协作。目前这款软件广泛应用于广告制作和电视节目制作中。

5.7.3 应用案例：电子相册 MV

1. 案例描述

李月"五·一"假期参加了一场朋友的婚礼，期间拍了一组婚纱照，现在要通过音视频处理软件 EDIUS 制作一个电子相册 MV。

素材文件请扫描二维码下载获取。

应用案例：

电子相册 MV

2. 任务要点

(1) 在制作电子相册 MV 时，让素材与模式、音效有效结合。

(2) 将电子相册 MV 制作"快门照片"影片。

3. 操作步骤

(1) 新建工程。

项目预设：HD 1280×720，25P ，16∶9，8 bit。

项目名称：电子相册。

(2) 添加素材到素材库。

(3) 添加声音与背景，如图 5.37 所示。

1) 将"快门声音"音频文件添加到 1A 音频轨道中；将"单反对焦屏"素材文件添加到 1VA 视音频轨道中。

2) 素材导入的默认长度为 5 s，可以根据实际需要进行缩短或延长调整。在 1VA 轨道中将"单反对焦屏"素材控制到 3 s 的位置。

(4) 添加照片素材。将"照片 1"添加到 2V 视频轨道中。导入照片素材为 5 s，现在缩短素材到 15 帧的位置。

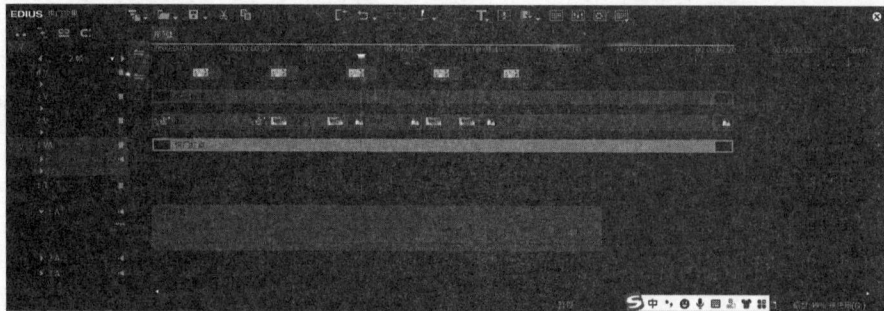

图 5.37 添加素材到视频与音频轨道

(5) 叠加模式设置：单击【特效】→【键】→【混合】→【叠加模式】命令，将【叠加模式】拖曳到"照片 1"素材的"混合器"轨道中，为素材添加"键"处理。

(6) 缩放动画设置：选择"照片 1"素材，单击【信息管理】→【视频布局】→【伸展】命令，参数如图 5.38 所示。

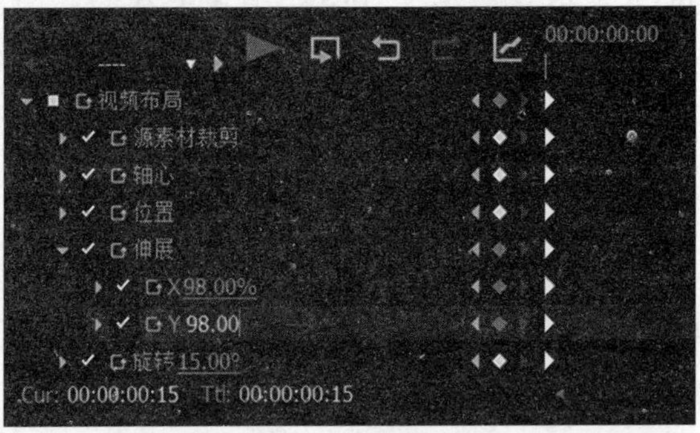

图 5.38　缩放动画设置

1）将时间滑块放置于起始位置→选中【伸展】→添加关键帧按钮→设置拉伸参数：X：98，Y：98。

2）将时间滑块放置于5帧的位置→选中【伸展】→添加关键帧按钮→设置拉伸参数：X：55，Y：55。

（7）旋转动画设置。

1）将时间滑块放置于起始位置→选中【旋转】→添加关键帧按钮→设置旋转参数：0°。

2）将时间滑块放置于5帧的位置→选中【旋转】→添加关键帧按钮→设置旋转参数：15°

（8）边缘动画设置。

1）将时间滑块放置于起始位置→选中【边缘】→添加关键帧按钮→设置边缘颜色参数：0。

2）将时间滑块放置于5帧的位置→选中【边缘】→添加关键帧按钮→设置边缘颜色参数：5。

（9）投影动画设置。

1）将时间滑块放置于起始位置→选中【投影】→添加关键帧按钮→设置边缘距离参数：0。

2）将时间滑块放置于5帧的位置→选中【投影】→添加关键帧按钮→设置边缘距离参数：5。

（10）其他素材设置。

将"照片1"中的【叠加模式】→【视频布局】的设置均添加到其他照片素材中，为了显示照片快门的变化，可以隔张照片进行旋转参数的"-"负值设置。最后一张照片的旋转参数设置为0。

（11）添加编辑轨道。

"屏幕数据"素材添加的新视频轨道3V中，两端与"单反对焦屏"素材对齐。

（12）数据与对焦装饰。

1）"对焦绿点"素材添加的新视频轨道4V中的5帧位置，放映时间到9帧位置结束，使"对焦绿点"素材放置到"快门"声音处。

2）将设置好长度的"对焦绿点"复制到其他素材的合适位置。

（13）影片输出操作。

单击【文件】→【输出】→【输出文件】→【MPEG2程序流】→【在入出点输出】→【输出】命令，最终电子相册效果如图5.39所示。

图 5.39 电子相册效果图

5.8 WPS 演示基础及应用

WPS 演示是金山公司出品的 Office 系列软件的最新版本 WPS Office 2010 的组件之一。它采用 XP 风格的用户界面，并全面支持最新的 Windows Vista 系统，WPS 演示支持更多的动画效果及完全兼容 Microsoft。

PowerPoint 动画在多媒体支持下也得到了改进，它与 Microsoft Windows Media Player 的完美集成允许用户在幻灯片中播放音频流和视频流。更由于操作简单、免培训，使用户查看和创建演示文稿更加轻松容易。

1. 首页

WPS 演示初始界面（首页）同 WPS 文字的首页差不多，在首页中有：标题栏、主菜单栏、常用工具栏、文字工具栏、供调用的各式各样的演示模板文件以及供建立空白文档的按钮等。

当不需调用模板时，可在首页中单击屏幕第三行最左边的【新建空白文档】按钮，或单击屏幕右边的【新建空白文档】按钮，均将进入 WPS 演示空白编辑界面。

该窗口包括标题栏、菜单栏、工具栏、目录区、幻灯片编辑区和任务窗格区。

（1）标题栏：主界面的顶端就是标题栏。

（2）菜单栏：提供了 WPS 演示中所有的功能选项。

（3）常用工具栏：WPS 演示将常用命令按功能类别集中为工具栏。默认（通常）情况下，窗口会出现"常用"和"格式"工具栏。如要其他工具栏出现在窗口中，选择菜单【视图】→【工具栏】，单击所需工具栏名称即可。

（4）文字工具栏：WPS 演示将常用文字编辑命令按功能类别集中为工具栏。

（5）任务窗格区：任务窗格是 WPS 演示一个新增的操作栏，包括【新建演示文稿】、

【剪贴画】、【幻灯片版式】、【幻灯片设计】、【自定义动画】、【幻灯片切换】等9个任务窗格。

（6）幻灯片编辑区：是编辑修改幻灯片的窗口，单独显示一张幻灯片的效果。当打开一个编辑好的演示文稿时，便会自动打开演示文稿窗口。

（7）幻灯片目录区：目录区显示的是演示文稿的幻灯片缩略图，分为1幅、2幅、3幅……依次摆放，为表演时做好准备。

通常情况下，打开的演示文稿窗口都是在"普通视图"方式下显示的。在该视图中，演示文稿窗口包括工作区、大纲区、备注区、幻灯片区和视图切换按钮。

2. 新增功能

新版本增加了荧光笔功能，用户利用该功能可以在幻灯片播放时，使用【荧光笔】在页面上进行勾画、圈点，对幻灯片的详细讲解起到更好的帮助。播放幻灯片时，将光标移到画面左下角便可选用该功能，如图5.40所示。

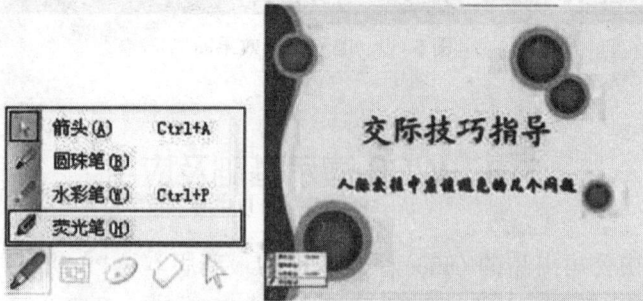

图 5.40　荧光笔功能菜单及其在幻灯片中的位置

5.9　思考与练习

1. 单项选择题

（1）PowerPoint 2016 的主要功能是（　　）。

A. 数据库管理软件　　　　　　　B. 文字处理软件

C. 电子表格软件　　　　　　　　D. 幻灯片制作软件（或演示文稿制作软件）

（2）在下列 PowerPoint 2016 的各种视图中，可编辑、修改幻灯片内容的视图是（　　）。

A. 普通视图　　　　　　　　　　B. 幻灯片浏览视图

C. 阅读视图　　　　　　　　　　D. 都可以

（3）在 PowerPoint 2016 的各种视图中，可以同时浏览多张幻灯片，便于重新排序、添加、删除等操作的视图是（　　）。

A. 幻灯片浏览视图　　　　　　　B. 备注页视图

C. 普通视图　　　　　　　　　　D. 幻灯片放映视图

（4）幻灯片中占位符的作用是（　　）。

A. 表示文本长度　　　　　　　　B. 限制插入对象的数量

C. 表示图形大小　　　　　　　　D. 为文本、图形等对象预留位置

（5）在 PowerPoint 2016 中，对【大纲】选项卡操作，可以实现（　　）。

A. 查看所有幻灯片上全部内容　　　　B. 移动幻灯片

C. 查看所有幻灯片上的图像　　　　　D. 以上都可以

（6）在 PowerPoint 2016 中，激活超链接的动作是使用鼠标在超链接点（　　）。

A. 移过　　　　　B. 拖动　　　　　C. 单击　　　　　D. 右击

（7）添加动画时不可以设置文本（　　）。

A. 作为一个对象　　　　　　　　　　B. 整批发送

C. 按段落发送　　　　　　　　　　　D. 按句发送

（8）如果要从一张幻灯片"溶解"到下一张幻灯片，应使用（　　）。

A. 动作设置　　　B. 添加动画　　　C. 幻灯片切换　　　D. 页面设置

（9）在 Photoshop 中，新建图像文件默认的颜色模式为（　　）。

A. 位图　　　　　B. RGB 颜色　　　C. CMYK 颜色　　　D. 灰度

（10）关于 GIF 和 PNG 格式图像的区别，下列说法中正确的是（　　）。

A. GIF 格式和 PNG 格式图像都支持动画

B. GIF 格式和 PNG 格式图像都不支持动画

C. GIF 格式不支持动画，PNG 格式图像支持动画

D. GIF 格式支持动画，PNG 格式图像不支持动画

2. 多项选择题

（1）在使用了主题后，幻灯片标题（　　）。

A. 可以改变位置　　　　　　　　　　B. 可以删除

C. 可以修改格式　　　　　　　　　　D. 均不可以

（2）打印演示文稿时打印内容设置有（　　）。

A. 整页幻灯片　　　B. 讲义　　　　　C. 备注页　　　　　D. 大纲

（3）在幻灯片中能够插入的对象有（　　）。

A. 剪贴画　　　　　B. SmartArt 图形　　　C. 声音　　　　　D. 影片

（4）关于幻灯片切换，下列说法正确的是（　　）。

A. 可设置进入效果　　　　　　　　　B. 可设置切换音效

C. 可用鼠标单击切换　　　　　　　　D. 以上全不对

（5）在 PowerPoint 2016 中，可以直接插入的动作按钮有（　　）。

A. 声音　　　　　　　　　　　　　　B. 帮助

C. 上一张、第一张　　　　　　　　　D. 影片

（6）下列选项中属于多媒体元素的有（　　）。

A. 图形、图像　　　　　　　　　　　B. 动画、视频

C. 声音、文字　　　　　　　　　　　D. 硬盘、U 盘

3. 判断题

（1）每张幻灯片只能包含一个链接点。　　　　　　　　　　　　　　　（　　）

（2）PowerPoint 2016 放映幻灯片必须从第一张开始。　　　　　　　　（　　）

（3）幻灯片中的声音总是在执行到该幻灯片时自动播放。　　　　　　　（　　）

（4）在 PowerPoint 2016 中如果更换幻灯片模板，幻灯片的母版、配色方案和幻灯片版

式都会改变。   （   ）

（5）在一个演示文稿中，可以应用多个主题。   （   ）

4. 填空题

（1）用 PowerPoint 2016 应用程序所创建的用于演示的文件称为_____，其扩展名为_____。

（2）_____是 PowerPoint 2016 中预先设置好的一组带有特定动作的图形按钮，应用这些预置好的按钮，可以实现在放映幻灯片时跳转的目的。

（3）在 PowerPoint 2016 中可以设置各个幻灯片之间的_____，以增加幻灯片的动态效果。

（4）在 PowerPoint 2016 中，播放幻灯片的快捷键是_____，停止幻灯片播放应按_____键。

（5）计算机绘制的图片有_____和_____两种形式。

（6）视频信息是连续变化的影像，其最小单位是_____。

第6章 计算思维

（1）了解计算机求解问题的基本方法；掌握利用计算思维解决简单计算问题的方法。

（2）掌握计算思维的概念；了解计算思维在社会生活中的应用。

（3）掌握计算机算法的基本知识；了解典型问题求解策略、算法复杂度分析以及对应用程序进行时间优化和空间优化的实现方法与思路。

（4）掌握计算机程序的基本结构、程序流程表达与分析方法；了解面向对象程序设计的思想与方法。

计算是人类的基本技能，也是进行科学研究的工具，计算可以和广阔的专业领域结合，通过学科交叉融合，迸发出前景广阔的研究空间。计算也由原来的数学概念和数字符号计算方法，扩展为科学概念和认知问题、解决问题的方法。同时，经过感性阶段获得的大量材料，经由整理和改造形成概念、判断和推理，以便反映事物本质和规律的科学思维是人脑对科学信息的加工活动，反映了现实世界客观规律的知识体系。计算科学深刻影响着人们的思维方式，影响着很多学科研究和发展，在长期解决和处理问题过程中便逐渐形成了计算思维。

6.1 问题引发的思维

6.1.1 计算思维概念

1. 科学与思维

科学是运用范畴、定理和定律等思维形式反映现实世界各种现象的本质和运动规律的知识体系。社会的发展离不开科学的进步，科学的进步离不开正确地发现科学的手段。在当前环境下，面临大规模数据的情况下，除了传统的理论和实验手段，不可避免地要用计算手段来辅助进行，而理论、实验和计算这三大手段对应着三大科学思维，分别是理论思维、实验思维和计算思维。

1）理论思维：又称为推理思维，它是以推理和演绎为特征，通过构建分析模型和理论推导进行规律预测和发现。

2）实验思维：又称实证思维，是以观察和总结自然规律为特征，通过直接地观察或借助特定设备获取数据，对数据进行分析，发现规律。

3）计算思维：又称构造思维，是以设计和构造为特征，通过建立仿真的分析模型和有效的算法，利用计算工具进行规律的预测和发现。

思维是人类特有的一种精神活动，是人们在表象、概念的基础上进行分析、综合、判断、推理等认识活动的过程。相对知识而言，思维是知识在人心中的一种内化，是人们建立在自觉地掌握和运用知识基础上的一种内化于心的基本能力，是一种集逻辑判断、综合分析、直觉感应、理性选择、情感认同或拒斥于一体的内在能力。

计算机科学是运用高级计算能力来理解和处理复杂问题的学科，计算机科学已经成为对科学领导力、经济竞争力以及国家安全都至关重要的一门科学。计算机科学解决的3个基本问题主要是：可计算性、复杂度和自动化，即要求这个问题可以在有限步骤内使用计算机解决（可计算性），用计算机求解问题的难易程度（复杂度），通过程序设计将抽象的模型和算法转换为程序代码，实现计算过程的自动化（自动化）。计算科学成为一门包含各种各样与计算和信息处理相关的系统科学，从抽象的算法分析、形式化语法等，到具体的主题如编程语言、程序设计、软件和硬件等。

总之，计算机科学深刻影响着人们的思维方式，影响着很多学科研究和发展，在长期解决和处理问题过程中形成了计算思维。

2. 计算思维的定义

计算思维最早是由麻省理工学院（MIT）的 Seymour Papert 教授在1996年提出的，但是把这一个概念提到前台来，成为现在受到广泛关注的代表人物是美国卡内基梅隆大学（CMU）的周以真教授（Jeannette M. Wing）。2006年3月，周以真教授在美国计算机权威杂志上指出：计算思维是运用计算机科学的基础概念进行问题求解、系统设计，以及人类行为理解等涵盖计算机科学之广度的一系列思维活动。

当计算思维真正融入人类活动的整体以致不再表现为一种显式之哲学的时候，它就将成为一种现实。从方法论的角度分析，计算思维的核心是计算思维的方法。

（1）计算思维是一种递归思维，是一种并行处理；是把代码译成数据又把数据译成代码的方法，是一种多维分析推广的类型检查方法。

（2）计算思维采用了抽象和分解来控制庞杂的任务或者设计巨大复杂的系统，是一种基于关注点分离的方法。

（3）计算思维是按照预防、保护及通过冗余、容错、纠错的方式从最坏情形恢复的一种思维方法。

（4）计算思维利用启发式推理来寻求解答，就是在不确定情况下的规划、学习和调度的思维方法。

（5）计算思维是通过约简、嵌入、转化和仿真等方法，把一个看似困难的问题重新阐述成一个人们知道怎么解决的问题。

（6）计算思维是一种选择合适的方式去陈述一个问题，或对一个问题的相关方面建模并使其易于处理的思维方法。

（7）计算思维是利用海量数据来加快计算，在时间和空间之间，在处理能力和存储容量之间进行折中的思维方法。

下面通过简单案例说明什么是计算思维。

【例6-1】应用计算思维回答下述三个问题。

（1）如何绘制人类的完整 DNA 序列？

（2）威廉莎士比亚的著作是否全部亲笔所著？

（3）是否能编写出可自主作曲的智能电脑程序？

计算思维是一种问题解决的方式。这种思维将问题进行分解，并且利用所掌握的计算知识找出解决问题的办法。根据问题拆分、发现异同、探寻规律和问题解决几个方面，我们可以分析得出以下结论：

（1）借助算法与电脑程序给 DNA 中数以百万计的碱基对进行排序，从而绘制人类的完整 DNA 序列。

（2）通过计算机分析莎士比亚作品的词汇、主题和风格，能够确认莎士比亚确实编著了自己名下所有的作品，实至名归。

（3）可以通过计算思维发现已有音乐作品中的存在方式与规律，编写程序，生成全新的音乐作品。

综上分析，计算思维可以划分为四个主要组成部分：

（1）解构或分解，即把问题进行拆分，同时理清各个部分的属性，明晰如何拆解一个任务；

（2）模式识别，即找出拆分后问题各部分之间的异同，为后续的预测提供依据；

（3）模式归纳，或抽象化，即探寻形成这些模式背后的一般规律；

（4）算法开发，即针对相似的问题提供逐步的解决办法。

3. 计算思维的本质

计算思维的根本问题是什么能被有效地自动进行，其本质是抽象和自动化。为了机器的自动化，需要在抽象过程中进行符号转换和建立计算模型，使其和人一样都必须具备"读、写、算"（简称 3R）的思维能力。

（1）抽象：有选择地忽略某些细节，控制系统的复杂性；完全超越物理的时空观，符号化，抽象是在不同的层次上完成的。

（2）自动化：机械地一步一步地自动执行，选择合适的计算机解释。

下面通过一个经典的旅行商问题来了解计算思维的本质。

【例 6-2】 一个旅行商从某城市出发，必须经过每个城市一次且仅有一次，最后回到原出发城市，如何确定一条最短的路线，使其旅行的费用最少。其中，A 与 B 之间距离为 2，B 与 C 之间距离为 4，A 与 C 之间距离为 6，A 与 D 之间距离为 5，B 与 D 之间距离为 4，C 与 D 之间距离为 2，如图 6.1 所示。

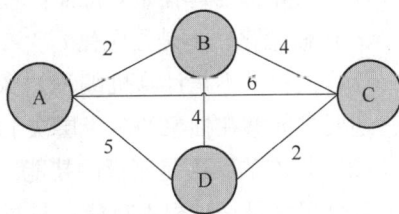

图 6.1 四个城市之间距离示意图

我们根据题意，以 A、B、C、D 四个城市为例，设原出发城市为 A，可以画出其出行抽象图如图 6.2 所示。

从抽象图中可以得知：

路径 ABCDA 的总距离是 13；路径 ABDCA 的总距离是 14；路径 ACBDA 总距离是 19；路径 ACDBA 总距离是 14；路径 ADBCA 总距离是 19；路径 ADCBA 总距离是 13。

另外分别以 B、C、D 为出发城市，以同样的抽象方式进行分析，从而获得最后分析结果。4 个城市共有 24 中次序，可以用阶乘来表示：4! =24；若有 5 个城市，则有 5! =120；如果有 n 个城市，则有 n! 组合路线呈指数阶急剧增长，即出现组合爆炸问题。后来将割平

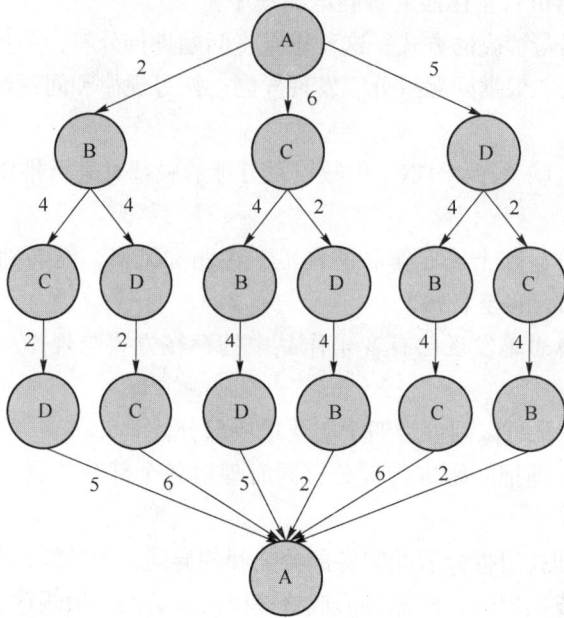

图 6.2　旅行商出行抽象图

面法与分支限界法结合，可以解决城市的 TSP（旅行商）问题。

通过这个例子可以了解到"抽象"的意义：在求解显示世界的问题时，如果先将其抽象成数学模型，就有助于发现问题的本质及其能否求解，甚至找到求解该问题的方法和算法，从而将一个具体问题的求解，推广为一类问题的求解。

4. 计算思维的特征

计算思维是建立在计算过程的能力和限制之上的，不管计算过程是由人还是由机器执行的。计算方法和模型给了我们勇气去处理那些原本无法由任何个人独自完成的问题求解和系统设计。计算思维具有如下特征：

（1）概念化，不是程序化。

计算机科学不是计算机编程。像计算机科学家那样去思维意味着远不止能为计算机编程，还要求能够在抽象的多个层次上思维。

（2）根本的，不是刻板的技能。

计算思维是一种根本技能，是每一个人为了在现代社会中发挥职能所必须掌握的，而不是机械的重复的一种刻板技能。

（3）是人的，不是计算机的思维方式。

计算思维是人类求解问题的一条途径，但绝非要使人类像计算机那样思考。

（4）数学和工程思维的互补与融合。

计算机科学在本质上源自数学思维，因为像所有的科学一样，其形式化基础建立于数学之上。计算机科学又从本质上源自工程思维。

（5）是思想，不是人造物。

计算思维的成果不仅仅是计算机软件和硬件等人造物，而是设计、制造软件和硬件中所包含的思想，是被人们用来进行问题求解、日常生活的管理，以及与他人进行交流和互动。

6.1.2　计算思维的应用

1. 计算生物学

计算思维渗透到生物信息学中的应用研究，包括数据库、数据挖掘、人工智能、算法、图形学、软件工程、并行计算和网络技术等都被用于生物计算的研究。

计算生物学的研究主要包括基因识别、种族树的构建、生物序列的片段拼接、序列对接、蛋白质结构预测、生物数据库等。例如：各种生物的 DNA 数据中挖掘 DNA 序列自身规律和 DNA 序列进化规律，可以帮助人们从分子层次上认识生命的本质及其进化规律。

计算生物学的应用越来越广泛，在骨关节炎的治疗、哺乳动物的睡眠、生物等效性、皮肤电阻等方面都开展了研究。

2. 计算经济学

一切与经济研究有关的计算都属于计算经济学。例如在经济分析中采用人工智能解决过分复杂细致的问题，经济增长模型的数理性研究被计算性替代，经济学者推出"用模拟估计"的方法来解决一些难以计算的模型，这些都是计算思维在经济学中的应用。

此外，计算博弈论正改变着人们的思维方式，囚徒困境是博弈论专家设计的典型事例，主要描述两家企业的价格大战等许多经济现象。总之，计算思维和经济学的结合对社会结构产生了巨大的冲击，对经济学理论和方法产生了重大影响。

3. 计算化学

1998 年诺贝尔化学奖的获得者 John Pople 获得诺贝尔奖的原因就是他把计算机应用于化学研究，并建立了可用于化学各个分支的一整套量子化学方法，把量子化学发展成一种工具，被一般化学家使用。

计算化学作为理论化学的一个分支，一般是根据基本的物理化学理论，以大量的数值运算方式来探讨化学系统性质。计算机科学在化学中的应用主要包括化学中的数值计算、数据处理、图形显示、化学中的模式识别、化学数据库及检索、化学专家系统等。

4. 其他领域

计算机已经成为各学科发展的重要技术手段，在工程学（如电子、土木、机械、航空航天等）方面，计算高阶项可以提高精度，进而降低重量，减少浪费并节省制造成本。此外，艺术、物理、数学、天文学、地质学、数学、医学、法律、娱乐、体育等都少不了计算思维的渗透。

6.2　思维产生的算法

算法思想并不等同于计算思维，它需要考虑更加实际的"计算"问题。计算思维是一种抽象的思维活动，算法则是把这种思维活动具象化，描述成具体的方法与步骤。

6.2.1　算法的概念

日常生活中，使用计算机处理各种不同的问题，首先要对各类问题进行分析，确定解决问题的方法和步骤，再编好一组让计算机执行的指令即程序，最后交给计算机，然后计算机按照人们制定的步骤有效地工作。这些具体的方法和步骤，实质就是解决一个问题的算法。

1. 算法的定义

广义的算法是指为完成某项工作的方法和步骤。算法是指解题方案的准确而完整的描述，是一系列解决问题的清晰指令，算法代表着用系统的方法描述解决问题的策略机制。狭义的算法是为解决一个问题而采取的方法和步骤。

2. 算法的基本特征

一个算法应该具有以下五个重要的特征：

（1）有穷性（Finiteness）：算法的有穷性是指算法必须能在执行有限次数步骤之后终止。

（2）确切性（Definiteness）：算法的每一步骤必须有确切的定义。

（3）输入项（Input）：一个算法有 0 个或多个输入，以刻画运算对象的初始情况，所谓 0 个输入是指算法本身定出了初始条件。

（4）输出项（Output）：一个算法有一个或多个输出，以反映对输入数据加工后的结果。没有输出的算法是毫无意义的。

（5）可行性（Effectiveness）：算法中执行的任何计算步骤都是可以被分解为基本的可执行的操作步，即每个计算步都可以在有限时间内完成（也称为有效性）。

3. 算法的评价

对于相同的问题，可以采用不同的算法去解决，不同的算法从质量上来说必然是不同的，一个算法的质量优劣将直接影响程序的效率，哪一种算法更好是非常有必要去评价一下。那么在确保算法正确性的前提下，评价一个算法主要有两个指标：时间复杂度和空间复杂度。

（1）时间复杂度。

一般情况下，算法中基本操作重复执行的次数是问题规模 n 的一个函数 $f(n)$，算法的时间度量记作 $T(n)=O(f(n))$，它表示随着问题规模 n 的增大，算法执行时间的增长率和 $f(n)$ 的增长率相同，称为算法的渐近时间复杂度，简称时间复杂度。所以，时间复杂度定义为：算法中的基本操作的执行次数。

观察下面代码，计算一下 fun 的基本操作执行了多少次？

```
viod fun(int N)
{
    int count =0 ;
    for(int i=0;i<N;i++)
    {
        for(int j=0;j<N;j++)
        {
            ++count;
        }
    }
    for(int k=0;k<2* N;k++)
    {
```

```
        ++count;
    }
    int M=10;
    while(M- - )
    {
        ++count;
    }
    printf("% d\n",count);
}
```

对于 fun 函数来说，基本操作的执行次数为：$f(n)=n^2+2n+10$；则 fun 函数的时间复杂度为：$f(n)=n^2+2n+10$。

时间复杂度和实际运行时间不是一码事，我们在计算时间复杂度的时候，是忽略所有低次幂和最高次幂的系数的。

比如有一个算法，输入 n 个数据，经过 $3n^2+\log_2^n+n+5$ 次计算得到结果，其时间复杂度为 $O(n^2)$。另外一个算法只需 $2n^2$ 次计算就能得到结果，其时间复杂度也是 $O(n^2)$，但明显比第一个算法要快。

所以说时间复杂度是可以推演计算的，而实际运算时间不可预测。这也是为什么使用时间复杂度而不是使用实际运算时间来判断一个算法的优劣了。

（2）空间复杂度。

空间复杂度是对一个算法在运行过程中临时占用存储空间大小的量度，记作 $S(n)=O(f(n))$。一个算法的优劣主要从算法的执行时间和所需要占用的存储空间两个方面衡量。所以，空间复杂度定义为：算法中变量的个数。

```
long long*  Fibonacci (int N)
{
    if(n= =0)
        return NULL;
    long long*  fibArray =(long long* )malloc((n+1)* sizeof(long long));
    fibArray[0]=0;
    fibArray[1]=1;
    for(int i=2;i<=n;i++)
        fibArray[i]= fibArray[i- 1]+ fibArray[i- 2];
    return fibArray;
}
```

Fibonacci 函数中的变量有：n、i、fibArray 以及 fibArray 所指向的 $n+1$ 个空间，所有该算法中共有 $n+4$ 个变量，故空间复杂度为 $O(n)$。

6.2.2　算法的设计与分析

1. 问题求解步骤

人与计算机的沟通方式主要是通过程序控制指令，而让计算机能够正确地理解并完成预期的任务主要依靠程序的算法，而算法是构建在问题求解的数学模型等知识基础上的。

用计算机求解问题首先从问题的求解框架开始，使用计算机解决一个具体问题时，大致需要经过以下步骤：首先从实际问题中抽象出一个适当的数学模型；然后寻找解决问题的途径和方法，即设计算法；最后编写程序并上机运行和测试，直至问题解决。问题求解过程如图 6.3 所示。

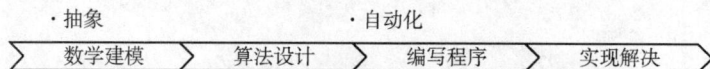

·抽象　　　　　　　　　·自动化

数学建模　〉　算法设计　〉　编写程序　〉　实现解决　〉

图 6.3　问题求解过程

2. 数学建模

数学建模是基于数学的方法，运用数学语言描述清楚问题的条件、最终目标以及达到目标的过程。寻求数学模型的实质是分析问题，从中抽象提取操作的对象，并找出这些操作对象间蕴含的关系，然后用数学的语言加以描述。

3. 算法的描述

为解决一个具体问题而设计的算法，必须用适当的方法将其描述出来，算法的描述方法有自然语言描述算法、流程图描述算法、N-S 图描述算法、伪代码描述算法等多种不同的方法，其中最常用的是流程图。

流程图描述算法是一种传统的算法表示方法，用几何图形表示各种类型的操作，在图形上用扼要的文字和符号表示具体的操作，并用带有箭头的流程线表示操作的先后次序。

流程图的各种基本图形符号都是美国国家标准化协会统一规定的，标准流程图符号及其含义如表 6.1 所示。

表 6.1　标准流程图符号及其含义

图形符号	名称	说明
（圆角矩形）	起止框	表示算法的开始或结束，框内填写"开始"或"结束"
（平行四边形）	输入输出框	表示算法的输入输出操作，框内填写需要输入、输出的各项
（矩形）	处理框	表示算法中的各种处理操作，框内填写指令或指令序列
（菱形）	判断框	表示算法中的条件判断，框内填写判断条件
（箭头）	流程线	表示算法控制流的流向，箭头指向流程的方向
（圆形）	连接符	表示算法中流程图的转向，它是流程线的断点

【例 6-3】 输出 1 000 以内能被 3 和 5 整除的所有正整数，画出其算法流程图，如图 6.4 所示。

6.2.3 典型算法实例

算法是问题解决过程的精确描述，一个算法由有限条可完全机械地执行的、有确定结果的指令组成。通常求解一个问题可能会有多种算法可供选择，选择的主要标准是算法的正确性、可靠性，简单和易理解性。在算法设计时常采用穷举法、递推法、递归法、迭代法、回溯法、分治法、贪心法、动态规划等，下面主要对穷举法、递推法、递归法进行介绍。

1. 穷举法

穷举法是采用搜索的方法，根据题目的部分条件确定答案的大致搜索范围。在此范围内对所有可能情况逐一验证；若某个情况符合题目的条件，则为本题的一个答案；若全部情况验证完后均不符合题目的条件，则问题无解。

(1) 案例分析：警察破案。

张三在家中遇害，侦查中发现 A、B、C、D 四人到过现场。

A 说："我没有杀人"。

B 说："C 是凶手"。

C 说："杀人者是 D"。

D 说："C 在冤枉好人"。

侦查员经过判断四人中有三人说的是真话，四人中有且只有一人是凶手，凶手到底是谁？

(2) 算法分析。

下面首先对案例进行分析。考虑：可以用 0 表示不是凶手，1 表示凶手，则每个人的取值范围就是 [0，1]，则可以列出如表 6.2 所示的关系表达式。

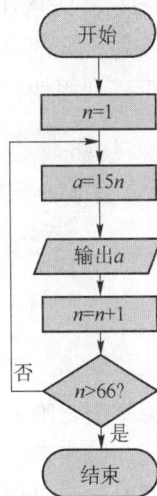

图 6.4 算法流程图

表 6.2 关系表达式分析表

嫌疑人	嫌疑人说的话	关系表达式
A	我没有杀人	A = 0
B	C 是凶手	C = 1
C	杀人者是 D	D = 1
D	C 在冤枉好人	D = 0

然后，侦查员根据四人说的话，通过逻辑表达式表示为表 6.3。

表 6.3 逻辑分析表

侦查员	逻辑表达式表示
四人中三人说的话是真话	$(A=0)+(C=1)+(D=1)+(D=0)=3$
四人中有且只有一人是凶手	$A+B+C+D=1$

（3）算法描述。

在每个人的取值[0,1]的所有可能中进行搜索，如果表格的组合条件同时满足，记为凶手，可以利用伪代码描述算法。

```
For A=0 To 1
    For B=0 To 1
        For C=0 To 1
            For D=0 To 1
                If((A=0)+(C=1)+(D=1)+(D=0))=3 And A+B+C+D=1
                    Print A,B,C,D //输出的值是 1 的为凶手
```

穷举法是唯一一种解决所有问题的一般方法，即使效率低下，仍可用穷举法求解一些小规模的问题实例；如果解决的问题实例不多，而穷举法可用一种可接受的速度对问题求解，那么花时间去设计一个更高效的算法是得不偿失的。

2. 递推法

递推法是将一个复杂的庞大的计算过程转化为简单过程的多次重复，可以通过已知条件，利用特定的递推关系得出中间推论，直至得到问题的最终结果。递推关系可以抽象为一个简单的数学模型。

递推法为了得到问题的解，可分为顺推法和倒推法。

（1）顺推法。

顺推法就是先找到递推关系式，然后从初始条件出发，一步步地按递推关系式递推，直至求出最终结果。

1）案例分析：兔子问题——斐波拉契数列。

一个农夫养了一对小兔子，他发现小兔子在出生第二个月后长成大兔子，每对大兔子每个月可繁殖一对小兔子，如果一年内没有发生死亡现象，那么一年后这个农夫将有多少对兔子？

2）算法分析，如表 6.4 所示。

表 6.4　算法分析

月数	1	2	3	4	5	6	7	8	9	10	11	12
小	1	0	1	1	2	3	5	8	13	21	34	55
大	0	1	1	2	3	5	8	13	21	34	55	89
总数	1	1	2	3	5	8	13	21	34	55	89	144

假设 F_n 表示第 n 个月的兔子对数，则可找出如下递推关系：

$$F_1=1$$
$$F_2=1$$
$$F_3=F_2+F_1$$
$$\vdots$$
$$F_n=F_{n-1}+F_{n-2}$$

顺推法

3）算法描述。

针对兔子问题的 N-S 图描述算法如图 6.5 所示。

（2）倒推法。

倒推法就是在不知道初始条件的情况下，经某种递推关系而获知问题的解，再倒过来，推知它的初始条件。

1）案例分析：猴子吃桃问题。

小猴有桃若干，当天吃掉一半多一个，第二天接着吃了剩下的桃子的一半多一个，以后每天都吃尚存桃子的一半零一个，到第 7 天早上只剩下 1 个了，问小猴原有多少个桃子？

2）算法分析。

每天都吃尚存桃子的一半零一个，设第 n 天的桃子为 x_n，它是前一天的桃子数 x_{n-1} 的一半少 1 个，即 $x_n = \dfrac{x_{n-1}}{2} - 1$。通过倒推法得出 $x_{n-1} = (x_n + 1) \times 2$。

3）算法描述。

根据上述算法分析，猴子吃桃问题流程图描述算法如图 6.6 所示。

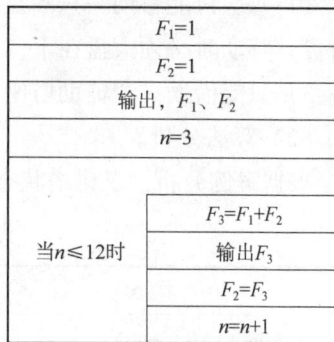

图 6.5 N-S 图描述算法

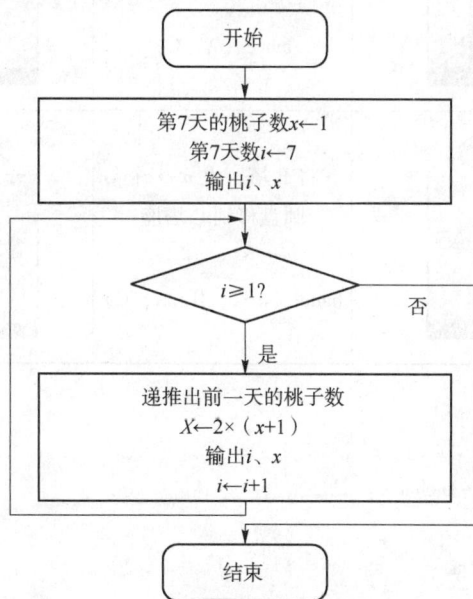

图 6.6 流程图描述算法

3. 递归法

递归法是把规模大、较难解决的问题变成规模较小的、已解决的同一问题。规模较小的问题又变成规模更小的问题，并且小到一定程度可以直接得出它的解，从而得到原来问题的解。所以，用递归处理问题的过程，就是将问题规模逐步缩小的过程。

（1）案例分析：汉诺塔问题。

将 n 个自上而下从小到大叠在一起的圆盘从 A 塔座移动到 C 塔座。有下述要求：

1）每次只能移动一只圆盘。

2）移动时必须大盘在下，小盘在上。

3）只能借助一个辅助塔座。

（2）算法分析。

根据案例分析，汉诺塔状态分析情况如表 6.5 所示。

表 6.5　汉诺塔状态分析表

状态	分析	下个状态
	将 A 塔座上面的 $n-1$ 个圆盘移到 B 塔座 hanoi（$n-1$，A，C，B）	
	将 A 塔座上最大圆盘移到 C 塔座 move（A，C）	
	将 B 塔座上 $n-1$ 个圆盘移到 C 塔座 hanoi（$n-1$，B，A，C）	

（3）算法描述：

```
void hanoi(int n,char A,char B,char C)
{
    if(n= =1)
        move(A,C);
    else
    {
        hanoi(n- 1,A,C,B);
        move(A,C);
        hanoi(n- 1,B,A,C);
    }
}
```

6.3 算法形成的程序

为了让计算机解决实际问题，要进行算法设计，然后使用某种适合大的程序设计语言来表示这一算法，即编写解决该问题的程序，运行该程序后获得结果，算法是程序的核心。人与计算机进行交流，必须掌握计算机能够懂得的语言，即程序设计语言（也称为计算机语言）。

6.3.1 程序设计语言

程序设计语言是人与计算机之间传递信息的媒介，是一个能完整、准确和规则地表达人的意图，并能只会或控制计算机工作的"符号系统"，按照级别可以分为低级语言和高级语言。低级语言主要包括机器语言和汇编语言。

1. 机器语言

机器语言是与计算机硬件关系最为密切的一种计算机语言，是计算机诞生和发展初期使用的语言，在计算机硬件上执行的就是一条条用机器语言编写的指令。机器语言程序指令是由"0"和"1"的二进制数组成，并能被机器直接理解和执行的指令集合。任何一个计算机程序都需要先转换成机器指令的形式，然后才能够在计算机上运行。

2. 汇编语言

汇编语言诞生于20世纪50年代初，为克服机器语言的缺点，汇编语言的概念被提出。汇编语言是用助记符代替机器指令的操作码，用地址符号或标号代替指令或操作数的地址。在不同的设备中，汇编语言对应着不同的机器语言指令集，通过汇编过程转换成机器指令。由汇编语言编写的程序，必须经过汇编程序翻译，转换成计算机所能识别的二进制机器语言后，才能被计算机执行。

3. 高级语言

尽管汇编语言大大提高了编程效率，但其对硬件过分依赖，要求编写程序的人员必须在所使用的硬件上花费大部分精力。为提高程序员的工作效率，人们设计了一种更自然、更符合人类语言习惯的符号形式来编写程序，这样编写出来的程序更容易被理解和使用。高级语言接近于数学语言或自然语言，同时又不依赖于计算机硬件，而且编出的程序能在所有计算机上使用。

高级语言的表示形式近似于自然语言，对各种公式的表示近似于数学公式。一条高级语言语句的功能往往相当于十几条甚至几十条汇编语言的指令，程序编写工作相对简单。因此在工程计算、数据处理等方面，人们常用高级语言来编写程序。

第一个高级程序设计语言是FORTRAN语言，它是由美国IBM公司在20世纪50年代开发出来的，该语言主要用于科学计算。之后随着计算机应用的发展，先后出现了COBOL、BASIC、Pascal、C、C++、Java、Python等高级语言。

6.3.2 程序设计的方法

20世纪70年代初，由于操作系统、数据库管理系统等大型软件系统的出现，给程序设计带来了新的问题，出现了"软件危机"。为了解决这些问题，荷兰科学家 E. W. dijkstra 首先提出了结构化程序设计的概念，被广泛应用。但是随着程序设计的不断发展，结构程序设计已不能满足现代化软件开发的要求，随后面向对象程序设计这种软件开发技术应运而生。

1. 结构化程序设计方法

结构化程序设计又称为面向过程的程序设计。在面向过程的程序设计中，问题被看作一系列需要完成的任务，这些任务主要由函数完成，解决问题的焦点集中于函数。其中函数是面向过程的，即它关注的是如何根据规定的条件完成指定的任务。

早在 1966 年荷兰科学家 E. W. Dijkstra 就指出，任何程序都基于顺序、选择、循环三种基本的控制结构，三种控制结构流程图如图 6.7 所示，并且程序具有模块化特征，每个程序模块具有唯一的入口和出口，这为结构化程序所设计的技术奠定了理论基础。

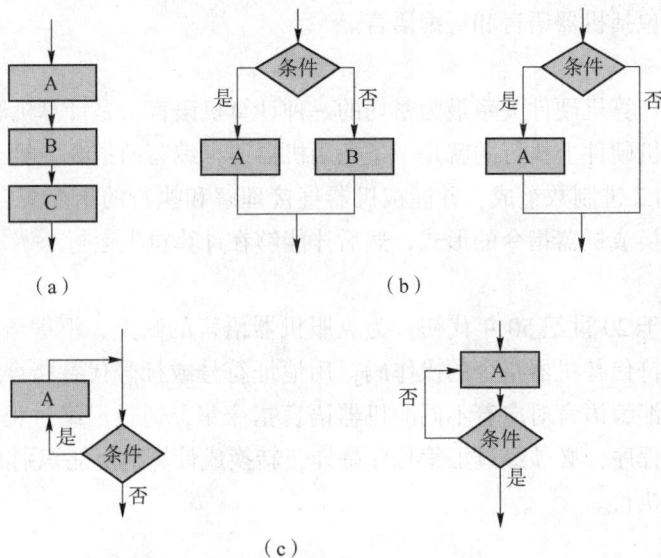

图 6.7 三种控制结构流程图
（a）顺序结构；（b）选择结构；（c）循环结构

结构化程序设计主要包括两个方面：

（1）程序模块化。在软件设计和实现过程中，提倡采用自顶向下、逐步细化的模块化程序设计原则。

（2）语言结构化。在代码编写时，强调采用单入口、单出口的顺序结构、选择结构、循环结构三种基本控制结构，避免 GOTO 语句。

采用结构化程序设计方法设计的程序结构简单清晰，可读性强，模块化强，描述方式符合人们解决复杂问题的普遍规律，在软件重用性、软件的可维护性方面有所进步，可以显著提高软件开发的效率。因此，结构化程序设计方法在应用软件的开发中发挥了重要的作用。

2. 面向对象程序设计方法

面向对象程序设计方法是 20 世纪 80 年代初提出的，它的精髓在于程序的组织与构造是对面向过程的程序设计方法的继承和发展，吸取了面向过程的程序设计方法的优点，同时又考虑到现实世界与计算机之间的关系。

（1）面向对象和面向过程的区别。

面向过程程序设计就是函数的定义和调用，简单地说，过程就是程序执行某项操作的一段代码，函数是最常用的过程。而面向对象程序设计就是对象加消息。程序一般由类的定义和使用两部分组成，而类的实例即对象；另外，程序中的一切操作都是通过对象发送消息来实现的，对象接收消息后，启动有关方法完成相应的操作。

（2）对象。

对象可以理解为：用现实生活来表述是属性+行为，用程序语言来表述是数据（变量）+操作（函数）。对象需要有以下四点特征：

1）每一个对象必须有一个名字以区别于其他对象（类的实例）。对于对象来说，每一个对象的数据成员都有其自己独立的存储空间，不同对象的数据成员占有不同的存储空间，而不同对象的成员函数是占有同一个函数代码段的。

2）用属性来描述他的某些特征（数据赋值）。

3）有一组操作，每个操作决定对象的一种行为（函数调用）。

4）对象的操作可以分为两类：一类是自身所承受的操作，另一类是施加于其他对象的操作。

（3）消息。

一个对象与另一个对象之间的交互称为消息。对象之间的联系只能通过消息传递来进行，且具有以下 3 个性质：

1）同一个对象可以接收不同形式的多个消息，做出不同的响应。

2）相同形式的消息可以传递给不同的对象，所做出的响应可以是不同的。

3）对消息的响应并不是必须的，对象可以响应消息，也可以不响应。

（4）消息传递的方法。

调用对象中的函数就是向该对象传送一个消息，要求该对象实现某一行为。对象所能实现的行为，在程序设计中称为方法，它们是通过调用相应的函数来实现的。

6.3.3 程序设计的过程

程序是为实现特定目标或解决特定问题而用计算机语言编写的，为实现预期目的而进行操作的一系列语句和指令。程序设计是给出解决特定问题程序的过程，是软件构造活动中的重要组成部分。

用计算机来解决问题时，最困难的是找出解决问题的方案。只要有了一个解决方案，将问题的解决方案转换成所需要的语言就会变得相对容易。程序设计可以分为两个阶段，如图 6.8 所示，即问题求解阶段和实现阶段，简化了算法设计过程。

1. 问题求解阶段

问题求解阶段的主要任务是得到解决问题的一个算法，包括问题定义和算法设计两个阶段。问题定义是得到问题完整的准确的定义。要确定特定的程序输入之后程序的输出结果以及输出结果的格式。例如，对于一个银行会计程序，不仅要知道利率，还需要对每年、每月或者每日进行复利计算。

2. 实现阶段

实现阶段的任务是将算法转换为高级语言程序。实现阶段要考虑高级语言的一些具体细

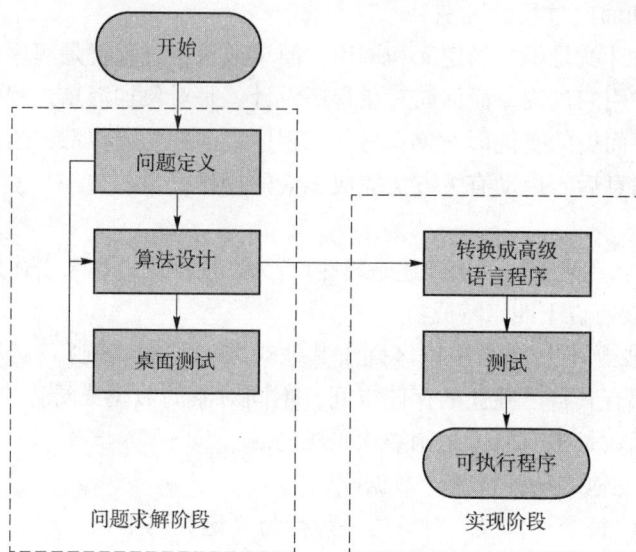

图 6.8 程序设计的两个阶段

节。如果掌握了所使用的编程语言，将算法转换成高级语言程序就变得十分简单。

问题求解阶段和实现阶段都需要测试，在编写程序之前，要对算法进行测试，如果发现算法存在不足，则必须重新设计算法。在实际编程时，错误和缺陷会不断显现出来。当发现错误时，必须退回去，重做以前的步骤。通过对算法进行测试，可能会出现问题定义还不完善的情况。在这种情况下，需要重新修改问题的定义或算法，然后重新执行后续的所有步骤。

6.4 思考与练习

1. 什么是计算思维？计算思维的本质和特征是什么？
2. 简述算法的概念和特征。
3. 简述结构化程序设计和面向对象程序设计的主要区别。
4. 常见的程序设计语言有哪些？它们各自有什么特点？
5. 程序设计分为哪两个阶段？每个阶段的任务是什么？

第 7 章 数据库系统

【教学目标】

（1）了解数据管理技术的发展、常见关系数据库管理系统和非关系型数据库（NoSQL）的基本概念及应用。

（2）熟悉数据库和表的基本操作，学会关系数据库的设计方法。

（3）掌握数据库和表的基本概念、数据库系统的组成、数据模型、SQL 基本语句的使用、关系数据库的基本概念及关系运算。

数据库技术是计算机学科中的一个重要分支，它的应用非常广泛，几乎涉及所有的应用领域。数据库技术是管理信息系统的一种核心技术，它研究如何组织和存储数据，如何高效地获取和处理数据。它是通过研究数据库的结构、存储、设计、管理以及应用的基本理论和实现方法，并利用这些理论来实现对数据库中的数据进行处理、分析和理解的技术。

7.1 数据库理论基础

7.1.1 数据库系统的基本概念

1. 数据与信息

数据（Data）是描述事物的符号记录，也是数据库中存储的、用户操纵的基本对象。数据不仅是具体的数字和文本，而且可以是文字、图形、动画、声音、视频等，这些形式的数据经过数字化后都可以存储到计算机中。数据是信息的符号表示。例如，可以这样来描述某高校计算机系一位同学的基本信息：（张三，男，2002-06，山东省济南市，计算机系，2021），即把学生的姓名、性别、出生年月、籍贯、所在的院系、入学时间组织在一起，组成一条记录。这些符号被赋予了特定的语义，具体描述了一条信息，具有了传递信息的功能。

信息是通过各种方式传播的能被感受的声音、文字、图像、符号等。简单地说，信息就是加工后的数据，是新的、有用的事实和知识。

2. 数据处理

数据处理是对各种形式的数据进行收集、存储、加工和传播的一系列活动的总和。

数据是重要的资源，把收集到的大量数据经过加工、整理、转换，从中获取有价值的信息，数据处理正是指将数据转换成信息的过程。

3. 数据管理

数据处理的中心问题是数据管理。数据管理是指对数据的分类、组织、编码、存储、检索与维护。

4. 数据库

数据库（DataBase，DB）是长期存储在计算机内、有组织、可共享的相关数据的集合。数据库能为各种用户共享，具有较小的冗余度、数据间联系紧密而又有较高的数据独立性。

5. 数据库管理系统

数据库管理系统（DataBase Managerment System，DBMS）是位于用户和操作系统之间的一层数据管理软件，是数据库系统的核心组成部分，主要用于建立、使用和维护数据库。它对数据库进行统一的管理和控制，以保证数据库的安全性和完整性。用户通过 DBMS 访问数据库中的数据，数据库管理员也通过 DBMS 进行数据库的维护工作。

6. 数据库系统

数据库系统（DataBase System，DBS）是实现有组织地、动态地存储大量关联数据、方便多用户访问的计算机硬件、软件和数据资源组成的系统，即它是采用数据库技术的计算机系统。

7.1.2 数据管理技术的发展

数据处理的核心问题是数据管理。数据管理是指对数据的分类、组织、编码、储存、检索和维护等。在计算机软、硬件发展的基础上，在应用需求的推动下，数据管理技术得到了很大的发展，它经历了人工管理、文件系统和数据库系统 3 个阶段。

数据管理经历的各个阶段有自己的背景及特点，数据管理技术也在发展中不断地完善，其 3 个阶段的比较如表 7.1 所示。

表 7.1 数据管理 3 个阶段的比较

数据管理的 3 个阶段		人工管理阶段 （20 世纪 50 年代中期以前）	文件系统阶段 （50 年代后期至 60 年代中期）	数据库系统阶段 （60 年代后期以来）
背景	应用背景	科学计算	科学计算、管理	大规模数据、分布数据的管理
	硬件背景	无直接存取存储设备	磁带、磁盘、磁鼓	大容量磁盘、可擦写光盘、按需增容磁带机等
	软件背景	无专门管理的软件	利用操作系统的文件系统	由 DBMS 支撑
	数据处理方式	批处理	联机实时处理、批处理	联机实时处理、批处理、分布式处理
特点	数据的管理者	用户/程序管理	文件系统代理	DBMS 管理
	数据应用及其扩展	面向某一应用程序难以扩充	面向某一应用系统、不易扩充	面向多种应用系统、容易扩充
	数据的共享性	无共享、冗余度大	共享性差、冗余度大	共享性好、冗余度小

续表

数据管理的 3 个阶段		人工管理阶段 （20 世纪 50 年代中期以前）	文件系统阶段 （50 年代后期至 60 年代中期）	数据库系统阶段 （60 年代后期以来）
特点	数据的独立性	数据的独立性差	物理独立性好，逻辑独立性差	具有高度的物理独立性、具有较好的逻辑独立性
	数据的结构化	数据无结构	记录内有结构、整体无记录	统一数据模型、整体结构化
	数据的安全性	应用程序保护	文件系统保护	由 DBMS 提供完善的安全保护

7.1.3　数据模型

数据模型（DataModel）是对现实世界中数据特征及数据之间联系的抽象。由于计算机不可能直接处理现实世界中的具体事物，所以现实世界中的事物必须先转换成计算机能够处理的数据，即数字化，把具体的人、物、活动、概念等用数据模型来抽象表示和处理。数据模型是现实数据抽象的主要工具。也是数据库系统中用于信息表示和提供操作手段的形式化工具。

数据模型应满足能比较真实地模拟现实世界、容易为人所理解和便于在计算机上实现三个方面的要求。根据数据抽象的级别定义了两种模型：概念模型和逻辑模型。

1. 概念模型

要将现实世界转变为机器能够识别的形式，必须经过两次抽象，即使用某种概念模型为客观事物建立概念级的模型，将现实世界抽象为信息世界，然后再把概念模型转变为计算机上某一 DBMS 支持的数据模型，将信息世界转变为机器世界，如图 7.1 所示。

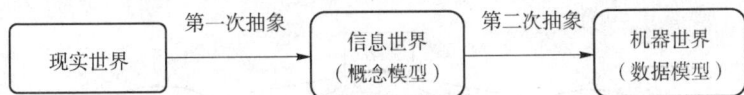

图 7.1　数据的转换

E-R 图方法是一种用来在数据库设计过程中表示数据库系统结构的方法。它的主导思想是使用实体（Entity）、实体的属性（Attribution）以及实体之间的联系（Relationship）来表示数据库系统的结构。

在概念模型中，涉及以下几个主要概念。

（1）实体（Entity）。

客观存在并相互区分的事物称为实体。实体可以是具体的人、事或物，也可以是抽象的概念或联系，例如学生、课程、学生和课程之间的选课关系等都是实体。

（2）属性（Attribute）。

实体所具有的某一特征称为属性。一个实体可以由多个属性来刻画，每个属性都有其取值范围和取值类型。例如学生实体可以用学号、姓名、性别等属性描述。其中各个属性针对实体的不同取值也不同。

（3）码（Key）。

可以唯一标识一个实体的属性集，比如学号和每个学生实体一一对应，则学号可以作为码。

（4）域（Domain）。

实体中某个（些）属性的取值范围称为该属性的域。域是某种数据类型的值的集合。例如性别的域为（男，女），姓名的域为字符串集合。

（5）实体型（Entity Type）。

即用实体名及其属性名集合来抽象和刻画的同类实体称为实体型。例如学生（学号，姓名，性别，年龄，出生日期，家庭住址）。

（6）实体集（Entity Set）。

即相同类型的实体集合称为实体集。例如全体学生就是一个实体集。

（7）联系。

实体之间或实体本身所发生的关联关系称为联系。例如学生选修课程，其中选修就是学生实体和课程实体之间的联系。

2. 概念模型的表示方法

目前描述概念模型的最常用的方法是实体-联系（Entiny-Relationship，E-R）方法。这种方法简单、实用，它所使用的工具称为 E-R 图。E-R 图的基本元素包括实体、属性和联系，具体表示如下。

（1）实体用矩形框表示，框内标注实体集的名称。

（2）属性用椭圆表示，椭圆框内标注属性的名称，并用无向线将其与相应的实体连接起来。例如，顾客具有顾客编号、姓名、地址、年龄和性别，共五个属性，其中顾客编号是顾客实体的码，下面加下划线。用 E-R 图表示如图 7.2 所示。

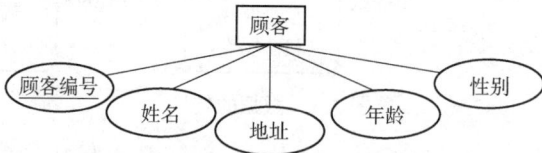

图 7.2　顾客及其属性的 E-R 图

（3）联系用菱形框表示，菱形框内标注联系的名称，并用无向线分别与两端的实体连接起来，同时在实体两端标出联系的类型。如果联系具有属性，则该属性仍用椭圆形表示，仍需要用无向线将属性与其联系连接起来。

注意：

联系的属性必须在 E-R 图上标出。例如，顾客去商店购物，存在购物联系，该联系有消费金额和日期属性，如图 7.3 所示。

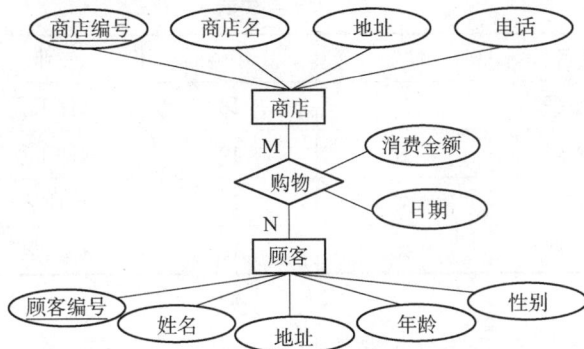

图 7.3　商店与顾客的 E-R 图

数据根据联系涉及的实体集个数称为该联系的元数或者度数，同一个实体内部之间的联系，称为一元联系，又叫递归联系；两个不同的实体集之间的联系，称为二元联系；三个不同实体集之间的联系称为三元联系。依次类推。

二元联系有三种类型。

（1）一对一联系：如果实体集 A 中的每个实体，实体集 B 中有且仅有一个实体与之对应，反之亦然，则称实体集 A 和实体集 B 之间是一对一的联系，记作 1∶1。例如"飞机座位"和"乘客"之间的对应关系。

（2）一对多联系：如果实体集 A 中的每个实体，实体集 B 中有多个实体与之对应，反之，对于实体集 B 的每个实体，实体集 A 中至多只有一个实体与之对应，则称实体集 A 和实体集 B 之间是一对多的联系，记为 1∶N。例如"班级"实体和"学生"实体之间的对应关系。

（3）多对多联系：如果实体集 A 中的每个实体，实体集 B 中均有多个实体与之对应，反之亦然，则称实体集 A 和实体集 B 之间为多对多的联系，记为 M∶N。例如，"商店"实体和"顾客"实体之间的对应关系。

3. 逻辑模型

在数据库技术领域中，数据库使用的最常用的逻辑数据模型有层次模型、网状模型、关系模型和面向对象数据模型。

（1）层次模型。

层次模型是最早用于商用数据库管理系统的数据模型，它用树形结构表示各类实体以及实体件的联系。用层次模型对具有一对多的层次联系的描述非常自然、直观，容易理解，这是层次数据库的突出优点。

（2）网状模型。

用有向图结构表示实体类型及实体间联系的数据结构模型称为网状模型（Network Model）。网状模型取消了层次模型的不能表示非树状结构的限制，两个或两个以上的结点都可以有多个双亲结点，则此时有向树变成了有向图，该有向图描述了网状模型。

（3）关系模型

关系数据模型是目前最重要也是应用最广泛的数据模型。简单地说，关系就是一张二维表，它由行和列组成。表 7.2 所示是用关系表示的学生实体。

表 7.2　学生表

学号	姓名	性别	年龄	专业	入学时间
20210101	李敏亮	男	18	软件工程	2021-09-01
20210102	王刚强	男	19	软件工程	2021-09-01
20190201	王丽	女	20	护理学	2019-09-01
20200202	范志红	女	18	护理学	2020-09-01

关系模型中的主要术语。

①关系：一个关系（Relation）对应通常所说的一张二维表。表 7.2 就是一个关系。

②元组：表中的一行称为一个元组（Tuple），在具体的关系型 DBMS 产品中，有些系统把元组称为记录。

③属性：表中的一列称为一个属性（Attribute）。一个关系二维表中往往会有多个属性，为了区分属性，要给每一个列起一个属性名。同一个表中的属性应具有不同的属性名。

④码：表中的某个属性或属性组，它们的值可以唯一地确定一个元组，且属性组中不含多余的属性，这样的属性或属性组称为关系的码（Key）。码又称为关键字或键，被指定为关键字的候选关键字，称为主码、主关键字或主键。例如，在表 7.2 中，学号可以唯一地确定一名学生，因而学号是学生表的主键。

⑤域：属性的取值范围称为域（Domain）。例如，大学生年龄属性的域是（16～35），性别的域是（男，女）。

⑥分量：元组中的一个属性值称为分量（Element）。例如，姓名列中的值王丽。

⑦关系模式：关系的型称为关系模式（Relation Schema），关系模式是对关系的描述。关系模式一般表示为：关系名（属性 1，属性 2，…，属性 n）。例如，学生表关系可描述为：学生表（学号，姓名，性别，年龄，专业，入学时间）。

对关系做了一系列的规范性限制：

➤ 关系中的每个属性都是不可分解的，保证属性的原子性。

➤ 关系中不允许出现重复的元组，即不允许出现相同的元组。

➤ 由于关系是一个集合，因此不考虑元组间的顺序，即没有行序。

➤ 元组中的属性在理论上也是无序的，但在使用时按习惯考虑列的顺序。

（4）面向对象数据模型。

面向对象数据库系统支持面向对象数据模型（简称 OO 模型）。一个面向对象的数据库系统是一个持久的、可共享的对象库的存储和管理者；而一个对象库是由一个面向对象数据模型所定义的对象集合体。

4. 概念模型转化为逻辑模型的规则

（1）若实体间的联系是 1 : 1，则可在两个实体转化的关系模式中加入另一个关系模式的键作为外键，外加联系的属性。

（2）若实体间的联系是 1 : N，则在 N 端转化的关系模式中加入 1 端的主键作为外键，外加联系的属性。

（3）若实体间的联系是 M : N，则将联系也转化为关系模式，其主键为两端键的组合（作为外键），外加联系的属性。顾客与商店的关系数据模型可以用以下关系模式来描述：

顾客（顾客编号，姓名，地址，年龄，性别）主关键字：顾客编号；

商店（商店编号，商店名，地址，电话）主关键字：商店编号；

购物（顾客编号，商店编号，消费金额，日期）主关键字：顾客编号+商店编号。

7.1.4　数据库系统的组成

数据库系统一般由数据库、硬件、软件、数据库管理员 DBA 和用户等组成。

1. 数据库

数据库中的数据按一定的数学模型组织、描述和存储，具有较小的冗余，较高的数据独立性和易扩展性，并可为各种用户共享。

2. 硬件

构成计算机系统的各种物理设备，包括存储所需的外部设备。硬件的配置应满足整个数据库系统的需要。

3. 软件

其软件主要包括操作系统、主语言、实用程序以及数据库管理系统等程序。

4. 人员

人员主要有四类：

（1）第一类为系统分析员和数据库设计人员：系统分析员负责应用系统的需求分析和规范说明，他们和用户及数据库管理员一起确定系统的硬件配置，并参与数据库系统的概要设计。数据库设计人员负责数据库中数据的确定、数据库各级模式的设计。

（2）第二类为应用程序员，负责编写使用数据库的应用程序。这些应用程序可对数据进行检索、建立、删除或修改。

（3）第三类为最终用户，他们利用系统的接口或查询语言访问数据库。

（4）第四类用户是数据库管理员（Data Base Administrator，DBA），负责数据库的总体信息控制。DBA 的具体职责包括：了解具体数据库中的信息内容和结构，决定数据库的存储结构和存取策略，定义数据库的安全性要求和完整性约束条件，监控数据库的使用和运行，负责数据库的性能改进、数据库的重组和重构，以提高系统的性能。

7.2　关系数据库系统

7.2.1　关系运算

根据运算符的不同，关系代数中的操作可以分为传统的集合运算和专门的关系运算两类。

1. 传统的集合运算

传统的集合操作主要是从关系的水平方向进行，主要包括并、差、交、笛卡尔积（乘法）。

（1）并（Union）。

设关系 R 和关系 S 具有相同的关系模式（结构相同），R 和 S 的并是由属于 R 或属于 S 的元组构成的集合，记为 R∪S。

（2）差（Difference）。

设关系 R 和关系 S 具有相同的关系模式（结构相同），R 和 S 的差是由属于 R 但不属于

S 的元组构成的集合，记为 R-S。

（3）交（Intersection）。

设关系 R 和关系 S 具有相同的关系模式（结构相同），R 和 S 的交是由既属于 R 又属于 S 的元组构成的集合，记为 R∩S。

（4）笛卡尔积（Cartesian Product）。

设关系 R 和关系 S 的元数分别是 r 和 s，定义 R 和 S 的笛卡尔积是一个（r+s）元的元组集合，每个元组的前 r 个分量来自 R 的一个元组，后 s 个分量来自 S 的一个元组，记为 R×S。

【例 7-1】设有两个关系 R 和 S，现计算 R∪S、R-S、R∩S、R×S，运算结果如图 7.4 所示。

R

A	B	C
a1	b1	c1
a1	b2	c2
a2	b2	c1

S

A	B	C
a1	b2	c2
a1	b3	c2
a2	b2	c1

R×S

R.A	R.B	R.C	S.A	S.B	S.C
a1	b1	c1	a1	b2	c2
a1	b1	c1	a1	b3	c2
a1	b1	c1	a2	b2	c1
a1	b2	c2	a1	b2	c2
a1	b2	c2	a1	b3	c2
a1	b2	c2	a2	b2	c1
a2	b2	c1	a1	b2	c2
a2	b2	c1	a1	b3	c2
a2	b2	c1	a2	b2	c1

R∪S

A	B	C
a1	b1	c1
a1	b2	c2
a2	b2	c1
a1	b3	c2

R-S

A	B	C
a1	b1	c1

（b）

R∩S

A	B	C
a1	b2	c2
a2	b2	c1

（a）   （c）   （d）

图 7.4　集合运算

（a）R∪S；（b）R-S；（c）R∩S；（d）R×S

2. 专门的关系运算

专门的关系运算既可以从关系的水平方向，又可以从关系的垂直方向运算，主要包括的操作有：选择、投影、连接。

（1）选择：选择运算是在关系中选择满足某些条件的元组。也就是说，选择运算是在二维表中选择满足指定条件的行。如学生表 7.2 所示，要在学生表中找出性别为"男"且专业为软件工程的学生，则运算式表示为：$\sigma_{性别="男"\wedge专业="软件工程"}$（学生表），该选择运算的结果如表 7.3 所示。

表 7.3　选择运算的结果

学号	姓名	性别	年龄	专业	入学时间
20210101	李敏亮	男	18	软件工程	2021-09-01
20210102	王刚强	男	19	软件工程	2021-09-01

（2）投影：投影运算是从关系模式中指定若干个属性组成新的关系，即在关系中选择某些属性列。要在学生表中对姓名和专业投影，运算式为：$\pi_{姓名,年龄,专业,入学时间}$（学生表），该

投影运算的结果如表7.4所示。

表7.4 投影运算的结果

姓名	年龄	专业	入学时间
李敏亮	18	软件工程	2021-09-01
王刚强	19	软件工程	2021-09-01
王丽	20	护理学	2019-09-01
范志红	18	护理学	2020-09-01

（3）连接：连接运算将两个关系模式通过公共的属性名拼接成一个更宽的关系模式，生成的新关系中包含满足连接条件的元组。

7.2.2 数据库设计的阶段

数据库设计的目标是为用户和各种应用系统提供一个信息基础设施和高效的运行环境。数据库设计分为需求分析、概念设计、逻辑设计、物理设计、数据库实施、数据库运行和维护6个阶段，数据库设计的阶段如图7.5所示。

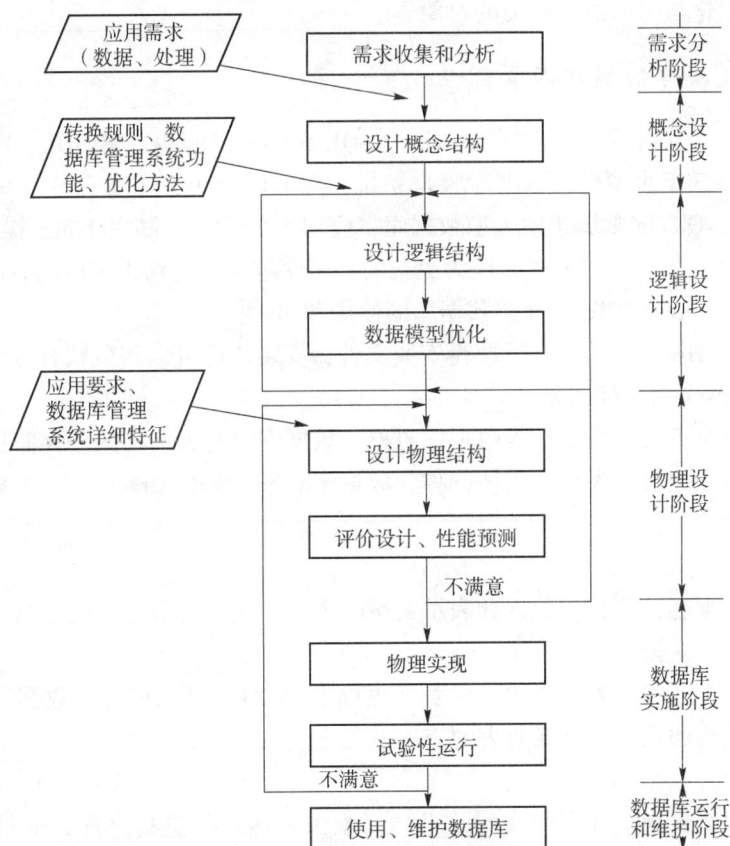

图7.5 数据库设计的阶段

7.2.3 关系数据库语言（SQL）

SQL 是结构化查询语言（Structured Query Language）的英文缩写，最早是 IBM 的圣约瑟研究实验室为其关系数据库管理系统 System R 开发的一种查询语言，它的前身是 Square 语言。SQL 语言主要分为以下 4 个部分。

1. 数据定义语言（DDL）

数据定义语言（Data Definition Language，DDL）是 SQL 语言集中负责数据结构定义与数据库对象定义的语言，由 CREATE、ALTER 与 DROP 三个定义操作所组成。

2. 数据操作语言（DML）

数据操作语言（Data Manipulation Language，DML），用户通过它可以实现对数据库的基本操作。例如，对表中数据的查询、插入、删除和修改。

3. 数据查询语言（DQL）

数据查询语言（Data Query Language，DQL），用来完成对数据库数据的查询，就是用 SELECT 命令来完成数据的查询、筛选和排序等操作。

4. 数据控制语言（DCL）

数据控制语言（Data Control Language，DCL），用来控制用户在数据库中进行的数据访问，一般用于创建与用户访问相关的对象。

7.2.4 数据库的创建与管理

常见的数据库管理系统主要有 Access、SQL Server、Oracle、MySQL、FoxPro 和 Sybase 等。其中 Access 属于小型桌面数据库管理系统，功能较简单，主要在开发单机版软件中用到。SQL Server、Oracle 则属于中大型数据库，应用十分广泛。随着 Linux 操作系统的流行，开源软件的理念深入人心，MySQL 作为免费的数据库越来越受到程序员的青睐。

下面以 SQL Server 2016 来介绍数据库的使用和相关操作。

SQL Server 2016 的安装首先要取得安装文件，安装文件可以到微软官方网站下载。

1. SQL Server 数据库对象

数据库是一个容器，里面包含数据库对象。数据库中的表、视图、存储过程和索引等具体存储数据或对数据进行操作的实体都称为数据库对象。SQL Server 2016 数据库包含以下常用的数据库对象。

（1）表。

表也称为数据表，是存放数据和表示关系的主要形式，是最主要的数据库对象。

（2）视图。

视图是由一个或多个表生成的引用表（也称虚拟表），是用户查看数据表中数据的一种方式。视图的结构和数据建立在对表的查询基础之上。

（3）索引。

索引是指对表记录按某个列或列的组合（索引表达式）进行排序，通过搜索索引表达式的值，可以实现对该类数据记录的快速访问。

（4）约束。

约束用于保障数据的一致性与完整性。约束有主键约束、外键约束、检查约束等。

（5）存储过程。

存储过程是一组完成特定功能的 SQL 语句集合，经编译后存储在 SQL Server 服务器端的数据库中，用户通过指定存储过程的名字并给出参数来执行。

（6）触发器。

触发器是一种特殊类型的存储过程，它在对数据库进行插入、修改、删除等操作或对数据表进行创建、修改、删除等操作时自动激活并执行。

2. 数据库文件

SQL Server 数据库通过数据文件保存与数据库相关的数据和对象。在 SQL Server 2016 中有两种类型的数据文件：数据文件和事务日志文件。新建数据库时会自动生成这两个文件，数据文件存储的是数据，主数据文件的推荐文件扩展名是 .mdf。事务日志文件记录的是各种针对数据库的操作，日志文件的扩展名是 .ldf。

3. 数据库的创建

在 SQL Server 2016 中，大多数的数据库管理操作都包括两种方法：一种方法是使用 SQL Server Management Studio 的对象资源管理器，以图形化的方式完成对数据库的管理；另一种方法是使用 T-SQL 语句或系统存储过程，以命令方式完成对数据库的管理。

（1）使用 SSMS 创建数据库。

【例 7-2】在 SSMS 中创建 Mstudent 数据库，数据文件和日志文件的属性按默认值设置。

操作步骤如下：

1）在 Windows 中单击【开始】→【所有程序】→【Microsoft SQL Management Studio】命令，打开 Microsoft SQL Server 2016 的登录窗口，根据提示连接到服务器，如图 7.6 所示。

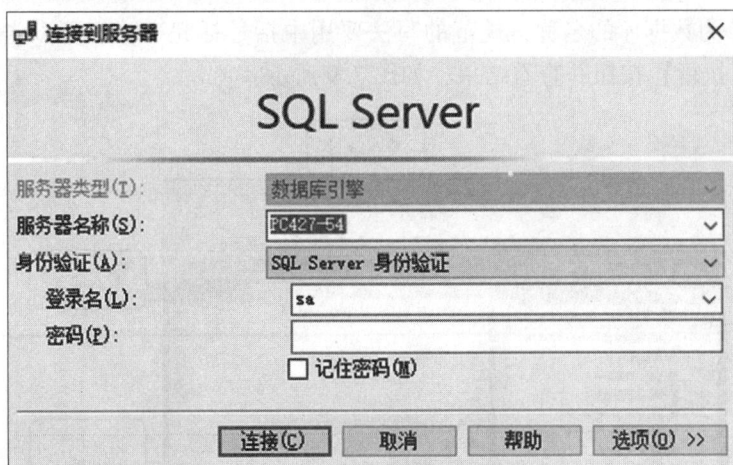

图 7.6 连接服务器窗口

2）在对象资源管理器中，右击【数据库】结点，从弹出的快捷菜单中单击【新建数据库】命令，开始创建数据库，如图 7.7 所示。

3）在【新建数据库】窗口中设置创建数据库的相关参数。对于初学者只需要在这个步骤中输入数据库名称并设置其相关属性，如图 7.8 所示。设置完成后单击【确定】按钮，这时在【对象资源管理器】的【数据库】结点中会出现新创建的数据库。

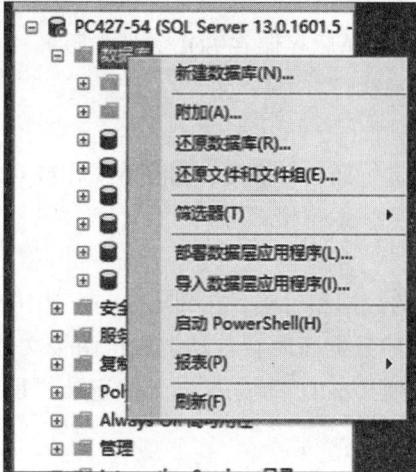

图 7.7　新建数据库

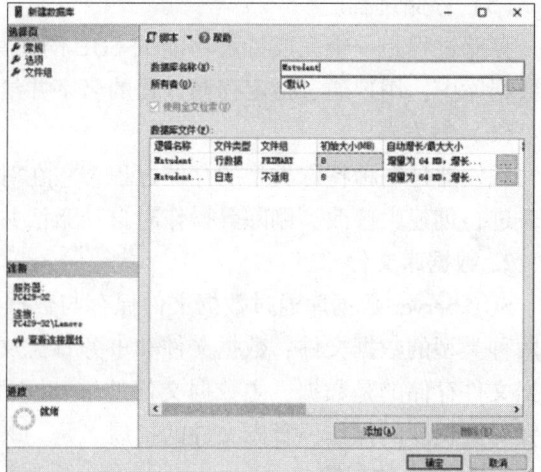

图 7.8　【新建数据库】窗口

（2）使用 SQL 命令创建数据库。

【例 7-3】使用 CREATE DATABASE 命令创建数据库 Mstudent。

1）新建查询。在菜单栏中依次选择【文件】→【新建】命令，在工具栏中直接单击【新建查询】图标，打开 SQL 查询编辑器。

2）使用 CREATE DATABASE 命令新建数据库 Mstudent。在 SQL 查询编辑器中输入命令。

CREATE DATABASE Mstudent

"Mstudent" 为数据库的名称，规范的写法要用中括号括起来，也可以省略中括号。输入完成后单击【执行】按钮并查看结果，如图 7.9 所示。

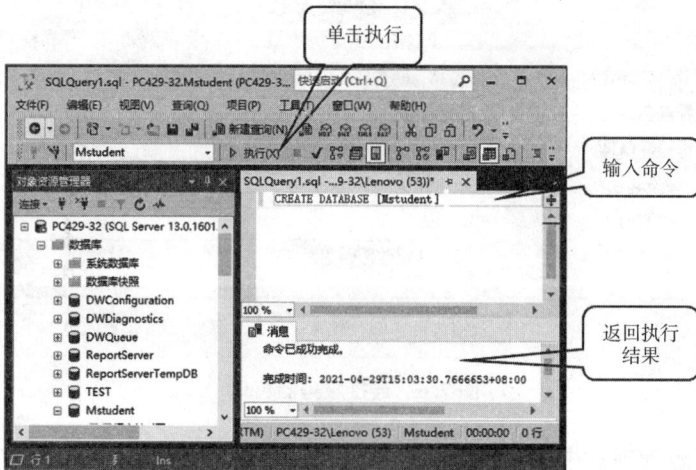

图 7.9　以命令方式新建数据库

注意：

这是最基本的建立数据库命令，除了数据库的名字外，其他参数全部采用默认值，如需要指定数据库文件、增长方式等参数，则在上述语句后继续增加句子即可。

🎯 **拓展知识**

1. 用命令方式创建数据库
2. 数据库的分离和附加
3. 数据库的备份和恢复

| 用命令方式创建数据库 | 数据库的分离和附加 | 数据库的备份和恢复 |

---

4. 数据库的管理

（1）查看数据库。

1）启动 SQL Server Management Studio，连接数据库实例。展开对象资源管理器里的树形目录，定位到【Mstudent】数据库上。

2）右击【Mstudent】数据库结点，在弹出的快捷菜单中单击【属性】命令，打开【数据库属性】对话框。选中对话框左侧的【常规】选项页，右侧窗口显示了数据库的基本信息。例如数据库备份信息、数据库名称、状态和排序规则等，这些信息是不允许修改的。如图 7.10 所示。

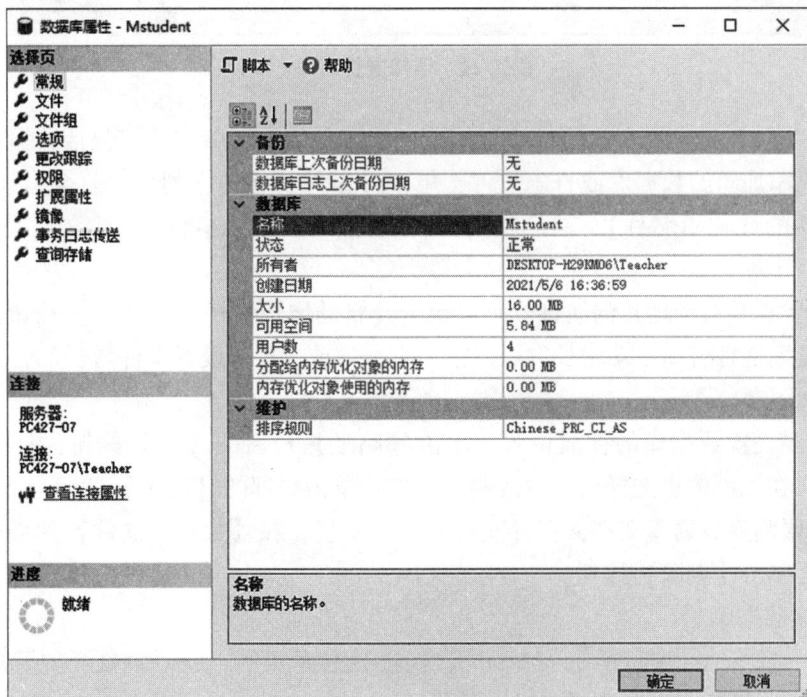

图 7.10 【数据库属性】对话框

（2）修改数据库。

在【数据库属性】窗口的【文件】选项页里，可以修改和新增数据库的数据文件与日志文件。

1）打开【数据库属性】窗口，切换到【文件】选项页，如图 7.11 所示。在这里可以对数据库的文件类型、初始大小、自动增长大小进行设置和修改，但不能修改数据库名称。

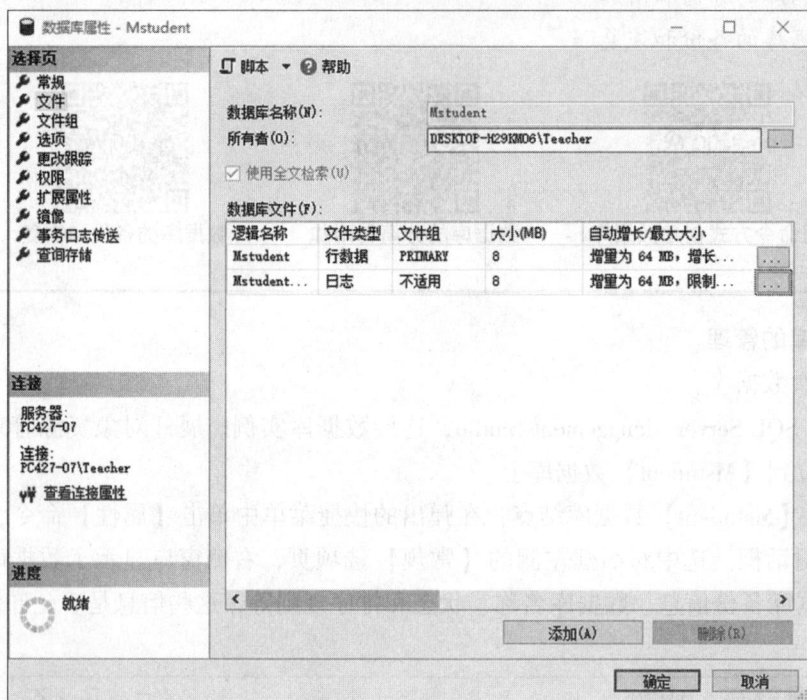

图 7.11　选择文件窗口

2）在【文件】选项页里，可以查看当前已经存在的数据库文件，包括数据文件和日志文件。如果要添加新的数据库或日志文件，单击【添加】按钮，列表中就会自动创建新行。先设置新文件的【逻辑名称】，然后在【文件类型】选项中选择创建的文件是【行数据】还是【日志】。

3）如果要设置自动增长的属性，可以单击【自动增长】栏后的【...】按钮，在弹出的窗体中可以设置是否启动自动增长，可以按照百分比或 MB 来设置文件增长的幅度，也可设置文件的最大限制。

4）如果要设置数据库的存放位置，单击【路径】栏后的【...】按钮，打开【定位文件夹】窗体。在该窗体里选择要存放的路径，然后单击底部的【确定】按钮。

5）如果要删除数据库文件，在【文件】选项页里，在【数据库文件】列表中选择要删除的文件，再单击【删除】按钮。

（3）删除数据库。

1）启动 SQL Server Management Studio，连接数据库实例。展开对象资源管理器里的树形目录，定位到【Mstudent】数据库上。

2）右键单击【Mstudent】数据库，选择【删除】按钮。

7.2.5　数据表的创建与管理

SQL Server 支持多种数据库对象，如表、视图、索引和存储过程等。在诸多的对象中，最重要的对象就是表。在用户创建了数据库之后，接下来的任务就是创建表。

在数据库中，表是由数据按一定的顺序和格式构成的数据集合，是组成数据库的基本元素。表由行和列组成，因此也称为二维表。每行代表一个记录，每列代表记录的一个字段。表是在日常工作和生活中经常使用的一种表示数据及其关系的形式。表 7.5 就是用来表示学生情况的一个表。

表 7.5　学生表

学号	姓名	性别	出生日期	专业	备注
20210101	李敏亮	男	2002-03-02	软件工程	优秀班干部
20210102	王刚强	男	2001-04-23	软件工程	
20210201	王　丽	女	2003-05-26	护理学	

1. 表的基本概念

（1）表结构。

组成表的各列的名称及数据类型，统称为表结构。

（2）记录。

每个表包含了若干行数据，它们是表的"值"。表中的一行称为一个记录。因此，表是记录的有限集合。

（3）字段。

每个记录由若干个数据项构成。将构成记录的数据项称为字段。例如，表 7.5 中的表结构为（学号，姓名，性别，出生日期，专业，备注），包含 6 个字段，由 3 个记录组成。

（4）空值。

空值（NULL）通常表示未知、不可用或将在以后添加的数据。若某列允许为空值，则向表中输入记录时可不为该列给出具体值；若某列不允许为空值，则在输入时必须给出具体值。

2. 表的数据类型

表中字段的数据类型可以是 SQL Server 提供的系统数据类型，也可以是用户定义的数据类型。SQL Server 提供了丰富的系统数据类型，常见的数据类型如表 7.6 所示。

表 7.6　数据类型

类型	说明
char(n)	固定长度字符串，表示 n 个字符的固定长度字符串
varchar(n)	可变字符串，表示最多可以有 n 个字符的字符串
smallint、int、bigint	整数型数据（短整型、长整型、大整型）
numeric(p,d)	精确数值型数据，定点数 p 为整数位，n 为小数位

类型	说明
real	取决于机器精度的单精度浮点数
double precision	取决于机器精度的双精度浮点数
float(n)	n 为浮点型数据
date	日期时间型数据
timestamp	时间戳型数据

3. 表的创建

数据表包括数据表结构和表中的数据。创建数据表结构的设计有两种方法：第一种方法是使用界面环境 SSMS 创建表结构，第二种方法是使用 SQL 命令创建表结构。

（1）使用 SSMS 创建表结构。

【例 7-4】使用 SSMS 创建学生信息表（XSB），具体的表结构如表 7.7 所示。

表 7.7 学生信息表（XSB）结构

列名	数据类型	是否为空	默认值	说明
学号	定长字符串型 char（8）	×	无	主键
姓名	定长字符串型 char（8）	√	无	
性别	定长字符串型 char（2）	√	男	
出生日期	日期型 date	√	无	
专业	定长字符串型 char（30）	√	无	
备注	不定长字符串型 varchar（30）	√	无	

使用 SSMS 创建学生信息表（XSB）的操作步骤如下：

1）启动【SSMS】，在对象资源管理器中展开【数据库】结点。

2）展开【Mstudent】数据库，右击【表】，从快捷菜单中选择【新建】→【表】命令，显示表设计器，如图 7.12（a）所示。

3）在表设计器中，根据学生信息表结构，分别输入各列的名称、数据类型、是否允许为空等属性。根据需要，可以在下方的【列属性】选项卡中填入相应内容，如图 7.12（b）所示。

4）设置主键。在学号列上右击，从快捷菜单中选择【设置主键】命令设置表的主键，如图 7.12（c）所示。

5）在表中各列的属性均编辑完成后，单击工具栏中的【保存】按钮，显示【选择名称】对话框，在【输入表名称】框中输入表名 "XSB"，单击【确定】按钮。刷新后，在对象资源管理器中可以看到新创建的 XSB 表。

（2）使用 SQL 命令创建数据表。

定义基本表使用 CREATE TABLE 命令，其功能是定义表名、列名、数据类型，标识初始值和步长等。定义表还包括定义表的完整性约束和默认值。

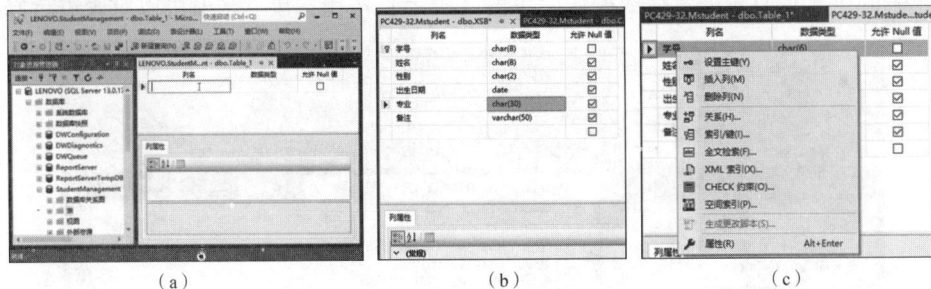

（a）　　　　　　　　　　　（b）　　　　　　　　　　（c）

图 7.12　使用 SSMS 创建学生信息表

创建表的完整语法格式如下：

CREATE TABLE <表名>
　　（<列名><数据类型>[<列级完整性约束条件>]
　　[,<列名><数据类型>[<列级完整性约束条件>]]
　　…
　　[,<表级完整性约束条件>])

表中的约束类型有空值约束、主键约束、唯一性约束、外键约束、检查约束、默认值约束，如 NOT NULL UNIQUE 表示取值唯一，不能取空值。

【例 7-5】用 CREATE TABLE 语句创建数据库 Mstudent 中的 XSB 表，要求学号为主键，姓名唯一，性别默认为男。

操作步骤如下：

1）单击【新建查询】按钮，在查询编辑器中输入如下 SQL 语句。

```
USE Mstudent              -- 使用的 Mstudent 数据库
GO                        -- GO 表示批处理语句的结束
CREATE TABLE XSB
(
  学号 char(8) PRIMARY KEY,   -- PRIMARY KEY 设置主键
  姓名 char(8) UNIQUE,        -- UNIQUE 唯一性约束
  性别 char(2) DEFAULT('男'),  -- DEFAULT 默认值约束
  出生日期 date,
  专业 char(30),
  备注 varchar(30)
)
```

2）单击【执行】按钮执行上面的语句。在对象资源管理器中刷新后，展开【表】结点，即可观察到新建的 XSB 表，如图 7.13 所示。

4. 数据表的管理

（1）使用 SSMS 修改和删除数据表。

启动【SSMS】，执行【工具】→【选项】菜单命令，在【选项】对话框左侧列表框中选择【设计器】下的【表设计器和数据库设计器】项，在右侧页面中取消选中【阻止保存要求

重新创建表的更改】复选框，完成操作后单击【确定】按钮，接下来就可以对表进行修改了。

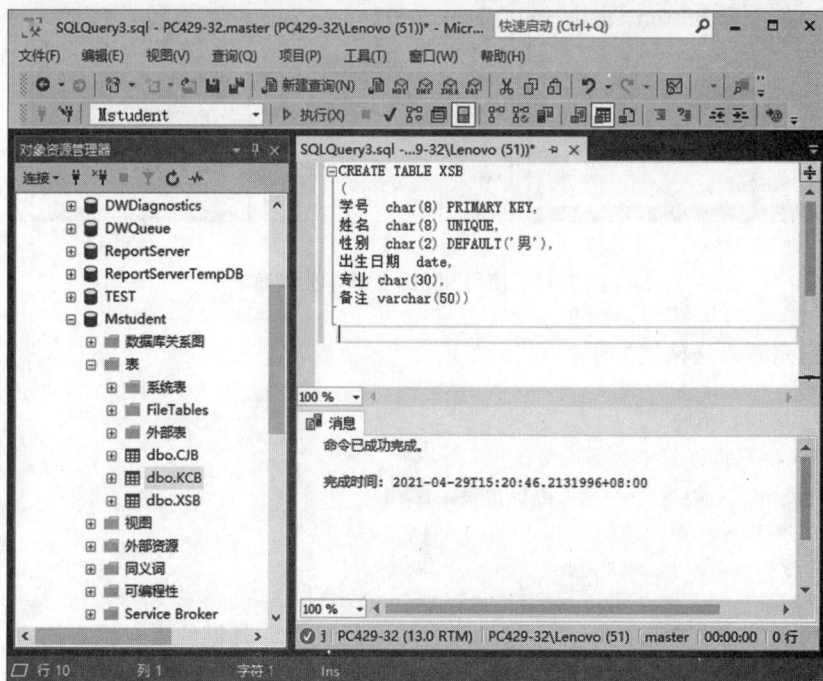

图 7.13　使用 SQL 命令创建 XSB 表

1）更改表名。

【例 7-6】将 XSB 表的表名改为学生表。

➢ 启动【SSMS】，在对象资源管理器中展开【数据库】结点。

➢ 展开【Mstudent】数据库，右击【表】，从快捷菜单中选择【重命名】命令，把表名改为"学生表"。

2）修改数据表结构。

可以通过表设计器修改数据表结构，包括增加列、删除列和修改数据类型等。

➢ 启动【SSMS】，在对象资源管理器中展开【数据库】结点。

➢ 展开【Mstudent】数据库，右击表【dbo. XSB】，从快捷菜单中选择【设计】命令，显示表设计视图。在表设计对话框中实现增加列、删除列和修改数据类型等操作，如图 7.14 所示。

3）表中数据的插入、修改和删除。

创建完表结构，就可以在表中进行数据的插入、修改和删除操作。操作步骤如下：

➢ 启动【SSMS】，在对象资源管理器中展开【数据库】结点。

➢ 展开【Mstudent】数据库，右击表【dbo. XSB】，从快捷菜单中选择【编辑前 200 行】命令，显示如图 7.15 所示的窗口，可以实现表中数据的插入、修改和删除操作。

（2）使用 SQL 命令修改数据表。

在数据库中建立数据表之后，可能出现业务及数据需要变更的情况，应对数据表结构进行及时的修正，以满足用户业务需求。

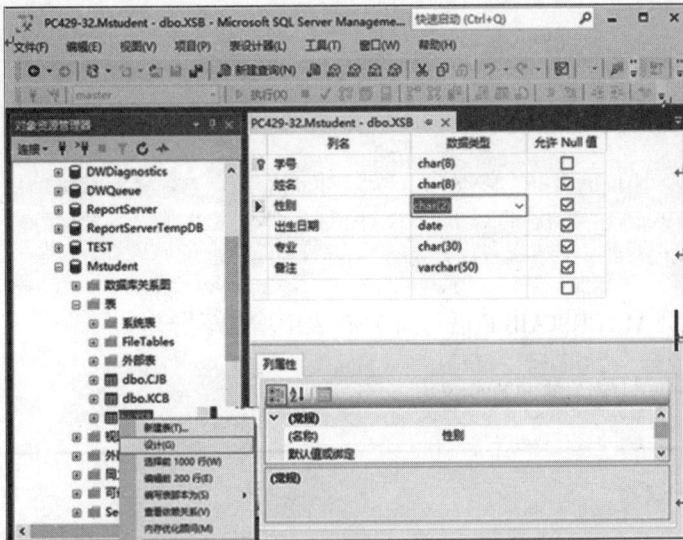

图 7.14　修改数据表

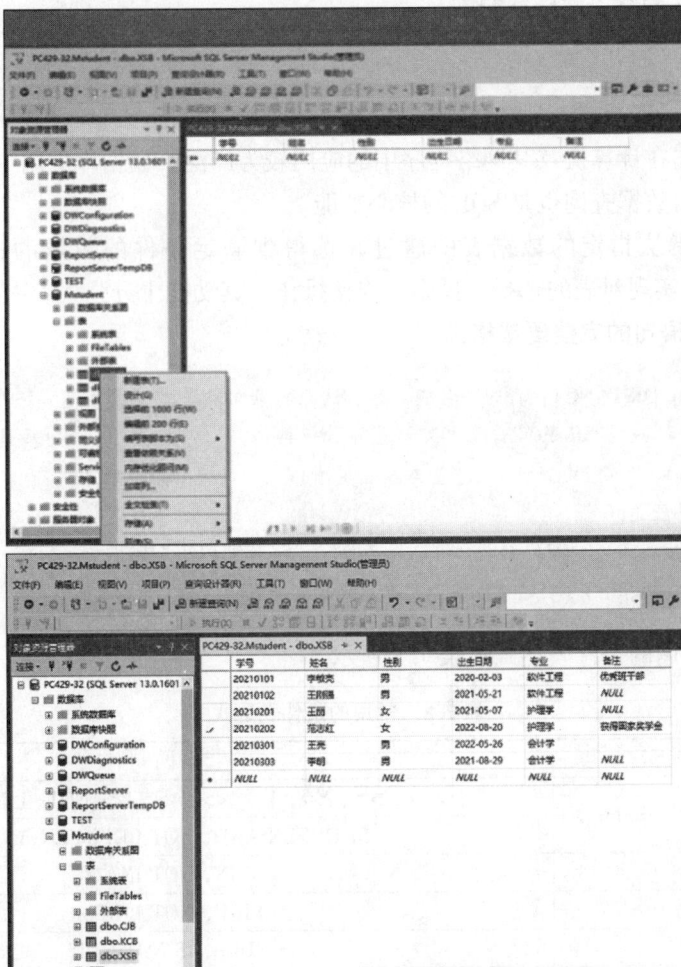

图 7.15　数据的插入、修改和删除操作

修改表的语法格式：

```
ALTER TABLE <表名>
[ ADD[COLUMN] <新列名> <数据类型> [ 完整性约束 ] ]              -- 添加新列
[ ADD <表级完整性约束>]                                      -- 添加表级完整性约束
[ DROP [ COLUMN ] <列名> [CASCADE| RESTRICT] ]             -- 删除列
[ DROP CONSTRAINT<完整性约束名>[ RESTRICT | CASCADE ] ]    -- 删除约束
[ALTER COLUMN <列名><数据类型>] ;                           -- 修改列
```

【例 7-7】使用 ALTER TABLE 语句向 XSB 表中增加学分列。

```
ALTER TABLE Student ADD 学分 tinyint;
```

拓展知识

用 SQL 命令实现：

数据更新（插入、修改和删除）

数据更新

7.2.6 数据查询

数据查询操作在计算机及其网络程序中的应用较为广泛。数据库应用中使用最多的是数据的查询操作，而数据查询也是 SQL 的核心功能。

数据查询是指从指定的数据表中通过筛选得到满足条件的数据的过程。T-SQL 的 SELECT 语句可以实现对表的选择、投影及连接操作，其功能十分强大。

1. SELECT 语句的完整语法格式

```
SELECT [ALL | DISTANCT]<表的列名或者列表表达式>[,表的列名或者列表表达式]…
                  -- SELECT 子句指定要显示的属性列
FROM <数据源>  -- 指定查询对象(基本表或视图)
[WHERE <条件表达式>]   -- 指定查询条件
[GROUP BY <分组条件>][HAVING <组选择条件>]   -- 对查询结果按指定列的值分组
[ORDER BY <排序条件>][ASC | DESC]   -- 对查询结果表按指定列值的升序或降序排序
```

WHERE 中常用的条件表达式如表 7.8 所示。

表 7.8 常用的条件表达式

查询条件	谓词
比　　较	=, >, <, >=, <=, !=, <>, !>, !<; NOT+上述比较运算符
确定范围	BETWEEN AND, NOT BETWEEN AND
确定集合	IN, NOT IN
字符匹配	LIKE, NOT LIKE
空　　值	IS NULL, IS NOT NULL
多重条件（逻辑运算）	AND, OR, NOT

2. 数据查询

数据查询的种类主要分为：单表查询、连接查询、嵌套查询和集合查询等，本部分主要讨论使用 SQL 语言完成单表查询。

操作步骤：单击【新建查询】按钮，在查询编辑器中输入 SQL 语句。

【例7-8】查询 XSB 中全体学生的学号、姓名、性别。查询结果如图 7.16（a）所示。

```
SELECT 学号,姓名,性别
FROM XSB;
```

【例7-9】查询 XSB 表中护理学专业女同学的学号和姓名。查询结果如图 7.16（b）所示。

```
SELECT 学号,姓名
FROM XSB
WHERE 性别 ='女' AND 专业 ='护理学';
```

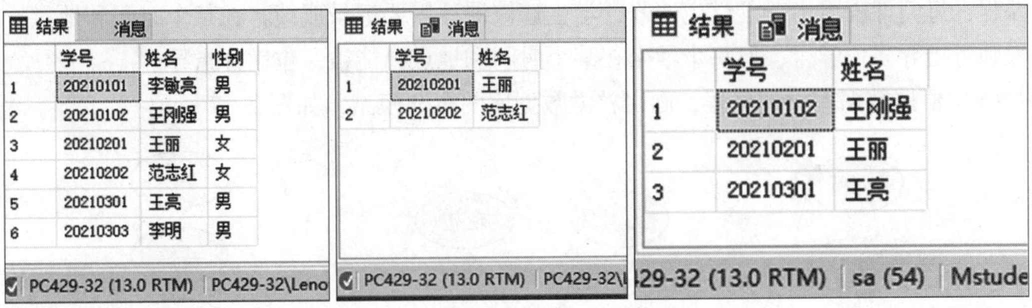

（a）　　　　　（b）　　　　　（c）

图 7.16 数据查询

【例7-10】查询 XSB 中姓王的学生的学号和姓名。查询结果如图 7.16（c）所示。

```
SELECT 学号,姓名
FROM XSB
WHERE 姓名 like'王%';
```

拓展知识

1. 单表查询
（1）order by
（2）group by
2. 聚集函数
3. 连接查询

单表查询

聚集函数

连接查询

7.2.7 应用案例：学生-选课数据库

某学校教务管理系统，用于对课程分配、教师教学和学生选课等现实需求的管理。

根据前期的需求规划和调研，提出教学数据库中有三个实体集。一是"学生"实体集，属性有学号、姓名、性别、年龄、籍贯、专业；二是"课程"实体集，属性有课程号、课程名、学时、学分、开课学期；三是"教师"实体集，属性有教师号、姓名、性别、年龄、职称。

其中，一个教师可以讲授多门课程，一门课程只能被一位教师讲授；每个学生可选修若干课程，每门课程可由若干学生选修，学生选修课程需要记录成绩；在某个时间和地点，一位教师可指导多位学生，但每个学生在某个时间和地点只能被一位教师指导。

（1）根据数据库设计流程，画出教学数据库的概念模型，如图 7.17 所示。

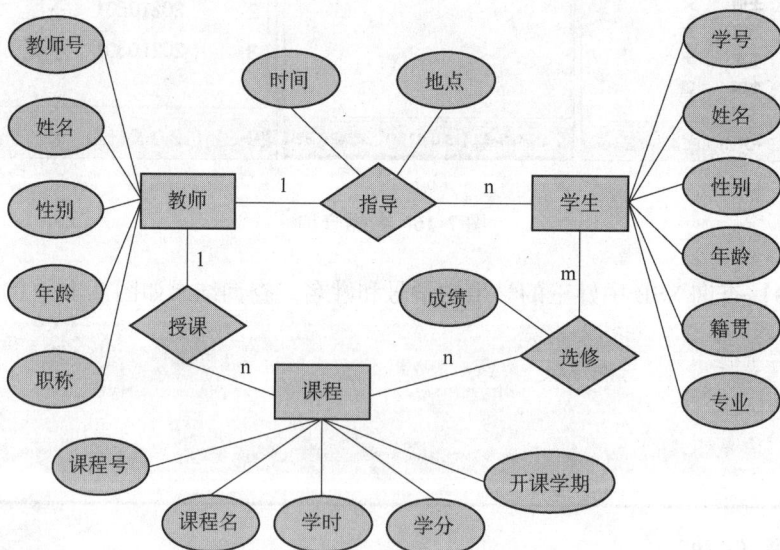

图 7.17 教学数据库的 E-R 图

（2）逻辑模型转化。

根据概念模型转化为逻辑模型的规则，将图 7.17 的 E-R 图转化为关系模式为：

学生（学号，姓名，性别，年龄，籍贯，专业，时间，地点，教师号）

主关键字：学号　外关键字：教师号。

教师（教师号，姓名，性别，年龄，职称）主关键字：教师号。

课程（课程号，课程名，学时，学分，开课学期，教师号）主关键字：课程号。

选课（学号，课程号，成绩）主关键字：学号+课程号 外关键字：学号、课程号。

（3）数据表详细设计（见表7.9~表7.12）。

表7.9 学生表

列名	数据类型	是否为空	默认值	说明
学号	char(20)	×	无	主键
姓名	char(8)	×	无	
性别	char(2)	√	男	
年龄	int	√	无	0=<年龄<=60
籍贯	char(30)	√	无	
专业	char(20)	√	无	
时间	datetime	√	无	
地点	char(20)	√	无	
教师号	char(20)	×	无	外键

表7.10 教师表

列名	数据类型	是否为空	默认值	说明
教师号	char(20)	×	无	主键
姓名	char(8)	×	无	
性别	char(2)	√	男	
年龄	int	√	无	
职称	char(10)	√	无	

表7.11 课程表

列名	数据类型	是否为空	默认值	说明
课程号	char(20)	×	无	主键
课程名	char(8)	×	无	
学时	int	√	0	
学分	int	√	0	
开课学期	char(10)	√	无	只能为1~8
教师号	char(20)	×	无	外键

表7.12 选课表

列名	数据类型	是否为空	默认值	说明
学号	char(20)	×	无	主键
课程号	char(8)	×	无	主键
成绩	numeric(3,1)	√	0	保留一位小数

7.3 非关系型数据库系统（NoSQL）

7.3.1 NoSQL 概述

1. NoSQL 数据库的概念

NoSQL 数据库（非关系型数据库）是用于存储和检索数据的非关系数据库系统。

"NoSQL" 不是 "No SQL" 的缩写，它是 "Not Only SQL" 的缩写。它的意义是：适用关系型数据库的时候就使用关系型数据库，不适用的时候也没有必要非使用关系型数据库不可，可以考虑使用更加合适的数据存储。

2. NoSQL 数据库的特点

（1）易扩展。

NoSQL 数据库种类繁多，但是一个共同的特点是去掉关系数据库的关系型特性。数据之间无关系，这样就非常容易扩展。无形之间，在架构的层面上带来了可扩展的能力。

（2）大数据量，高性能。

NoSQL 数据库都具有非常高的读写性能，尤其在大数据量下，同样表现优秀。这得益于它的无关系性，数据库的结构简单。一般 MySQL 使用 Query Cache。NoSQL 的 Cache 是记录级的，是一种细粒度的 Cache，所以 NoSQL 在这个层面上来说性能就要高很多。

（3）灵活的数据模型。

NoSQL 无须事先为要存储的数据建立字段，随时可以存储自定义的数据格式。而在关系数据库里，增删字段是一件非常麻烦的事情。

（4）高可用。

NoSQL 在不太影响性能的情况，可以方便地实现高可用的架构。比如 Cassandra、HBase 模型，通过复制模型也能实现高可用。

3. NoSQL 数据库的适用场景

NoSQL 数据库在以下几种情况下比较适用：

（1）数据模型比较简单。

（2）需要灵活性更强的 IT 系统。

（3）对数据库性能要求较高。

（4）不需要高度的数据一致性。

（5）对于给定 Key，比较容易映射复杂值的环境。

7.3.2 NoSQL 数据库与关系数据库的比较

（1）SQL 数据库提供关系型的表来存储数据，NoSQL 数据库采用类 JOSN 的键值对来存储文档。

（2）在 SQL 数据库中，除非事先定义了表和字段的模式，否则无法向其中添加数据。

（3）SQL 具有数据库的规范化。NoSQL 虽然可以同样使用规范化，但是更倾向非规范化。

（4）SQL 具有 JOIN 操作，NoSQL 则没有。

（5）SQL 具有数据完整性，NoSQL 则不具备数据完整性。

（6）SQL 需要自定义事务。NoSQL 操作单个文档时具备事务性，而操作多个文档时则不具备事务性。

（7）SQL 使用 SQL 语言，NoSQL 使用类 JSON。

（8）NoSQL 比 SQL 更快。

7.3.3 NoSQL 数据库的类型

一般将 NoSQL 数据库分为四大类：键值（Key-Value）存储数据库、列存储数据库、文档型数据库和图形（Graph）数据库。

1. 键值（Key-Value）存储数据库

这一类数据库主要会使用到一个哈希表（hash），这个表中有一个特定的键和一个指针指向特定的数据。Key-Value 模型对于 IT 系统来说的优势在于简单、易部署。如：Tokyo Cabinet/Tyrant，Redis，Voldemort，Oracle BDB。

2. 列存储数据库

这部分数据库通常是用来应对分布式存储的海量数据。键仍然存在，但是它们的特点是指向了多个列。这些列是由列家族来安排的。如：Cassandra，HBase，Riak。

3. 文档型数据库

文档型数据库同第一种键值存储相类似。该类型的数据模型是版本化的文档，半结构化的文档以特定的格式存储，比如 JSON。文档型数据库可以看作是键值数据库的升级版，允许之间嵌套键值，在处理网页等复杂数据时，文档型数据库比传统键值数据库的查询效率更高。如：CouchDB，MongoDb。国内也有文档型数据库 SequoiaDB，已经开源。

4. 图形（Graph）数据库

图形结构的数据库同其他行列以及刚性结构的 SQL 数据库不同，它是使用灵活的图形模型，并且能够扩展到多个服务器上。如：Neo4J，InfoGrid，Infinite Graph。

不同分类特点对比如表 7.13 所示。

表 7.13 四种 NoSQL 数据库的对比

分类	数据模型	优点	缺点	典型应用场景
键值（Key-Value）存储数据库	Key 指向 Value 的键值对，通常用 hash 表来实现	查找速度快	数据无结构化（通常只被当作字符串或者二进制数据）	内容缓存，主要用于处理大量数据的高访问负载，也用于一些日志系统等
列存储数据库	以列簇式存储，将同一列数据存在一起	查找速度快，可扩展性强，更容易进行分布式扩展	功能相对局限	分布式的文件系统

分类	数据模型	优点	缺点	典型应用场景
文档型数据库	Key – Value 对应的键值对，Value 为结构化数据	数据结构要求不严格，表结构可变（不需要像关系型数据库一样需预先定义表结构）	查询性能不高，而且缺乏统一的查询语法	Web 应用
图形（Graph）数据库	图结构	利用图结构相关算法（如最短路径寻址，N 度关系查找等）	很多时候需要对整个图做计算才能得出需要的信息，而且这种结构不太好做分布式的集群方案	社交网络，推荐系统等

7.4　思考与练习

1. 选择题

（1）数据库（DB）、数据库系统（DBS）、数据库管理系统（DBMS）之间的关系是（　　）。

A. DB 包含 DBS 和 DBMS

B. DBMS 包含 DB 和 DBS

C. DBS 包含 DB 和 DBMS

D. 没有任何关系

（2）用树形结构表示实体之间联系的模型是（　　）。

A. 关系模型　　　　　　　　　　B. 网状模型

C. 层次模型　　　　　　　　　　D. 以上三个都是

（3）"商品"与"顾客"两个实体集之间的联系一般是（　　）的。

A. 一对一　　　　　　　　　　　B. 一对多

C. 多对一　　　　　　　　　　　D. 多对多

（4）现实世界到机器世界的转换，中间经过的模型是（　　）。

A. 概念模型　　　　　　　　　　B. 逻辑模型

C. 数据模型　　　　　　　　　　D. 物理模型

（5）关系数据库中的投影操作是指从关系中（　　）。

A. 抽出特定记录　　　　　　　　B. 抽出特定字段

C. 建立相应的影像　　　　　　　D. 建立相应的图形

2. 填空题

（1）数据管理技术发展过程经过人工管理、文件系统和数据库系统三个阶段，其中数据独立性最高的阶段是_____。

（2）在关系数据库中，把数据表示成二维表，每一个二维表称为_____。

（3）数据库管理系统是位于用户与_____之间的软件系统。

（4）实体间的联系分为一对一、一对多和_____。

3. 简答题

（1）简述数据库系统的组成。

（2）简述数据库设计的 6 个阶段。

（3）简述概念模型转化为逻辑模型的规则。

（4）常用的非关系型数据库有哪几类？

第8章 计算机网络与信息安全

【教学目标】

（1）掌握计算机网络的基础知识：计算机网络的概念、组成、分类、性能指标、功能及体系结构；了解计算机网络新技术及发展趋势。

（2）了解 Internet 的起源及发展、接入 Internet 的常用方式；掌握 Internet 的 IP 地址及域名系统、WWW 的基本概念和工作原理、浏览器使用、电子邮件服务。

（3）了解 Internet 的其他服务：文件传输 FTP、远程登录 Telnet、即时通信、网络音乐、搜索引擎、网络视频及文档下载的方法。

（4）了解网站与网页的基本知识：网站与网页的概念、Web 服务器、网页内容、动态网页和静态网页、常用网页制作工具、网页设计的相关计算机语言、HTML 语言的基本概念、常用 HTML 标记的意义和语法。

（5）了解信息安全的概念、网络道德、信息安全相关的法律法规；了解信息安全相关技术，包括密码技术、防火墙技术等信息安全技术的概念。

随着人类社会的不断进步、经济的迅猛发展及计算机的广泛应用，人们对信息的要求越来越强烈，为了更有效地传送、处理信息，计算机网络应运而生。计算机网络是计算机技术和通信技术相结合的产物，它将计算机技术和通信技术相结合，利用计算机技术进行信息的存储和加工，利用通信技术进行信息传播。计算机网络的产生扩大了计算机的应用范围，对信息化社会的发展起到了促进作用。

8.1 计算机网络概述

8.1.1 计算机网络基本概念

1. 计算机网络的定义

随着 Internet 技术的飞速发展和信息基础设施的不断完善，信息化与工业化的深度融合，物联网、大数据、云计算的迅速崛起，作为基础平台的计算机网络的建设发展尤其重要。而随着人工智能的发展、5G 时代即将到来又会对网络技术带来一些新的机遇和挑战。网络的应用与普及也正在改变着人们的生活、学习和工作方式，推动着社会文明的进步。计算机网络是指具有独立功能的计算机及其外部设备传输媒体互联起来，实现资源共享和信息传递的计算机系统。

2. 计算机网络的组成

一个典型的计算机网络主要由计算机系统、数据通信系统、网络软件及协议三大部分组成。计算机系统是网络的基本模块，为网络内的其他计算机提供共享资源；数据通信系统是连接网络基本模块的桥梁，提供各种连接（功能）技术和信息交换（功能）技术；网络软件是网络的组织者和管理者，在网络协议的支持下，为网络用户提供各种服务。

（1）计算机系统。计算机系统主要完成数据信息的收集、存储、处理和输出，提供各种网络资源。计算机系统根据在网络中的用途可分为两类：主计算机和终端。

（2）数据通信系统。数据通信系统主要由通信控制处理机、传输介质和网络连接设备组成。

（3）网络软件及协议。网络管理软件是用来对网络资源进行管理及对网络进行维护的软件，而网络应用软件为用户提供丰富简便的应用服务，是网络用户在网络上解决实际问题的软件。网络协议是实现计算机之间、网络之间相互识别并正确进行通信的一组标准和规则，它是计算机网络工作的基础。

3. 计算机网络的分类

根据不同的分类标准，可对计算机网络做出不同的分类。通常采用的分类方法如下。

（1）按网络覆盖的地理范围分类。

按照网络覆盖的地理范围分类，可以将计算机网络分为局域网、城域网、广域网。

局域网（Local Area Network，LAN）是一种在小范围内实现的计算机网络，一般指在一个建筑物内或一个工厂、一个单位内部。局域网覆盖的范围一般在几十米到几十千米以内。网络传输速率高，从 10 Mb/s 到 100 Mb/s，甚至可以达到 10 Gb/s。通过局域网中的各种计算机可以实现资源共享，如打印机或数据库等。局域网通常归属于一个单一的组织管理。

城域网（Metropolitan Area Network，MAN）规模局限于一个城市的范围内，覆盖的地理范围可从几十千米到上百千米，是一种中等形式的网络。城域网的设计目标是要满足几十千米范围内的大量企业、机关等多个局域网互连的需求，以实现用户之间的数据、语音、图形与视频等多种信息的传输功能。目前，城域网的发展越来越接近局域网，常采用局域网和广域网技术构成宽带城域网。

广域网（Wide Area Network，WAN）覆盖的地理范围从数百千米至数千千米，甚至上万千米，可以是一个地区或一个国家，甚至世界几大洲，故又称远程网。广域网一般由中间设备（路由器）和通信线路组成，其通信线路大多借助于一些公用通信网，如 PSTN、DDN、ISDN。广域网信道传输速率较低，结构比较复杂，使用的主要是存储转发技术。广域网的作用是实现远距离计算机之间的数据传输和资源共享。

（2）按传输技术分类。

按照传输技术分类，可以将计算机网络分为广播式网络和点对点网络。

1）广播式网络：在广播式网络（Broadcast Network）中，仅有一条通信信道，网络上的所有计算机都共享这一条公共通信信道。当一台计算机在信道上发送分组或数据包时，网络中的每台计算机都会接收到这个分组，并且将自己的地址与分组中的目的地址进行比较，如果相同，则处理该分组，否则将它丢弃。

2）点对点网络：与广播式网络相反，在点对点（Point to Point）网络中，每条物理线路连接两台计算机。假如两台计算机之间没有直接连接的线路，那么它们之间的分组传输就要通过一个或多个中间节点的接收、存储、转发，才能将分组从信源发送到目的地。采用分组存储转发与路由选择机制是点对点网络与广播式网络的重要区别。

（3）按其他的方法分类。

1）按局域网的标准协议分类。

根据网络所使用的局域网标准协议分类，可以把计算机网络分为以太网（IEEE 802.3）、快速以太网（IEEE 802.3u）和千兆以太网（IEEE 802.3z 和 IEEE 802.3ab），以及万兆以太网（IEEE 802.3ae）和令牌环网（IEEE 802.5）等。

2）按使用的传输介质分类。

传输介质是指数据传输系统中发送装置和接收装置间的物理媒体，按其物理形态可以划分为有线和无线两大类。常用的有线传输介质有双绞线、同轴电缆和光纤，常用的无线传输介质有无线电、微波、红外线、激光等。

3）按网络的拓扑结构分类。

计算机网络的物理连接形式称为网络的物理拓扑结构。连接在网络上的计算机、大容量的外存、高速打印机等设备均可看作是网络上的一个节点，也称为工作站。计算机网络中常用的拓扑结构有总线型、星型、环型、网状型等。

4）按所使用的网络操作系统分类。

根据网络所使用的操作系统分类，可以把网络分为 NetWare 网、UNIX 网、Windows NT 网等。

4. 计算机网络性能指标

性能指标从不同的方面来度量计算机网络的性能。下面介绍常用的 7 个性能指标。

（1）速率。

计算机发送出的信号都是数字形式的。比特是计算机中数据量的单位，也是信息论中使用的信息量的单位。网络技术中的速率指的是连接在计算机网络上的主机在数字信道上传送数据的速率，它也称为数据率（Data rate）或比特率（bit rate）。速率是计算机网络中最重要的一个性能指标。速率的单位是 bit/s（或 b/s）（即 bit per second）。

（2）带宽。

在计算机网络中，带宽用来表示网络的通信线路所能传送数据的能力，因此网络带宽表示在单位时间内从网络中的某一点到另一点所能通过的"最高数据率"。这里一般说到的"带宽"就是指这个意思。这种意义的带宽的单位是"比特每秒"，记为 bit/s。

（3）吞吐量。

吞吐量表示在单位时间内通过某个网络（或信道、接口）的数据量。吞吐量更经常地用于对现实世界中的网络的一种测量，以便知道实际上到底有多少数据量能够通过网络。

（4）时延。

时延是指数据（一个报文或分组，甚至比特）从网络（或链路）的一端传送到另一端所需的时间。时延是个很重要的性能指标，它有时也称为延迟或迟延。

（5）时延带宽积。

把以上讨论的网络性能的两个度量：传播时延和带宽相乘，就得到另一个很有用的度量：传播时延带宽积，即时延带宽积＝传播时延×带宽。

（6）往返时间。

在计算机网络中，往返时间也是一个重要的性能指标，它表示从发送方发送数据开始，到发送方收到来自接收方的确认（接收方收到数据后便立即发送确认）总共经历的时间。

（7）利用率。

利用率有信道利用率和网络利用率两种。信道利用率指某信道有百分之几的时间是被利用的（有数据通过），完全空闲的信道的利用率是零。网络利用率是全网络的信道利用率的加权平均值

5. 计算机网络功能

计算机网络具有丰富的资源和多种功能，其主要功能是资源共享和数据通信。

（1）资源共享。

所谓资源共享，就是共享网络上的硬件资源、软件资源和信息资源。

1）硬件资源。计算机网络的主要功能之一就是共享硬件资源，即连接在网络上的用户可以共享使用网络上各种不同类型的硬件设备。计算机的许多硬件设备是十分昂贵的，不可能为每个用户所独自拥有。例如，可以进行复杂运算的巨型计算机、海量存储器、高速激光打印机、大型绘图仪和一些特殊的外设等。

2）软件资源。互联网上有极为丰富的软件资源，可以让大家共享，如网络操作系统、应用软件、工具软件、数据库管理软件等。共享软件允许多个用户同时调用服务器的各种软件资源，并且保持数据的完整性和统一性。用户可以通过使用各种类型的网络应用软件，共享远程服务器上的软件资源；也可以通过一些网络应用程序，将共享软件下载到本机使用，如匿名 FTP 就是一种专门提供共享软件的信息服务。

3）信息资源。信息是一种非常重要和宝贵的资源。互联网就是一个巨大的信息资源宝库，其信息资源涉及各个领域，内容极为丰富。每个接入互联网的用户都可以共享这些信息资源，可以在任何时间以任何形式去搜索、访问、浏览和获取这些信息资源。

（2）数据通信。

组建计算机网络的主要目的就是使分布在不同地理位置的计算机用户能够相互通信、交流信息和共享资源。计算机网络中的计算机与计算机之间或计算机与终端之间，可以快速可靠地相互传递各种信息，如数据、程序、文件、图形、图像、声音、视频流等。利用网络的通信功能，人们可以进行各种远程通信，实现各种网络上的应用，如收发电子邮件、视频点播、视频会议、远程教学、远程医疗、在网上发布各种消息、进行各种讨论等。

8.1.2 计算机网络体系结构

计算机网络的体系结构采用了层次结构的方法，把复杂的网络互连问题划分为若干个较小的、单一的问题，并在不同层次上予以解决。

（1）OSI 参考模型。

国际标准化组织（ISO）于 1977 年成立了一个专门的机构针对"如何将不同的计算机网络进行互连"开展研究，提出了将世界范围内计算机互连成网的标准框架，即著名的开

放系统互连参考模型（Open Systems Interconnection Reference Model，OSI/RM），简称为 OSI。所谓"开放"，是指只要遵循 OSI 标准，世界各地的任何网络系统间均可进行通信。

OSI 参考模型采用了层次结构，将整个网络的通信功能划分成七个层次，每个层次完成不同的功能。这七层由低层至高层分别是物理层、数据链路层、网络层、传输层、会话层、表示层和应用层。

（2）TCP/IP 参考模型。

OSI 参考模型的提出在计算机网络发展史上具有里程碑的意义，但是，OSI 参考模型具有定义过于繁杂、实现困难等缺点。与此同时，TCP/IP 的提出和广泛使用，特别是因特网用户的迅速增长，使 TCP/IP 网络的体系结构日益显示出其重要性。

TCP/IP 是目前最流行的商业化网络协议，已经被公认为目前的工业标准或"事实标准"。因特网之所以能迅速发展，就是因为 TCP/IP 能够适应和满足世界范围内数据通信的需要。

与 OSI 参考模型不同，TCP/IP 参考模型将网络划分为四层，它们分别是应用层（Application Layer）、传输层（Transport Layer）、网际层（Internet Layer）和网络接口层（Network Interface Layer）。

OSI 参考模型与 TCP/IP 参考模型的对应关系如图 8.1 所示。

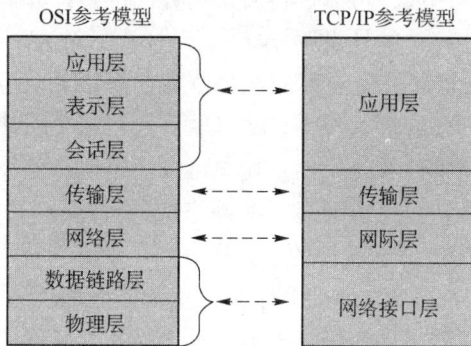

图 8.1 OSI/RM 与 TCP/IP 的对应关系

8.1.3 计算机网络的发展

计算机网络的发展的四个阶段如下：

第一阶段：20 世纪 60 年代末到 20 世纪 70 年代初为计算机网络发展的萌芽阶段。其主要特征是：为了增加系统的计算能力和资源共享，把小型计算机连成实验性的网络。第一个远程分组交换网叫 ARPANET，是由美国国防部于 1969 年建成的，第一次实现了由通信网络和资源网络复合构成计算机网络系统。ARPANET 标志计算机网络的真正产生。

第二阶段：20 世纪 70 年代中后期是局域网络（LAN）发展的重要阶段，其主要特征为：局域网络作为一种新型的计算机体系结构开始进入产业部门。局域网技术是从远程分组交换通信网络和 I/O 总线结构计算机系统派生出来的。

第三阶段：整个 20 世纪 80 年代是计算机局域网络的发展时期。其主要特征是：局域网络完全从硬件上实现了 ISO 的开放系统互连通信模式协议的能力。计算机局域网及其互连产品的集成，使得局域网与局域网互连、局域网与各类主机互连，以及局域网与广域网互连的技术越来越成熟。综合业务数据通信网络（ISDN）和智能化网络（IN）的发展，标志着局域网络的飞速发展。

第四阶段：20 世纪 90 年代初至现在是计算机网络飞速发展的阶段，其主要特征是：计算机网络化，协同计算能力发展以及全球互联网络（Internet）的盛行。计算机的发展已经完全与网络融为一体，体现了"网络就是计算机"的口号。

目前，计算机网络已经真正进入社会各行各业，为社会各行各业所采用。另外，虚拟网络 FDDI 及 ATM 技术的应用，使网络技术蓬勃发展并迅速走向市场，走进平民百姓的生活。

8.2　Internet 基础

8.2.1　Internet 的起源与发展

1. Internet 的起源

Internet 是全世界最大的计算机网络，它起源于美国国防部高级研究计划局 ARPA（Advanced Research Project Agency），于 1968 年主持研制的用于支持军事研究的计算机实验网 ARPANET。ARPANET 建网的初衷旨在帮助那些为美国军方工作的研究人员通过计算机交换信息，它的设计与实现是基于这样的一种主导思想：网络要能够经得住故障的考验而维持正常工作，当网络的一部分因受攻击而失去作用时，网络的其他部分仍能维持正常通信。最初，网络开通时只有四个站点：斯坦福研究所（SRI）、Santa Barbara 的加利福尼亚大学（UCSB）、洛杉矶的加利福尼亚大学（UCLA）和犹他大学。ARPANET 不仅能提供各站点的可靠连接，而且在部分物理部件受损的情况下，仍能保持稳定，在网络的操作中可以不费力地增删节点。与当时已经投入使用的许多通信网络相比，这些网络中的许多运行不稳定，并且只能在相同类型的计算机之间才能可靠地工作，ARPANET 则可以在不同类型的计算机间互相通信。

2. Internet 的发展

发展 Internet 时沿用了 ARPANET 的技术和协议，而且在 Internet 正式形成之前，已经建立了以 ARPANET 为主的国际网，这种网络之间的连接模式，也是随后 Internet 所用的模式。

在 Internet 的发展阶段，美国国家科学基金会（NFS）在 1985 开始建立 NSFNET。NSF 规划建立了 15 个超级计算中心及国家教育科研网，用于支持科研和教育的全国性规模的计算机网络 NFSNET，并以此作为基础，实现同其他网络的连接。NSFNET 成为 Internet 上主要用于科研和教育的主干部分，代替了 ARPANET 的骨干地位。1989 年 MILNET（从 ARPANET 分离出来）实现和 NSFNET 连接后，就开始采用 Internet 这个名称。自此以后，其他部门的计算机网相继并入 Internet，ARPANET 就宣告解散。Internet 的商业化阶段即 20 世纪 90 年代初，商业机构开始进入 Internet，使 Internet 开始了商业化的新进程，也成为 Internet 大发展的强大推动力。

1995 年，NSFNET 停止运作，Internet 已彻底商业化了。这种把不同网络连接在一起的技术的出现，使计算机网络的发展进入一个新的时期，形成由网络实体相互连接而构成的超级计算机网络，人们把这种网络形态称为 Internet（互联网络）。

Internet 在我国，经历了一个从无到有，再到融入人们生活的过程。1987 年 9 月，中国学术网（CANET）在北京计算机应用技术研究所内正式建成中国第一个国际互联网电子邮件节点，并于 9 月 14 日发出了中国第一封电子邮件："Across the Great Wall we can reach every corner in the world."（越过长城，走向世界），揭开了中国人使用互联网的序幕。

1994 年，我国正式加入 Internet。当时由中国科学院、北京大学、清华大学及国内其他科研教育单位的校园网组成的 NCFC（The National Computing and Networking Facility of China）网，正式开通了与国际 Internet 的 64 kb/s 的专线，并以"CN"作为我国最高域名在 Internet 网络中心登记注册，使我国成为 Internet 正式成员之一。

2021 年 2 月 3 日，中国互联网络信息中心（CNNIC）在京发布第 47 次《中国互联网络发展状况统计报告》（简称《报告》）。该报告显示，截至 2020 年 12 月，我国网民规模达 9.89 亿，已占全球网民的五分之一；互联网普及率达 70.4%，高于全球平均水平。

"十三五"期间，我国数字经济欣欣向荣，互联网应用百花齐放，互联网有力支撑新冠肺炎疫情防控，为我国构建以国内大循环为主体、国内国际双循环相互促进的新发展格局提供了强大支撑。

2020 年，面对突如其来的新冠肺炎疫情，互联网显示出强大力量，对打赢疫情防控阻击战起到关键作用。《报告》显示，疫情期间全国一体化政务服务平台推出"防疫健康码"，累计申领近 9 亿人，使用次数超 400 亿人次，支撑全国绝大部分地区实现"一码通行"。各类互联网模式创新有效推动复工复产。截至 2020 年 12 月，我国在线教育、在线医疗用户规模分别为 3.42 亿、2.15 亿，占网民整体的 34.6%、21.7%。其中，各大在线教育平台面向学生群体推出各类免费直播课程，方便学生居家学习，用户规模迅速增长；受疫情影响，网民对在线医疗的需求量也不断增长。

目前，我国提供互联网接入服务的运营商主要有以下几个：

（1）中国移动互联网 CMNET。
（2）中国联通互联网 UNINet。
（3）中国电信 ChinaNet。
（4）中国网络通信集团 CHINA169。
（5）中国教育和科研网 CERNET。
（6）中国科学技术网 CSTNET。
（7）中国金桥信息网 ChinaGBN。

8.2.2 IP 地址和域名系统

为了实现 Internet 上计算机之间的通信，每台计算机都必须有一个地址，就像每部电话要有一个电话号码一样，每个地址必须是唯一的。在 Internet 中有两种主要的地址识别系统，即 IP 地址和域名系统。

1. IP 地址

在计算机技术中，地址是一种标识符，用于标记某个设备在网络中的物理位置。在网络中有两种地址：物理地址和网间地址。物理地址就是网卡地址，网卡地址随着网络类型的不同而不同，不是统一的格式。为了保证不同的物理网络之间能互相通信，需要对地址进行统一，但这种统一不能改变原来的物理地址。网络技术就是将不同的物理地址统一起来的高层软件技术，它提供一个网间地址，使同一系统内一个地址只能对应一台主机（反之，一台主机不一定对应一个地址。当一台主机同时连接到两个或两个以上的网络时，它就有两个或两个以上的地址，即其连接的每一个网络均有一个地址）。

IP 地址是 IP 提供的一种统一格式的地址，它为 Internet 上的每一个网络和每一台主机分配一个网络地址，以此来屏蔽物理地址的差异。每一个 IP 地址在 Internet 上是唯一的，是运行 TCP/IP 的唯一标识。IP 地址分为两类 IPv4 和 IPv6，目前使用的 IP 地址为 IPv4。

（1）IP 地址的组成。

IP 地址采用分层结构，由网络地址和主机地址组成，用以标识特定主机的位置信息，如图 8.2 所示。其中，网络地址代表在 Internet 中的一个物理网络，主机地址代表在这个网络中的一台主机。

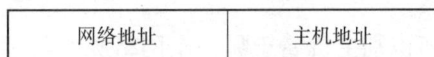

网络地址	主机地址

图 8.2　IP 地址的组成

Internet 含有许多不同的复杂网络和许多不同类型的计算机，将它们连接在一起又能互相通信，依靠的是 TCP/IP。按照这个协议，接入 Internet 上的每一台计算机都有一个唯一的地址标志，这个地址称为 IP 地址，用数字来表示一台计算机在 Internet 中的位置。一个 IP 地址包含 32 位二进制数，分为 4 字节，表示时常用十进制标记，每字节的取值范围为 0~255，字节间用"."分开。如设有 IP 地址 01010010 10101010 10010011 11110101，则用十进制格式表示为 82.170.147.245。

（2）IP 地址的类型。

Internet 地址根据网络规模的大小分成 A、B、C、D、E 五种类型，其中 A 类、B 类和 C 类地址为基本地址，如表 8.1 所示。

表 8.1　IP 地址的类型格式

地址分类	高位	网络号位数	最大网络数	主机号位数	最大主机数	地址首字节范围
A 类	0	网络地址 （7 位）	126	主机地址 （24 位）	16 777 214	1~126
B 类	10	网络地址 （14 位）	16 382	主机地址 （16 位）	65 534	128~191
C 类	110	网络地址 （21 位）	2 097 150	主机地址 （8 位）	254	192~223
D 类	1110	28 位多点 广播组标号				224~239
E 类	1111	保留地址 实验使用				240~247

从地址的格式中可以看出，A 类地址最左边的一位是"0"，表示网络地址有 7 位，第

一字节地址范围在 1~126（0 和 127 有特殊含义），主机地址有 24 位。因此，A 类地址适用于主机多的网络，它可提供一个大型网，每个这样的网络可含 $2^{24}-2=16\ 777\ 214$ 台主机。

B 类地址最左边的两位是"10"，表示网络地址有 14 位，第一字节地址范围在 128~191（10000000B~10111111B），主机地址有 16 位。这是一个可含有 $2^{16}-2=65\ 534$ 台主机的中型网络。

C 类地址最左边的 3 位是"110"，表示网络地址有 21 位，第一字节地址范围在 192~223（11000000B~11011111B），主机地址有 8 位。其代表的是一个小型网络，一共有 20 971 150 个 C 类小型网络，每个网络可以含有 $2^8-2=254$ 台主机，由于主机地址中的全 0 和全 1 有特殊含义，不能使用，因此只有 254 台。

采用点分十进制地址的方式可以很容易通过第一字节值识别 Internet 地址属于哪一类。例如，202.112.0.36（中国教育科研网）是 C 类地址。

（3）子网掩码。

在主机之间通信时，如何识别主机属于哪一个网络呢？除了 IP 地址外，还需要通过子网掩码来实现。在给网络分配 IP 地址时，有时为了便于管理和维护，可以将网络分成几个部分，称为子网。划分子网的常见方法是用主机号的高位来标识子网号，其余位表示主机号。

子网掩码也是一个 32 位的二进制数，若它的某位为 1，表示该位所对应 IP 地址中的一位是网络地址部分中的一位；若某位为 0，表示它对应 IP 地址中的一位是主机地址部分中的一位。通过子网掩码与 IP 地址的逻辑"与"运算，可分离出网络地址。如果一个网络没有划分子网，子网掩码是网络号各位全为 1，主机号各位全为 0，这样得到的子网掩码为默认子网掩码。A 类网络的默认子网掩码为 255.0.0.0；B 类网络的默认子网掩码为 255.255.0.0；C 类网络的默认子网掩码为 255.255.255.0。例如，中国教育科研网的地址 202.112.0.36，属于 C 类，网络地址共 3 个字，故它的子网掩码是 255.255.255.0。

（4）IPv6 地址。

IPv6 是 IETF（Internet Engineering Task Force，互联网工程任务组）设计的用于替代现行版本 IP 协议 IPv4 的下一代 IP 协议，它由 128 位二进制数码表示。

与 IPv4 的表示方法不同，IPv6 将 128 位的地址分成 8 组，每组为四个十六进制数的形式。例如：FE80：0000：0000：0000：AAAA：0000：00C2：0002 是一个合法的 IPv6 地址。

与 IPv4 相比，IPv6 有以下特点：

1）IPv6 地址长度为 128 位，地址空间增大到 2^{96} 倍。

2）灵活的 IP 报文头部格式。使用一系列固定格式的扩展头部取代了 IPv4 中可变长度的选项字段。IPv6 中选项部分的出现方式也有所变化，使路由器可以简单路过选项而不做任何处理，加快了报文处理速度。

3）IPv6 简化了报文头部格式，字段只有 8 个，加快报文转发，提高了吞吐量。

4）IPv6 提高了安全性，身份认证和隐私权是 IPv6 的关键特性。

5）IPv6 支持更多的服务类型。

6）IPv6 允许协议继续演变，增加新的功能，使之适应未来技术的发展。

2. 域名系统

IP 地址用数字表示不便于记忆，另外从 IP 地址上看不出该地址的组织名称或性质，同时也不能根据组织名称或类型来猜测其 IP 地址。为了向用户提供一种直观明了的主机标识符，设计了一种字符类型的主机命名机制，这就是域名系统。如 IP 地址为 202.112.144.31 的主机，用域名表示为 www.sdxiehe.edu.cn，通过该域名可以知道这台机器位于中国教育领域，用作 WWW 信息浏览。

（1）域名的划分。

域名（Domain Name）是网站在 Internet 上的名称。一个成功的网站，其建设的价值都凝聚在域名上了。可以说，独立的域名是网站的一笔财富。因为在全世界范围内，没有重复的域名。从技术上讲，域名只是 Internet 中用于解决地址对应问题的一种方法。为了便于识别，在 Internet 上对"域"的命名有一些约定。一般结构为

主机名 . 网络名 . 机构域 . 国别代码

域名最右边的部分又称为顶级域名。顶级域名分为两种：全球顶级域名和国别代码顶级域名。全球顶级域名不带国家代码，也叫国际域名，如表 8.2 所示。为了保证域名的通用性，Internet 制定了一组正式通用的代码作为顶级域名。

表 8.2　全球顶级域名

域名代码	用途	域名代码	用途
com	商业组织	org	非营利性组织
edu	教育机构	net	网络支持中心
gov	政府部门	int	国际组织
mil	国际组织	info	信息服务提供单位

国别代码顶级域名中的国家代码由两个字母组成，如表 8.3 所示。

表 8.3　国别代码顶级域名

域名	国家	域名	国家
cn	中国	uk	英国
jp	日本	us	美国
fr	法国	it	意大利
ru	俄罗斯	ch	瑞士

（2）中国互联网络的域名体系。

中国互联网络的域名体系顶级域名为 cn。二级域名共 40 个，分为类别域名和行政区域名两类。其中，类别域名共 6 个，如表 8.4 所示。

表 8.4　中国互联网络二级类别域名

域名	性质
ac	科研机构
com	工商机构
gov	政府部门

域名	性质
net	网络机构
edu	教育机构
org	非营利组织

行政区域名 34 个，对应我国的各省、自治区、直辖市及特别行政区，采用两个字符的汉语拼音表示。例如，bj 代表北京市、sh 代表上海市、xz 代表西藏自治区、hk 代表香港特别行政区、gd 代表广东省、ln 代表辽宁省等。

中国互联网络信息中心（China Internet Network Information Center，CNNIC）负责我国境内的互联网络域名注册、IP 地址分配，并协助政府实施对中国互联网络的管理。

（3）域名命名的一般规则。

由于 Internet 上的各级域名是分别由不同机构管理的，因此各个机构管理域名的方式和域名命名的规则也有所不同。但域名的命名规则也有一些是共通的，主要有以下几点：

1）域名中包含的字符可以是 26 个英文字母、10 个阿拉伯数字、"-"（英文中的连字符）。

2）域名中字符的组合规则包括以下两条。

①在域名中，不区分英文字母的大小写。

②对于一个域名的长度是有限制的，两个小数点之间最长不能超过 26 个字母。

3）cn 下域名命名时需要遵循以下各项规则。

①遵照域名命名的全部规则。

②只能注册三级域名，三级域名由字母（a~z 不区分大小写）、数字（0~9）、连字符"-"组成，各级域名之间用小数点"."连接，三级域名长度不得超过 20 个字符。

③在注册域名时，未经国家有关部门批准，不得使用含有"china""Chinese""cn""national"等字样的域名。

④不得使用公众知晓的其他国家或地区名、国际组织名。

⑤不得使用县级以上行政区域名称。

⑥不得使用他人在中国注册过的企业名称或商标名称。

⑦不得使用对国家、社会或者公共利益有损害的名称。

⑧域名不能使用中文的历史到 2000 年年底已告结束，如今可以直接使用中文命名域名。

8.2.3 Internet 接入技术

目前，Internet 的应用越来越普遍，无论是单位用户还是个人用户都希望能接入因特网上。随着网络带宽的增加、传输速率的加快，因特网接入技术的种类不断增多、技术性能也得到不断改进。用户都希望能选择一种最适合自己、性价比高的接入技术。

常见的 Internet 接入技术有以下几种方式。

1. 调制解调器拨号接入方式

只要有电话线就可以方便地接入 Internet，使用调制解调器连接电话线，拨号即可上网。

缺点是速度较慢，接入速率只有 56 kb/s，因此该接入方式已经基本退出历史舞台。

2. XDSL 接入方式

DSL（Digital Subscriber Line，数字用户线路）是以铜质电话线为传输介质的传输技术组合，它包括 ADSL、HDSL、SDSL、VDSL 和 RADSL 等，一般称为 xDSL。它们主要的区别体现在信号传输速率和距离的不同及上行速率和下行速率对称性的不同两个方面。

在国内，最常见的是 ADSL（非对称数字用户线路）技术，它是一种在现存的电话线上以高比特率（理论下载速率为 6 Mb/s）传播数据的技术，是家庭广泛应用的一种宽带接入技术。

3. 光纤接入方式

光纤用户网是指提供 Internet 服务的局端与用户之间完全以光纤作为传输媒体的接入网络方式。用户网光纤化有很多方案，有光纤到路边（FTTC）、光纤到小区（FTTZ）、光纤到办公室（FTTO）、光纤到楼面（FTTF）、光纤到家庭（FTTH）等，都可以提供高速、稳定的 Internet 接入，是大型企事业单位、学校、网吧等常用的接入方式。唯一缺点是价格相对昂贵。

4. 移动网络接入方式

只要能使用移动电话的地方，就可以接入 Internet，为经常需要出门在外的人提供无处不在的 Internet 接入。目前，我国主要使用的是两家运营商提供的技术：中国移动通信的 GPRS 技术和中国联通的 CDMA 技术。但两种技术都有相似的问题，即接入速度低与费用相对较高。相信 5G 时代，移动网络接入会有广阔的发展空间。

5G 移动网络与早期的 2G、3G 和 4G 移动网络一样，5G 网络也是数字蜂窝网络。5G 网络的主要优势在于，数据传输速率远远高于以前的蜂窝网络，最高可达 10 Gb/s，比当前的有线互联网要快，比 4G 蜂窝网络快 100 倍。另一个优点是较低的网络延迟（更快的响应时间），低于 1 ms，而 4G 为 30~70 ms。由于数据传输速率更快，5G 网络将不仅仅为手机提供服务，还将为一般性的家庭和办公网络提供服务，与有线网络提供商竞争。

5. 局域网接入方式

将一个局域网连接到 Internet 主机有两种方法：第一种是通过局域网的服务器、高速调制解调器和电话线路，在 TCP/IP 软件支持下把局域网与主机连接起来，局域网中所有计算机共享服务器的一个 IP 地址；第二种是通过路由器在 TCP/IP 软件支持下把局域网与因特网连接起来，局域网上的所有主机都可以有自己的 IP 地址。

8.2.4 万维网及浏览器

1. WWW 概念

WWW（World Wide Web，万维网）是 Internet 上被广泛应用的一种信息服务，它建立在 C/S 模式之上。以 HTML 语言和 HTTP 协议为基础，能够提供面向各种 Internet 服务的、统一用户界面的信息浏览系统。WWW 服务器利用超文本链路来链接信息页，这些信息页既可放置在同一主机上，也可以放置在不同地理位置的不同主机上。文本链路由统一资源定位器（URL）维持，WWW 客户端软件负责如何显示信息和向服务器发送请求。

WWW 服务的特点在于高度的集成性，它能把各种类型的信息（如文本、图像、声音动画、录像等）和服务（如 News、FTP、Telnet、Gopher、Mail 等）无缝连接，提供生动的图形用户界面（GUI）。WWW 为用户提供了查找和共享信息的手段，是进行动态多媒体交互的最佳方式。

2. WWW 的工作原理

WWW 的工作采用浏览器/服务器体系结构，主要由两部分组成：Web 服务器和客户端的浏览器。当访问因特网上的某个网站时，客户端使用浏览器向网站的 Web 服务器发出访问请求。Web 服务器接受请求后，找到存放在服务器上的网页文件，然后将文件通过因特网传送给客户端。最后浏览器将文件进行处理，把文字、图片等信息显示在屏幕上。

3. HTTP 与 HTTPS

文本传输协议（Hypertext Transfer Protocol，HTTP）是一个简单的请求-响应协议，它通常运行在 TCP 之上。它指定了客户端可能发送给服务器什么样的消息以及得到什么样的响应。请求和响应消息的头以 ASCII 形式给出；而消息内容则具有一个类似 MIME 的格式。

HTTPS（Hyper Text Transfer Protocol over Secure Socket Layer），是以安全为目标的 HTTP 通道，在 HTTP 的基础上通过传输加密和身份认证保证了传输过程的安全性。HTTPS 在 HTTP 的基础上加入 SSL，HTTPS 的安全基础是 SSL，因此加密的详细内容就需要 SSL。

HTTP 和 HTTPS 的主要区别：

（1）HTTPS 协议需要到 CA 申请证书，一般免费证书较少，因而需要一定费用。

（2）HTTP 是超文本传输协议，信息是明文传输，HTTPS 则是具有安全性的 SSL/TLS 加密传输协议。

（3）HTTP 和 HTTPS 使用的是完全不同的连接方式，用的端口也不一样，前者是 80，后者是 443。

（4）HTTP 的连接很简单，是无状态的；HTTPS 协议是由 SSL/TLS+HTTP 协议构建的可进行加密传输、身份认证的网络协议，比 HTTP 协议安全。

4. 万维网浏览器

WWW 的客户端程序被称为 WWW 浏览器，它是一种用于浏览 Internet 上主页（Web 文档）的软件，是 WWW 的窗口。WWW 浏览器为用户提供了寻找 Internet 上内容丰富、形式多样的信息资源的便捷途径，用户可以利用它浏览多姿多彩的 WWW 世界。

现在的浏览器功能非常强大，利用它可以访问 Internet 上的各类信息。更重要的是，目前的浏览器基本上都支持多媒体，可以通过浏览器来播放声音、动画与视频。

8.2.5 电子邮件

1. 电子邮件概念

电子邮件简称 E-mail（Electronic mail），它是利用计算机网络的通信功能实现信件传输的一种技术，是 Internet 上最早出现的服务之一。于 1972 年由 Ray Tomlinson 发明，与传统通信方式相比、电子邮件具有以下优点：

（1）与传统邮件相比、传递迅速，花费更少，可达到的范围广、比较可靠，并且可以实现一对多的邮件传送。

（2）可以将文字、图像、语音等多种类型的信息集成在一个邮件里传送，因此，它将成为多媒体信息传送的重要手段。

2. 电子邮件服务器

电子邮件服务器（Mail Server）是 Internet 邮件服务系统的核心，它在 Internet 上充当"邮局"角色。用户使用的电子邮箱建立在邮件服务器上，借助它提供的邮件发送、接收、转发等服务，用户的信件通过 Internet 被送到目的地。

如果我们要使用电子邮件服务，首先要拥有一个电子邮箱（Mail Box）。电子邮箱是由提供电子邮件服务的机构（一般是 ISP）为用户建立的。当用户向 ISP 申请 Internet 账号时，ISP 就会在它的邮件服务器上建立该用户的电子邮件账号，它包括用户名（User Name）与用户密码（Password）。利用拥有的用户名和密码登录电子邮箱后，就能够进行邮件处理。

3. 电子邮件地址

电子邮件与传统邮件一样，也需要一个地址。在 Internet 上，每一个使用电子邮件的用户都必须在各自的邮件服务器上建立一个邮箱，拥有一个全球唯一的电子邮件地址，也就是我们通常所说的邮箱地址。电子邮件地址采用基于 DNS 所用的分层命名的方法，其结构为：

Username@ Hostname. Domain-name　或者是：用户名@ 主机名

其中，Username 表示用户名，代表用户在邮箱中使用的账号；@ 表示 at（即中文"在"的意思）；Hostame 表示用户邮箱所在的邮件服务器的主机名；Domain-name 表示邮件服务器所在域名。

8.2.6 Internet 其他应用

1. 文件传输 FTP

文件传输协议（File Transfer Protocol，FTP）是用于在网络上进行文件传输的一套标准协议，它工作在 OSI 模型的第七层，TCP 模型的第四层，即应用层，使用 TCP 传输而不是UDP，客户在和服务器建立连接前要经过一个"三次握手"的过程，保证客户与服务器之间的连接是可靠的，而且是面向连接，为数据传输提供可靠保证。

FTP 允许用户以文件操作的方式（如文件的增、删、改、查、传送等）与另一主机相互通信。然而，用户并不真正登录到自己想要存取的计算机上而成为完全用户，可用 FTP 程序访问远程资源，实现用户往返传输文件、目录管理以及访问电子邮件等，即使双方计算机可能配有不同的操作系统和文件存储方式。

2. 远程登录 Telnet

Telnet 协议是 TCP/IP 协议族中的一员，是 Internet 远程登录服务的标准协议和主要方式。它为用户提供了在本地计算机上完成远程主机工作的能力。在终端使用者的电脑上使用 Telnet 程序，用它连接到服务器。终端使用者可以在 Telnet 程序中输入命令，这些命令会在服务器上运行，就像直接在服务器的控制台上输入一样，可以在本地就能控制服务器。要开始一个 Telnet 会话，必须输入用户名和密码来登录服务器。Telnet 是常用的远程控制 Web 服务器的方法。

3. 即时通信

即时通信（Instant Message，IM）是指能够即时发送和接收互联网消息等的业务。即时通信自 1998 年面世以来，特别是近几年的迅速发展，其功能日益丰富，逐渐集成了电子邮件、博客、音乐、电视、游戏和搜索等多种功能。即时通信不再是一个单纯的聊天工具，它已经发展成集交流、资讯、娱乐、搜索、电子商务、办公协作和企业客户服务等为一体的综合化信息平台。

微软、腾讯、AOL、Yahoo 等重要即时通信提供商都提供通过手机接入互联网即时通信的业务，用户可以通过手机与其他已经安装了相应客户端软件的手机或电脑收发消息。

4. 网络音乐

网络音乐是指音乐作品通过互联网、移动通信网等各种有线和无线方式传播的，其主要特点是形成了数字化的音乐产品制作、传播和消费模式。网络音乐中所指的"网络"，不仅包括通常所说的计算机国际互联网，而且包括电信网、移动互联网、有线电视网以及卫星通信、微波通信、光纤通信等各种以 FTP 协议为基础的能够实现互动的智能化网络的互联。

网络音乐主要由两个部分组成：一是通过电信互联网提供在电脑终端下载或者播放的互联网在线音乐，二是无线网络运营商通过无线增值服务提供在手机终端播放的无线音乐，又被称为移动音乐。

5. 搜索引擎

搜索引擎是用户进行网络信息检索的最基本工具，也是最简单、快捷的网络应用之一。下面以百度搜索引擎为例进行简单介绍。

百度是世界上规模最大的中文搜索引擎，致力于向人们提供最便捷的信息获取方式。百度拥有全球最大的中文网页库，每天处理来自一百多个国家的超过一亿人次的搜索请求。百度主页如图 8.3 所示。除了常规的信息检索查询外，百度还提供了特殊信息的查询，包括百度快照、英汉互译词典、股票、列车时刻表和飞机航班查询、计算器和度量衡转换、天气查询、货币换算等。

图 8.3　百度主页

8.3　HTML 简介

8.3.1　网站与网页基本概念

1. 网站

网站（Website）是指在因特网上根据一定的规则，使用 HTML 等技术制作的、用于展示特定内容的相关网页的集合。简单地说，网站是一种沟通工具，人们可以通过网站来发布自己想要公开的资讯，或者利用网站来提供相关的网络服务。人们可以通过网页浏览器来访问网站，获取自己需要的资讯或者享受网络服务。衡量一个网站的性能通常从网站空间大小、网站位置、网站连接速度（俗称"网速"）、网站软件配置、网站提供服务等几方面考虑，最直接的衡量标准是网站的真实流量。

（1）动态网站和静态网站。

网站通常可以分为动态网站和静态网站。Internet 最早就是以静态网页呈现在大家的面前的，那个时候网站上有许多的 .htm 或 .html 等静态页面文档，以树状目录结构储存在网页主机中，上网的过程就是以浏览器来读取这些档案。

动态网站并不是指在网页上插入了动画元素的网站，而是指网站内容的更新和维护是通过基于数据库技术的内容管理系统完成的。它将网站建设从静态页面制作延伸为对信息资源的组织和管理。运用动态网页的技术，可将精力专注在内容部分，而不用花时间去管 HTML 档案的关联性等复杂的工作，而且可以将数据库中的内容依不同的方式来呈现。

静态网页和动态网页各有特点，网站采用动态网页还是静态网页主要取决于网站的功能需求和网站内容的多少。如果网站功能比较简单，内容更新量不是很大，采用纯静态网页的方式会更简单，反之一般要采用动态网页技术来实现。

静态网页是网站建设的基础，静态网页和动态网页之间也并不矛盾，为了网站适应搜索引擎检索的需要，即使采用动态网站制作技术，也可以将网页内容转化为静态网页发布。动态网站也可以采用静动结合的原则，适合采用动态网页的地方用动态网页，在同一个网站上，动态网页内容和静态网页内容同时存在也是很常见的。

静态网页、动态网页主要根据网页制作的语言来区分：

静态网页使用语言：HTML（超文本标记语言）。

动态网页使用语言：HTML+ASP 或 HTML+PHP 或 HTML+JSP 等。

（2）网站的种类。

网站可以分为信息门户类网站、企业型网站、交易类网站、社区网站、办公及政府机构网站、互动游戏网站、有偿资讯类网站、功能性网站、综合类网站等。不同的网站类型一般针对各自的特点有独特的设计。

2. 网页

网页（Web Page）是网站中的一个页面，网页里可以有文字、图像、声音及视频信息等。网页可以看成是一个单一体，是网站的一个元素。每个网站都有一个入口，即主页，通过输入该网站的 URL 即可在浏览器上看到该页面，通过单击主页的超链接可跳转到网站的其他页面。而每一个单独的网页中，又包括网站 Logo、网站 Banner、导航栏、文本、图像、动画、表单、版权信息等基本元素。将这些元素进行合理的安排，就是网页的整体布局。

（1）网站 Logo。

Logo 的中文含义是标志，如图 8.4 所示。作为独特的传媒符号，Logo 一直是传播特殊信息的视觉文化语言。在网页设计中，Logo 常作为公司或是站点的标志出现，起着非常重要的作用，集中体现了这个网站的文化内涵和内容定位。在网站中的位置比较醒目，目的是要使其突出，容易被人识别和记忆。

图 8.4 网站 Logo 标志

（2）网站 Banner。

Banner 的中文含义是横幅、标语，通常被称为网络广告。Banner 在因特网上有很大的自由创意空间，但是仍然在一定程度上遵循媒体的要求。

通常把 88×31 尺寸的小按钮 Banner 称为 Logo，主要原因是网站间互换广告条使用的大部分是 88×31 尺寸。目前，越来越多的网站相继推出不同的巨幅网络广告，网络广告的规格尺寸成为关注的问题。

（3）导航栏。

导航栏是最早出现的网页元素之一。一个网站的导航就好像一本书的目录，先有章，后有节，然后是小节。导航栏既是网站路标，又是分类名称，十分重要。导航栏实质上是一组超链接，通过这组超链接可以浏览到整个网站的其他页面。

导航大致可以分为横排导航、竖排导航、多排导航、图片式导航、框架快捷导航、下拉菜单导航、隐藏式导航和动态 Flash 导航等。

（4）文本。

文本作为人类重要的信息载体的交流工具，是最重要的网页元素之一。与图像、动画等其他网页元素相比，文本不易在第一时间吸引浏览者的注意，但文本能够更加准确详细地表达网页信息内容和含义，是对其他网页元素的补充。

（5）图像。

图像在网页中起着非常重要的作用，适当的图像能够为网页增添生动性和活泼性，不仅能丰富网页内容，提供更多更直接的信息，还能给浏览者视觉上的美感享受。图像几乎不受计算机平台、地域和语种的限制，也使网页更多地显示出制作上的创造力。

图像在网页中的作用很多，如制作导航栏、插图、背景图像、按钮等。在一些页面中，图像占据了整个网页的绝大部分，如果布局合理、规范，就可以达到良好的视觉效果。

（6）动画。

动画因其特殊的视觉效果被广泛应用于各种网站中。动画能够形象生动地表现事物的变化发展过程。增加网页的动画效果，可使网站更加生动有趣，因此，动画已经成为现代网站中不可缺少的元素之一。

（7）表单。

超链接实现了网页之间的简单交互，而表单的出现使用户与网站之间的交互达到一个新的高度。表单是网页中的一组数据输入区域，用户通过按钮提交表单后，将输入的数据传送到服务器。网络上留言板、在线论坛、订单等都离不开表单。

（8）版权信息。

加入伯尔尼公约的国家都必须遵从该公约关于版权声明的规定，简短一段话透露出网站的专业性并提示浏览者需要注意对该网站的版权进行保护，不得侵犯。

版权声明的标准格式应该是：Copyright［dates］by［author/owner］，©通常可以代替 Copyright，但是不可以用"（c）"。而版权声明的格式各个国家又有所不同。

8.3.2 常用网页设计语言与工具

1. 常用网页设计语言

HTML、CSS 和 JavaScript 是当前主流的 3 种网页设计语言。

（1）HTML。

HTML（Hyper Text Markup Language），即超文本标记语言，该语言不仅通过标记描述网页内容，同时在文本中还包含了所谓的"超级链接"点。HTML 文档通过超链接将网站与网页以及各种网页元素链接起来，构成了丰富多彩的 Web 页面。

1993 年，HTML 首次以因特网的形式发布。随着 HTML 的发展，万维网联盟（World WideWeb Consortium，W3C）掌握了对 HTML 规范的控制权，负责 HTML 后续版本的制定工作。然而，在快速发布了 HTML 的 4 个版本后，HTML 迫切需要添加新的功能，以便制定新的规范。2004 年，一些浏览器厂商联合成立了 WHATWG 工作组。2006 年，W3C 组建了新的 HTML 工作组，它明智地采纳了 WHATWG 的意见，并于 2008 年发布了 HTML5 的工作草案。HTML5 是制作网页的基础语言，在学习其他网页制作技术之前，掌握 HTML5 的基础是非常必要的。

（2）CSS。

CSS（Cascading Style Sheet，层叠样式表）是指定 HTML 文档视觉表现的标准（即对网页进行美化、修饰，使网页更加美观、生动、吸引用户），它允许设计者精确地指定网页文档元素的字体、颜色、外边距、缩进、边框、定位、布局等。采用 CSS 技术，用户可以有效地对页面的布局、字体、颜色、背景和其他效果进行更加精确的控制。在网页维护和管理中，只对相应的代码做一些简单的修改，就可以改变同一页面的不同部分，或者不同网页的外观和格式。

1996 年 12 月，W3C 发布了第一个有关样式的标准 CSS1。它包含了 font 的相关属性、颜色与背景的相关属性、box 的相关属性等。1998 年 5 月，CSS2 被正式推出。2004 年 2 月，CSS2.1 也被正式推出。它在 CSS2 的基础上略微做了改动，删除了许多不被浏览器支持的属性。早在 2001 年，W3C 就着手开始准备开发 CSS 第 3 版规范，虽然完整的、规范权威的 CSS3 标准还没有尘埃落定，但是各主流浏览器已经开始支持大部分特性。

（3）JavaScript。

JavaScript 是 Web 页面中的一种脚本语言，通过 JavaScript 可以将静态页面转换成支持用户交互并响应事件的互动页面。

在网站建设中，HTML 用于搭建页面结构，CSS 用于设置页面样式，而 JavaScript 则用来为页面添加动态效果。

JavaScript 代码可以嵌入在 HTML 中，也可以创建 .js 外部文件。通过 JavaScript 可以实现网页中常见的下拉菜单、TAB 栏、图片轮播等动态效果。

2. 常用的网页制作工具

常见的网页制作工具包括 Adobe Dreamweaver、Photoshop、Fireworks、Swish 等。

（1）Adobe Dreamweaver。

Adobe Dreamweaver，简称 DW，是集网页制作和管理网站于一身的所见即所得网页代码编辑器。利用对 HTML、CSS、JavaScript 等内容的支持，网站设计师可以在几乎任何地方快速制作和进行网站建设。

DW 使用所见即所得的接口，有 HTML 编辑的功能，借助经过简化的智能编码引擎，轻松地创建、编码和管理动态网站。访问代码提示功能可快速了解 HTML、CSS 和其他 Web 标准。另外，DW 使用视觉辅助功能，可减少错误，提高网站开发速度。

（2）Photoshop。

Adobe Photoshop，简称 PS，用于完成网页中图像的处理。Photoshop 主要处理以像素所构成的数字图像。使用其众多的编修与绘图工具，可以有效地进行图片编辑工作。PS 有很多功能，在图像、图形、文字、视频、出版等各方面都有涉及。

（3）Fireworks。

Fireworks 是一个强大的网页图形设计工具，可以创建和编辑位图、矢量图形，还可以做出各种网页设计中常见的效果，比如翻转图像、下拉菜单等，由 Fireworks 设计的网页可以输出为 HTML 文件，还能输出为可以在 Photoshop、illustrator 和 Flash 等软件中编辑的格式。

Fireworks 提供专业网络图形设计和制作方案，同时它能与 Dreamweaver 实现网页的无缝连接，与其他图形程序各 HTML 编辑也能密切配合，为用户一体化的网络设计方案提供支持。

（4）Swish。

Swish 是一个快速、简单的 Flash 动画制作软件，主要是用来制作 Flash 文字特效的软件，使用它可以轻松制作各种效果的文字特效，最后可以输出 swf 格式的文件，并能导入 Flash 动画中加以编程。Swish2.0 不但提供了一些文字特效的制作，而且由图片、声音、按钮和矢量图支持。

8.3.3 常用 HTML 标签

一个 HTML 文档是由一系列的元素和标签组成的，元素名不区分大小写。HTML 用标签来规定元素的属性和它在文件中的位置，HTML 超文本文档分文档头和文档体两部分，在文档头里，对这个文档进行了一些必要的定义，文档体中才是要显示的各种文档信息。

下面是一个最基本的 HTML 文档的代码：

```
<HTML>------------------------------------- 开始标签
<HEAD>------------------------------------- 头部开始
<TITLE> 一个简单的 HTML 示例 </TITLE>
</HEAD>------------------------------------ 头部结束
<BODY>------------------------------------- 文件主体标签
<H1>欢迎光临我的主页</H1>-------------- 标题标签
<BR>--------------------------------------- 换行标签
<HR>--------------------------------------- 水平线标签
<FONT SIZE= 7 COLOR= red>------------ 字体标签
这是我第一次做主页
</FONT>
</BODY>------------------------------------ 文件主体结束
</HTML>------------------------------------ 结尾标签
```

<HTML>…</HTML>在文档的最外层，文档中的所有文本和 HTML 标签都包含在其中，它表示该文档是以超文本标识语言（HTML）编写的。事实上，现在常用的 Web 浏览器都可以自动识别 HTML 文档，并不要求有<HTML>标签，也不对该标签进行任何操作，但是为了使 HTML 文档能够适应不断变化的 Web 浏览器，还是应该养成不省略这对标签的良好习惯。

<HEAD>…</HEAD>是 HTML 文档的头部标签，在浏览器窗口中，头部信息是不被显示在正文中的，在此标签中可以插入其他标记，用以说明文件的标题和整个文件的一些公共

属性。若不需要头部信息则可省略此标记，良好的习惯是不省略。

<TITLE>…</TITLE>是嵌套在<HEAD>头部标签中的，标签之间的文本是文档标题，它被显示在浏览器窗口的标题栏。

<BODY>…</BODY>标记一般不省略，标签之间的文本是正文，是在浏览器要显示的页面内容。

上面的这几对标签在文档中都是唯一的，HEAD 标签和 BODY 标签是嵌套在 HTML 标签中的。

8.3.4　Web 服务

Web 服务（Web Service）是一个平台独立的、低耦合的、自包含的、基于可编程的 Web 应用程序，可使用开放的 XML（标准通用标记语言下的一个子集）标准来描述、发布、发现、协调和配置这些应用程序，用于开发分布式的交互操作的应用程序。

Web Service 技术，能使运行在不同机器上的不同应用无须借助附加的、专门的第三方软件或硬件，就可相互交换数据或集成。依据 Web Service 规范实施的应用之间，无论它们所使用的语言、平台或内部协议是什么，都可以相互交换数据。Web Service 是自描述、自包含的可用网络模块，可以执行具体的业务功能。Web Service 也很容易部署，因为它们基于一些常规的产业标准以及已有的一些技术，诸如标准通用标记语言下的子集 XML、HTTP。Web Service 减少了应用接口的花费。Web Service 为整个企业甚至多个组织之间的业务流程的集成提供了一个通用机制。

8.4　信息安全

8.4.1　信息安全的概念

信息安全是指为数据处理系统而采取的技术的和管理的安全保护，保护计算机硬件、软件、数据不因偶然的或恶意的原因而遭到破坏、更改、泄露。这既包含了层面的内容（其中计算机硬件可以看作是物理层面，软件可以看作是运行层面，以及数据层面），又包含了属性的内容（其中破坏涉及的是可用性，更改涉及的是完整性，泄露性涉及的是机密性）。

信息安全包含 5 个方面的基本要素：机密性、完整性、可用性、可控性和可审查性。

（1）机密性：确保信息不暴露给未授权的实体或进程。

（2）完整性：只有得到允许的人才能修改数据，并且能够判别出数据是否已被篡改。

（3）可用性：得到授权的实体在需要时可访问数据，即攻击者不能占用所有的资源而阻碍授权者的工作。

（4）可控性：可以控制授权范围内的信息流向和行为方式。

（5）可审查性：对出现的网络安全问题提供调查的依据和手段。

8.4.2　信息安全技术

一个完整的信息安全体系通常包括：加密技术、防火墙技术、入侵检测技术、身份认证技术、系统容灾技术、安全审计技术及配套的管理策略。以下对加密技术、防火墙技术、入侵检测技术和身份认证进行介绍。

1. 加密技术

一个加密系统一般需要包括以下四个组成部分：

（1）未加密的报文，称为明文；

（2）加密后的报文，称为密文；

（3）加密解密设备或算法；

（4）加密解密的密钥。

发送方用加密密钥，通过加密设备或算法，将信息加密后发送出去。接收方在收到密文后，用解密密钥将密文解密，恢复为明文。如果传输中有人窃取信息，他只能得到无法理解的密文，由此可知加密技术对信息起到了保密作用。显然，加密系统中最核心的是加密算法。常见的加密算法可以分为对称加密算法、非对称加密算法和 Hash 算法 3 类。

2. 防火墙技术

防火墙的本义原是指古代人们在房屋之间修建的那道墙，这道墙可以防止火灾发生时火焰蔓延到别的房屋。而防火墙技术是指隔离在内部网络与外界网络之间的一道防御系统的总称。防火墙可以隔离风险区域与安全区域的连接，同时不会妨碍人们对风险区域的访问，它可以监控进出网络的通信量，仅让安全、核准了的信息进入，同时又能抵制对内部网络构成威胁的数据。

防火墙按照其形式可以分为软件防火墙（如常见的 Windows 自带防火墙）、硬件防火墙、芯片级防火墙等。按防火墙技术分类，其又可分为传统的包过滤防火墙和应用防火墙。包过滤防火墙主要是检查网络通信中的 IP 包，而应用防火墙及下一代防火墙，则可以根据各类状态综合判断某些网络通信是否正常，它比单纯的包过滤防火墙功能更强大。

使用防火墙可以达到以下目的：一是可以限制他人进入内部网络，过滤掉不安全服务和非法用户；二是防止入侵者接近用户的防御设施；三是限定用户访问特殊站点；四是为监视 Internet 安全提供方便。由于防火墙假设了网络边界和服务，因此它更适合于相对独立的内部网络，它常部署于内部网络和外部网络接口之间，实际应用中它往往在对外部网络访问内部网络时做严格限制检查，但对于内部网络访问外部网络的限制较少，所以常常会出现防火墙"防外不防内"的现象，这方面需要通过管理手段来补充。

3. 入侵检测技术

作为对防火墙技术的补充，入侵检测系统（Intrusion Detection System，IDS）能够帮助网络系统快速发现攻击的发生，它扩展了系统管理员的安全管理能力，提高了信息安全基础结构的完整性。

入侵检测系统是一种对网络活动进行实时监测的专用系统，该系统处于防火墙之后，它还可以和防火墙及路由器配合工作，用来检查一个内部网络上所有通信，记录和禁止网络活动，还可以通过重新配置来禁止从防火墙外部进入的恶意流量。

4. 身份认证技术

身份认证技术是在计算机网络中确认操作者身份的过程而产生的有效解决方法。身份认证往往涉及三个方面：认证、授权和审计。

（1）认证：在做任何动作之前必须要有方法来识别动作执行者的真实身份，认证又称为鉴别、确认。身份认证通过标识和鉴别用户的身份，防止攻击者假冒合法用户来获取访问权限。

（2）授权：授权是在确认用户的身份之后，赋予该用户进行文件和数据等操作的权限。

（3）审计：每一个人都应该为自己的操作负责，所以在做完事情后要留下记录，以便核查。

身份认证的基本手段包括静态密码方式、短信验证方式、动态口令认证、数字签名以及生物识别技术等。

8.4.3　网络道德与法律法规

随着 Internet 的普及，信息化的程度正在迅速提高。计算机在国民经济、科学文化、国防安全和社会生活的各个领域中，得到日益广泛的应用。为保证计算机安全与计算机应用同步发展，打造网络空间命运共同体，要做好网络道德教育和法律法规教育，倡导良好网络道德，培养文明网络行为。

1. 网络道德

网络道德，是指以善恶为标准，通过社会舆论、内心信念和传统习惯来评价人们的上网行为，调节网络时空中人与人之间以及个人与社会之间关系的行为规范。违反网络道德的不文明行为时有发生，如 2019 年网民评出了"十大网络不文明行为"。网络行为和其他社会行为一样，需要一定的规范和原则。国内外一些计算机和网络组织就制定了一系列相应的规范。在这些规则和协议中，比较有影响的是美国计算机伦理学会为计算机伦理学所制定的十条戒律，也可以说是计算机行为规范。这些规范是一个计算机用户在任何网络系统中都应该遵循的最基本的行为准则。具体内容如下：

（1）不应该用计算机去伤害别人。

（2）不应该干扰别人的计算机工作。

（3）不应该窥探别人的文件。

（4）不应该用计算机进行偷窃。

（5）不应该用计算机作伪证。

（6）不应该使用或复制你没有付钱的软件。

（7）不应该未经许可而使用别人的计算机资源。

（8）不应该盗用别人的智力成果。

（9）应该考虑你所编的程序的社会后果。

（10）应该以深思熟虑和慎重的态度来使用计算机。

2. 我国在信息安全方面的法律法规

所有的社会行为都需要法律法规来规范和约束。随着 Internet 的发展，各项涉及网络信息安全的法律法规也相继出台。我国现行的信息安全法律法规主要包含以下几类：

（1）针对网络安全的法律法规。这一类法律法规主要包括《中华人民共和国网络安全法》《中华人民共和国计算机信息系统安全保护条例》《中华人民共和国计算机信息网络国际联网管理暂行规定》《计算机信息网络国际联网安全保护管理办法》《计算机软件保护条例》等。

（2）规范而具体的法律法规。这一类法律法规主要包括《电子出版物管理规定》《金融机构计算机信息系统安全保护工作暂行规定》《计算机病毒防治管理办法》《商用密码管理条例》《计算机信息系统保密管理暂行规定》《计算机信息系统安全专用产品检测和销售许可证管理办法》《计算机信息系统国际联网保密管理规定》等。

（3）惩治网络犯罪的法律法规。这一类法律法规主要包括《中华人民共和国刑法》《全国人民代表大会常务委员会关于维护互联网安全的决定》等。其中刑法也是一般性法律规定，这里将其独立出来，作为规范和惩罚网络犯罪的法律规定。

（4）其他法律法规。主要包括《中华人民共和国宪法》《中华人民共和国国家安全法》《中华人民共和国著作权法》等。这些法律法规并没有专门对网络行为进行规定，但是，它所规范和约束的对象中包括了危害信息网络安全的行为。

8.4.4　应用案例：Windows 中防火墙的设置

1. 案例描述

某企业为保障企业内部网络安全，要求员工开启办公电脑的防火墙，并设置相应的网站访问规则。

2. 任务要点

（1）开启 Windows 中的防火墙。

（2）设置应用或功能通过 Windows 防火墙。

（3）在高级设置中建立入站规则和出站规则。

3. 操作步骤

参考步骤扫描右侧二维码。

Windows 中防火墙的设置

8.5　思考与练习

1. 选择题

（1）计算机网络最主要的功能是（　　）。

A. 运算速度快　　B. 资源共享　　C. 存储容量大　　D. 运算精度高

（2）一所学校组建的计算机网络属于（　　）。

A. 城域网　　B. 局域网　　C. 内部管理网　　D. 学校公共信息网

（3）IP 地址 192.202.143.233 属于（　　）地址。

A. A 类　　B. B 类　　C. C 类　　D. D 类

（4）以下关于传统防火墙的描述，不正确的是（　　）。

A. 既可防内，也可防外

B. 常部署于内部网络和外部网络接口之间

C. 限定用户访问特殊节点

D. 需要管理手段来补充

2. 思考题

（1）网络拓扑结构分为哪几类？

（2）什么是 IP 地址，IPv4 地址是怎么分类的？

（3）简述至少三种互联网接入技术。

（4）域名的一般结构是什么？

第9章 新一代信息技术

 【教学目标】

（1）掌握云计算、大数据、物联网、人工智能、区块链等新一代信息技术的基本概念，并了解其相互关系。

（2）了解新一代信息技术在各领域的应用、对社会产生的影响及其发展趋势。

（3）了解新一代信息技术之间的关系。

《国务院关于加快培育和发展战略性新兴产业的决定》中列出了国家战略性新兴产业体系，其中就包括新一代信息技术产业。新一代信息技术不只是信息领域的一些分支技术（如集成电路、计算机、无线通信等）的纵向升级，更主要的是指信息技术的整体平台和产业的代际变迁。近年来，以物联网、云计算、大数据、人工智能、区块链为代表的新一代信息技术产业正在酝酿着新一轮的信息技术革命。

9.1 物联网

9.1.1 物联网的概念

1. 定义

物联网（Internet of Things，IoT）是信息科技产业的第三次革命。物联网是指通过信息传感设备，按照约定的协议将任何物体与网络相连接，物体通过信息传播介质进行信息交换和通信，以实现智能化识别、定位、跟踪、监管等功能。

物联网的概念，国际上普遍认为是由麻省理工学院 Auto-ID 中心的凯文·艾什顿教授在1999 年研究射频识别技术时最早提出的。2005 年，在国际电信联盟发布的同名报告中，物联网的定义和范围已经发生了变化，覆盖范围有了较大的拓展，不再只是指基于 RFID 技术的物联网。自 2009 年 8 月"感知中国"的概念被提出以来，物联网被正式列为国家五大新兴战略性产业之一。

物联网的发展与互联网是分不开的，主要包含两个层面的含义。

（1）物联网的核心和基础是互联网，它是在互联网基础上延伸和扩展的。

（2）物联网是比互联网更为庞大的网络，其网络连接延伸到了任何的物品和物品之间，这些物品可以通过各种信息传感设备与互联网连接在一起，进行更为复杂的信息交换和通信。

2. 特征

一般认为，物联网具有三大特征。

（1）全面感知。利用 RFID、传感器、二维码等随时随地获取和采集物体的信息。

（2）可靠传递。通过无线网络与互联网的融合，将物体的信息实时准确地传递给用户。

（3）智能处理。利用云计算、数据挖掘以及模糊识别等人工智能技术，对海量的数据和信息进行分析和处理，对物体实施智能化的控制。

3. 体系结构

物联网的体系结构分为三层，分别是感知层、网络层和应用层，如图 9.1 所示。

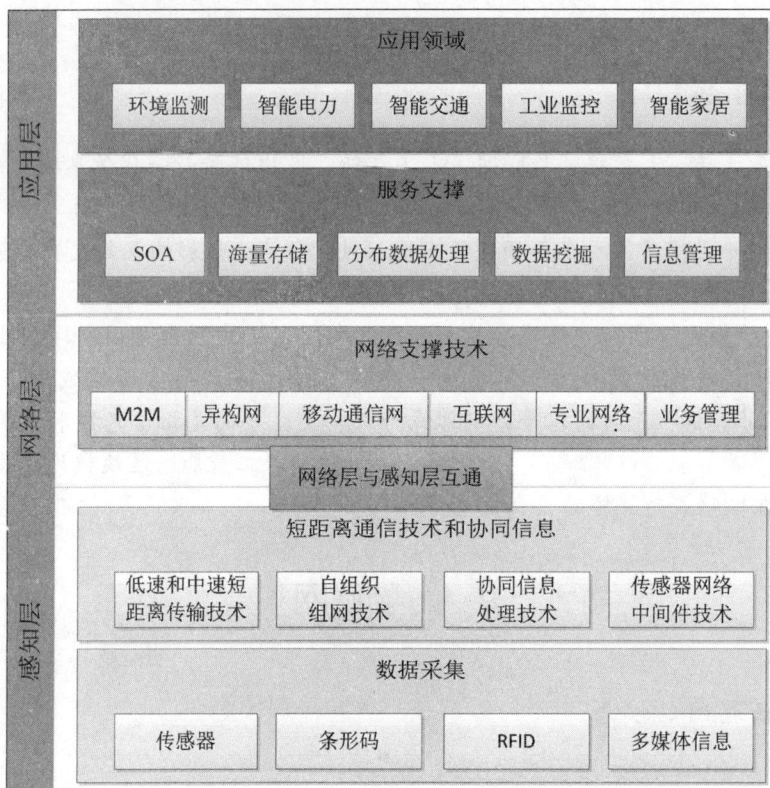

图 9.1 物联网的层次结构

感知层实现对物理世界的智能识别、信息采集处理和自动控制，并通过通信模块将物理实体连接到网络层和应用层。

网络层主要实现信息的传递、路由和控制，包括延伸网、接入网和核心网，网络层可以依托公众电信网和互联网，也可以依托行业专用通信网络。

应用层类似人类社会的"分工"，包括应用基础设施/中间件和各种物联网应用，应用基础设施/中间件为物联网应用提供信息处理、计算等通用基础服务设施、能力和资源调用接口，以此为基础实现物联网在众多领域中的应用。

9.1.2 物联网的关键技术

1. 感知层关键技术

（1）RFID 技术。

RFID 技术俗称电子标签，是一种非接触式的自动识别技术，可识别高速运动物体并可同时识别多个标签，操作快捷方便。通过射频信号自动识别对象并获取相关数据完成信息的采集工作，RFID 技术是物联网中最关键的一种技术，为物体贴上电子标签，实现了高效灵活管理，主要由标签和阅读器两部分组成，如图9.2 所示。

图 9.2 RFID 标签和读写器图

(a) 标签；(b) 读写器

（2）条形码技术。

条形码是一种信息的图形化表示方法，可以将信息制作成条形码，然后通过相关的扫描设备将其中的信息输入计算机中。条形码分为一维条形码和二维条形码，如图9.3 所示。一维条形码将宽度不等的多个黑条和空白按一定的编码规则排列，用以表达一组信息的图形标识符；二维条形码是在二维空间的水平和垂直方向存储信息的条形码。二维条形码的优点是信息容量大、译码可靠性高、纠错能力强、制作成本高、保密与防伪性能好。

图 9.3 条形码图形化表示

(a) 一维条形码；(b) 二维条形码

（3）传感器技术。

传感器是指将感知预定的被测指标按照一定规律转换成可用信号的器件和装置，通常由敏感元件和转换元件组成，能感受到被测量的信息，并能将检测到的信息按一定规律转换为电信号或其他所需形式的信息输出，以满足信息的传输、处理、存储、显示、记录和控制等要求。

在物联网中，在传感器基础上增加了协同、计算、通信功能，构成了具有感知、计算和通信能力的传感器节点。智能化是传感器的重要特点，嵌入式智能技术是实现传感器智能化的重要手段。

（4）无线传感器网络。

无线传感器网络是集分布式信息采集、信息传输和信息处理技术于一体的网络信息系统，其以低成本、微型化、低功耗、灵活的组网及铺设方式、适用于移动目标等特点受到广泛重视，是关系国民经济发展和国家安全的重要技术。

（5）电子产品代码。

电子产品代码（Electronic Produce Code，EPC）利用全球统一标识系统编码技术给每一个实体对象一个唯一的编码，构造了一个实现全球物品信息实时共享的实物互联网。

2. 网络层关键技术

（1）Zigbee。

Zigbee 技术是一种近距离、低复杂度、低功耗、低速率、低成本的双向无线通信技术。其名称来源于蜜蜂的八字舞，蜜蜂是靠飞翔和"嗡嗡"地抖动翅膀的"舞蹈"来传递花粉所在方位信息给同伴，也就是说，蜜蜂依靠这样的方式构成了群体中的通信网络。

Zigbee 网络的主要特点是功耗低、成本低、时延低、网络容量大、可靠、安全，主要适用于自动控制和远程控制领域，可以嵌入各种设备。

（2）WiFi。

WiFi 是一个无线网络通信技术的品牌，是由 WiFi 联盟持有，目的是改善基于 IEEE 802.11 标准的无线网络产品之间的互通性。

IEEE 802.11 是电气电子工程师学会最初指定的一个无线局域网标准，主要用于解决办公室局域网和校园网中用户与用户终端的无线接入，业务主要限于数据存取。WiFi 是一种可以将计算机、手持设备等终端以无线方式互相连接的技术。

（3）蓝牙。

蓝牙是一种支持设备短距离通信（一般 10 m 以内）的无线电技术，能够在移动电话、掌上电脑、无线耳机、笔记本电脑、相关外设等众多设备之间进行无线信息交换。

几种无线传输技术的对比详情如表 9.1 所示。

表 9.1　几种无线传输技术的对比详情

主要技术	主要应用	优点	缺点	节点成本
蓝牙	遥感勘测、移动电子商务、数字电子设备、工业控制等	应用较多、成本较低且方便使用	以移动电话为中心，每网最多 8 个节点	低于 32 元
无源 RFID	物流、军事、防伪等	成本低、无功耗	无处理能力，单向	0.32～3.2 元
Zigbee	家庭、楼宇自动化以及监控类应用	可靠、电源和成本优势、组网方便	缺少安全性规范和完善的应用	约 3.2 元
WiFi	Web/E-mail/Video 等相关应用	使用现有网络、高速率、组网灵活	高功耗、协议开销大、需要接入点	约 128 元
无线通信	大范围语言和数据传输应用	覆盖广、质量高	成本性价比较高	193～643 元

3. 应用层关键技术

物联网应用层关键技术主要包含云计算所涉及的关键技术，主要分为基础设施即服务、平台即服务和软件即服务。

（1）软件和算法。

软件和算法在物联网的信息处理和应用集成中发挥着重要作用，是物联网智慧的集中体现。其中关键技术主要包括面向服务的体系架构和中间件技术，重点包括各种物联网计算系统的感知信息处理、交互与优化软件及算法、物联网计算系统体系结构与软件平台研发等。

（2）信息和隐私安全技术。

信息和隐私安全技术包括安全体系架构、网络安全技术，以及"智能物体"的广泛部署给社会生活带来的安全威胁、隐私保护技术、安全管理体制和保证措施等。为实现对物联网广泛部署的"智能物体"的管理，需要进行网络功能和适用性分析，开发适合的管理协议。

（3）标识和解析技术。

标识和解析技术是赋予物理、通信和应用实体及其本身固有的一个或一组属性，并能实现正确解析的技术。物联网的标识主要包括物体标识和通信标识。物联网中的标识和解析技术涉及不同的标识体系、不同体系的互操作、全球解析或区域解析、标识管理等。

9.1.3 物联网应用

近期发布的《2018物联网行业应用研究报告》整理了物联网产业的发展，其中涉及的应用领域有物流、交通、安防、能源、医疗、建筑、制造、家居、零售和农业。下面从不同领域看一下各领域与物联网的结合情况。

1. 交通方面

物联网与交通的结合主要体现在人、车、路的紧密结合，使得交通环境得到改善，交通安全得到保障，资源利用率在一定程度上也得到提高。物联网已在智能交通、交通控制、公交管理、停车管理等方面都有了广泛应用。

2. 物流方面

在物联网、大数据和人工智能的支撑下，物流的各个环节已经可以进行系统感知、全面分析处理等功能。而在物联网领域的应用，主要是仓储、运输监测、快递终端。应用物联网技术，可以监测货物的温湿度和运输车辆的位置、状态、油耗、速度等。从运输效率来看，物流行业的智能化水平得到了提高。

3. 安防方面

人们还是挺重视安全的，所以安防的市场也非常大。传统的安防依赖人力，而智能安防可以利用设备，减少对人员的依赖。最核心的是智能安防系统，主要包括门禁、报警、监控，视频监控用得比较多，同时该系统可以传输存储图像，也可以分析处理。

4. 能源环保方面

在能源环保方面，与物联网的结合包括水能、电能、燃气以及路灯、井盖、垃圾桶这类环保装置。如：智慧井盖可以监测水位，智能水电表可以远程获取读数。将水、电、光能设备联网，可以提高利用率，减少不必要的损耗。

5. 医疗方面

利用物联网技术可以获取数据，可以完成人和物的智能化管理。而在医疗领域，体现在医疗的可穿戴设备方面，可以将数据形成电子文件，方便查询。可穿戴设备通过传感器可以监测人的心跳频率、体力消耗、血压高低。利用 RFID 技术可以监控医疗设备、医疗用品，实现医院的可视化、数字化。

6. 建筑方面

建筑与物联网的结合，体现在节能方面，与医院医疗设备的管理类似，智慧建筑对建筑设备感知，可以节约能源，同时减少运维的人员成本，如用电照明、消防监测、智慧电梯、楼宇监测等方面。

7. 零售方面

零售与物联网的结合体现在无人便利店和自动售货机。智能零售将零售领域的售货机、便利店做数字化处理，形成无人零售的模式。从而，可以节省人力成本，提高经营效率。

8. 家居方面

家居与物联网的结合，使得很多智能家居类的企业走向物物联动。而智能家居行业的发展首先是单品连接，物物联动处于中间阶段，最终阶段是平台集成。利用物联网技术，可以监测家居产品的位置、状态、变化，进行分析反馈。

9. 制造方面

制造领域涉及行业范围较广。制造与物联网的结合，主要是数字化、智能化的工厂，有机械设备监控和环境监控。环境监控是温湿度和烟感。设备厂商们能够远程升级维护设备，了解使用状况，收集其他关于产品的信息，利于以后的产品设计和售后。

10. 农业方面

农业与物联网的融合，表现在农业种植、畜牧养殖。农业种植利用传感器、摄像头、卫星来促进农作物和机械装备的数字化发展。如云里物里的 S1 温湿度传感器，能准确地感知周围环境的温度和湿度情况，可用手机 APP 随时观察。而畜牧养殖通过耳标、可穿戴设备、摄像头来收集数据，然后分析并使用算法判断畜禽的状况，精准管理畜禽的健康、喂养、位置、发情期等。

通过物联网技术获取数据，利用云技术、边缘计算、人工智能技术分析处理，可以让我们的生活更加数字化、智能化。物联网作为获取数据的入口，有很大的发展潜能。

9.2 云计算

9.2.1 云计算概述

1. 云计算的定义

云计算技术是硬件技术和网络技术发展到一定阶段而出现的一种新的技术模型。云计算是对实现云计算模型所需要的所有技术的总称。云计算包括分布式计算技术、虚拟化技术、网络技术、服务器技术、数据中心技术、云计算平台技术、存储技术等。

云计算是一个 IT 平台，也是一个全新的业务模式，对于云计算，IT 人员、企业和城市管理者都有着不同的定义。维基百科中对云计算的定义为：云计算是一种基于互联网的计算方式，通过这种方式共享的软硬件资源和信息可以按需求提供给计算机和其他设备。

从 IT 的角度，云计算就是提供基于互联网的软件服务。用户所使用的软件并不需要在自己的计算机里，而是利用互联网，通过浏览器访问任意机器上的软件，即可完成全部的工作。

2. 云计算的特点

为了理解云计算这个概念，还需要利用云计算技术的特点来判断一个技术是否是云计算，与传统的资源提供方向相比，云计算具有以下五个特点。

（1）资源池弹性可扩张。

云计算系统的一个重要特征就是对资源的集中管理和输出，这就是所谓的资源池。资源低效率的分散使用和资源高效率的集约化使用是云计算的基本特征之一。

（2）按需提供资源服务。

云计算系统给客户最重要的好处就是敏捷地适应用户对资源不断变化的需求。

（3）虚拟化。

云计算平台的重要特点是利用软件来实现硬件资源的虚拟化管理、调度及应用。

（4）网络化的资源接入。

云计算技术必须实现资源的网络化接入，才能有效地应用开发者和最终用户提供资源服务。

（5）高可靠性和安全性。

通过分布式技术，数据被复制到多个服务器节点上，形成多个副本，存储在云里的数据即使遇到意外删除或硬件崩溃的情况也不会受到影响，保证了高可靠性和安全性。

3. 云计算的分类

目前，云计算技术种类非常多。按技术路线，云计算可以分为资源整合型云计算和资源切分型云计算。

（1）资源整合型云计算：在技术实现方面大多体现为集群架构，通过将大量节点的计算资源和存储资源整合后输出，其核心技术为分布式计算和存储技术。

（2）资源切分型云计算：最为典型的就是虚拟化系统，其核心技术为虚拟化技术。用户的系统可以不做任何改变就可以接入采用虚拟化技术的云系统，是目前应用较为广泛的技术。KVM、VMware 是此类技术的代表。

按服务对象，云计算可以分为公有云、私有云和混合云。

（1）公有云：指服务对象是面向公众的云计算服务。公有云对云计算系统的稳定性、安全性和并发服务能力有更高的要求。

（2）私有云：指主要服务于某一组织内部的云计算服务，其服务并不向公众开放，如企业、政府内部的云服务。

（3）混合云：是公有云和私有云的混合。大型企业也可以选用混合云，将一些安全性和可靠性较低的应用部署在私有云上，以减轻 IT 环境的负担。

按资源封装的层次，云计算可以分为基础设施即服务（Infrastructure as a Service，IaaS）、平台即服务（Platform as a Service，PaaS）和软件即服务（Software as a Service，SaaS）。

（1）基础设施即服务（IaaS）：把计算和存储资源不经封装地直接通过网络以服务的形式提供给用户使用，这类云服务的对象往往是具有专业知识能力的资源使用者，用户的自主性较大。

（2）平台即服务（PaaS）：计算和存储资源经封装后，以某种接口和协议的形式提供给用户调用，资源的使用者不再直接地面对底层资源。这类云服务的对象往往是云计算应用软件的开发者，而平台软件的开发又要求使用者具有一定的技术能力。

（3）软件即服务（SaaS）：将计算和存储资源封装为用户可以直接使用的应用并通过网络提供给用户。软件即服务面向的对象为最终用户，用户只是对软件功能进行使用，无须了解任何云计算系统的内部结构，也不需要用户具有专业的技术开发能力。

9.2.2 云计算关键技术

1. 数据存储技术

为保证高可用、可靠和经济性，云计算系统由大量服务器组成，同时为大量用户提供服务。云计算采用分布式存储的方式来存储数据，采用冗余存储的方式来保证存储数据的可靠性，即为同一份数据存储多个副本。另外，云计算系统需要同时满足大量用户的需求，并行地为大量用户提供服务。因此，云计算的数据存储技术必须具有高吞吐率和高传输速率的特点。

2. 数据管理技术

云计算系统需要对分布的海量大数据进行处理、分析后向用户提供高效的服务。数据管理技术必须能够高效地管理大数据集，其次，如何在规模巨大的数据中找到特定的数据，也是云计算数据管理技术必须要解决的问题。

3. 软件开发技术

为了使用户能够更轻松地享受云计算带来的服务，让用户利用该编程模型编写简单的程序来实现特定的目的，云计算的编程模型必须简单。云计算大部分采用 MapReduce 的编程模型。MapReduce 模型的思想是将要执行的问题分解成 Map（映射）和 Reduce（化简）的方式，先通过 Map 程序将数据切割成不相关的区块，分配（调度）给大量计算机处理，达到分布式运算的效果，再通过 Reduce 程序将结构汇总输出。

4. 虚拟化技术

通过虚拟化技术可实现软件应用与底层硬件间的隔离，它包括将单个资源划分为多个虚拟资源的裂分模式，也包括将多个资源整合成一个虚拟资源的聚合模式。

5. 云计算平台管理技术

管理云计算服务器，保证整个系统可以提供不间断的服务是云计算目前面临的巨大挑战。云计算系统的平台管理技术能够使大量的服务器协同工作，方便地进行业务部署和开通，快速地发现和恢复系统故障，通过自动化、智能化的手段实现大规模系统的可靠运营。

9.2.3 云计算应用

云计算在中国主要行业应用还仅仅是"冰山一角"，但随着本土化云计算技术产品、解决方案的不断成熟，云计算理念的迅速推广普及，云计算必将成为未来中国重要行业领域的主流 IT 应用模式，为重点行业用户的信息化建设与 IT 运维管理工作奠定核心基础。

1. 医药医疗领域

医药企业与医疗单位一直是国内信息化水平较高的行业用户，在"新医改"政策推动下，医药企业与医疗单位将对自身信息化体系进行优化升级，以适应医改业务调整要求，在此影响下，以"云信息平台"为核心的信息化集中应用模式将孕育而生，逐步取代各系统分散为主体的应用模式，进而提高医药企业的内部信息共享能力与医疗信息公共平台的整体服务能力。

2. 制造领域

随着"后金融危机时代"的到来，制造企业的竞争将日趋激烈，企业在不断进行产品创新、管理改进的同时，也在大力开展内部供应链优化与外部供应链整合工作，进而降低运营成本、缩短产品研发生产周期，未来，制造企业的竞争将日趋激烈，企业在不断进行产品创新、管理改进的同时，也在大力开展内部供应链优化与外部供应链整合工作，进而降低运营成本、缩短产品研发生产周期，未来云计算将在制造企业供应链信息化建设方面得到广泛应用，特别是通过对各类业务系统的有机整合，形成企业云供应链信息平台，加速企业内部"研发—采购—生产—库存—销售"信息一体化进程，进而提升制造企业竞争实力。

3. 金融与能源领域

金融、能源企业一直是国内信息化建设的"领军性"行业用户，在未来 3 年里，中石化、中保、农行等行业内企业信息化建设已经进入"IT 资源整合集成"阶段，在此期间，需要利用"云计算"模式，搭建基于 IaaS 的物理集成平台，对各类服务器基础设施应用进行集成，形成能够高度复用与统一管理的 IT 资源池，对外提供统一硬件资源服务，同时在信息系统整合方面，需要建立基于 PaaS 的系统整合平台，实现各异构系统间的互联互通。因此，云计算模式将成为金融、能源等大型企业信息化整合的"关键武器"。

4. 电子政务领域

未来，云计算将助力中国各级政府机构"公共服务平台"建设，各级政府机构正在积极开展"公共服务平台"的建设，努力打造"公共服务型政府"的形象，在此期间，需要通过云计算技术来构建高效运营的技术平台，其中包括：利用虚拟化技术建立公共平台服务器集群，利用 PaaS 技术构建公共服务系统等方面，进而实现公共服务平台内部可靠、稳定的运行，提高平台不间断服务能力。

5. 教育科研领域

未来，云计算将为高校与科研单位提供实效化的研发平台。云计算应用已经在清华大学、中科院等单位得到了初步应用，并取得了很好的应用效果。在未来，云计算将在我国高校与科研领域得到广泛的应用普及，各大高校将根据自身研究领域与技术需求建立云计算平台，并对原来各下属研究所的服务器与存储资源加以有机整合，提供高效可复用的云计算平台，为科研与教学工作提供强大的计算机资源，进而大大提高研发工作效率。

9.3　大数据

9.3.1　大数据概述

1. 大数据的定义

百度前总裁张亚勤曾说过："云计算和大数据是一个硬币的两面，云计算是大数据的 IT 基础，而大数据是云计算的一个杀手级应用。"以云计算为基础的信息存储、分享和挖掘手段为知识生产提供了工具，而通过对大数据的分析、预测会使得决策更加精准。云计算不可避免地产生大量数据，而大数据技术是云计算技术的延伸。云计算与大数据互相支撑、互相成全。

大数据（Big Data）也称为巨量数据，指的是所涉及的数据量规模巨大到无法通过目前主流的软件工具，在合理时间内达到撷取、管理、处理，并整理成为帮助企业经营决策的信息。

2. 大数据的特征

大数据具有四个特征：

（1）数据体量（Volumes）大：一般大型数据集的规模在 10 TB 左右，但实际应用中，很多企业将多个数据集放在一起，形成 PB 级的数据集。

（2）数据类别（Variety）多：数据来自多种数据源，数据种类和格式日渐丰富，已冲破了以前所限定的结构化数据范畴，囊括了半结构化和非结构化数据。

（3）数据处理速度（Velocity）快：在数据量非常庞大的情况下，能够做到数据的实时处理。

（4）数据真实性（Veracity）高：随着社交数据、企业内容、交易与应用数据等新数据源的兴起，传统数据源的局限被打破，企业愈发需要有效的信息源以确保其真实性及安全性。

大数据技术的战略意义不在于掌握庞大的数据信息，而在于这些含有意义的数据进行专业化处理。换而言之，如果将大数据比作一种产业，而这种产业实现盈利额关键在于提高对数据的"加工能力"，通过"加工"实现数据的"增值"。

9.3.2 大数据处理

大数据时代处理数据理念的三大转变：要全体不要抽样，要效率不要绝对精确，要相关不要因果。大数据处理的流程可以定义为：在合适工具的辅助下，对广泛异构的数据源进行抽取和集成，结果按照一定的标准进行统一存储，并利用合适的数据分析技术对存储的数据进行分析，从中提取有益的知识并利用恰当的方式将结果展示给终端用户。

具体的大数据处理方法确实有很多，下面描述的是一个普遍适用的大数据处理流程，数据处理流程可以概括为四步，分别是采集、导入和预处理、统计和分析，最后是数据挖掘。

1. 采集

大数据的采集是指利用多个数据库来接收发自客户端（Web、APP 或者传感器形式等）的数据，并且用户可以通过这些数据库来进行简单的查询和处理工作。

在大数据的采集过程中，其主要特点和挑战是并发数高，因为同时有可能会有成千上万的用户来进行访问和操作，比如火车票售票网站和淘宝，它们并发的访问量在峰值时达到上百万，所以需要在采集端部署大量数据库才能支撑。并且如何在这些数据库之间进行负载均衡和分片的确是需要深入的思考和设计。

2. 导入/预处理

虽然采集端本身会有很多数据库，但是如果要对这些海量数据进行有效的分析，还是应该将这些来自前端的数据导入一个集中的大型分布式数据库，或者分布式存储集群，并且可以在导入基础上做一些简单的清洗和预处理工作，来满足部分业务的实时计算需求。

导入与预处理过程的特点和挑战主要是导入的数据量大，每秒钟的导入量经常会达到百兆，甚至千兆级别。

3. 统计/分析

统计与分析主要利用分布式数据库，或者分布式计算集群来对存储于其内的海量数据进行普通的分析和分类汇总等，以满足大多数常见的分析需求。

统计与分析这部分的主要特点和挑战是分析涉及的数据量大，其对系统资源，特别是

I/O 会有极大的占用。

4. 挖掘

与前面统计和分析过程不同的是，大数据挖掘一般没有什么预先设定好的主题，主要是在现有数据上面进行基于各种算法的计算，从而起到预测（Predict）的效果，从而实现一些高级别数据分析的需求。比较典型的算法有用于聚类的 Kmeans、用于统计学习的 SVM 和用于分类的 NaiveBayes，主要使用的工具有 Hadoop 的 Mahout 等。该过程的特点和挑战主要是用于挖掘的算法很复杂，并且计算涉及的数据量和计算量都很大，常用数据挖掘算法都以单线程为主。

整个大数据处理的普遍流程至少应该满足这四个方面的步骤，才能算得上是一个比较完整的大数据处理。

9.3.3 大数据应用

1. 医疗行业

在加拿大多伦多的一家医院，针对早产婴儿，每秒钟有超过 3 000 次的数据读取。通过这些数据分析，医院能够提前知道哪些早产儿出现问题并且有针对性地采取措施，避免早产婴儿夭折。

大数据配合乔布斯癌症治疗。乔布斯是世界上第一个对自身所有 DNA 和肿瘤 DNA 进行排序的人。为此，他支付了高达几十万美元的费用。他得到的不是样本，而是包括整个基因的数据文档。医生按照所有基因按需下药，最终这种方式帮助乔布斯延长了好几年的生命。

2. 能源行业

（1）智能电表。

智能电网现在欧洲已经做到了终端，也就是所谓的智能电表。在德国，为了鼓励利用太阳能，会在家庭安装太阳能，除了卖电给你，当你的太阳能有多余电的时候还可以买回来。通过电网收集每隔五分钟或十分钟收集一次数据，收集来的这些数据可以用来预测客户的用电习惯等，从而推断出在未来 2~3 个月时间里，整个电网大概需要多少电。有了这个预测后，就可以向发电或者供电企业购买一定数量的电。因为电有点像期货一样，如果提前买就会比较便宜，买现货就比较贵。通过这个预测后，可以降低采购成本。

（2）丹麦的维斯塔斯风能系统。

丹麦的维斯塔斯风能系统运用大数据，系统依靠的是 BigInsights 软件和 IBM 超级计算机，分析出应该在哪里设置涡轮发电机，事实上这是风能领域的重大挑战。在一个风电场 20 多年的运营过程中，准确的定位能帮助工厂实现能源产出的最大化。为了锁定最理想的位置，Vestas 分析了来自各方面的信息：风力和天气数据、湍流度、地形图、公司遍及全球的 2.5 万多个受控涡轮机组发回的传感器数据。这样一套信息处理体系赋予了公司独特的竞争优势，帮助其客户实现投资回报的最大化。

3. 通信行业

法国电信 Orange 集团旗下的波兰电信公司 Telekomunikacja Polska 是波兰最大的语音和宽带固网供应商，希望通过有效的途径来准确预测并解决客户流失问题。他们决定进行客户细分，方法是构建一张"社交图谱"分析客户数百万个电话的数据记录，特别关注"谁给谁打了电话"以及"打电话的频率"两个方面。"社交图谱"把公司用户分成几大类，如：

"联网型""桥梁型""领导型"以及"跟随型"。这样的关系数据有助于电信服务供应商深入洞悉一系列问题，如：哪些人会对可能"弃用"公司服务的客户产生较大的影响？挽留最有价值客户的难度有多大？运用这一方法，公司客户流失预测模型的准确率提升了47%。

4. 零售业

北美零售商百思买在北美的销售活动非常活跃，产品总数达到3万多种，产品的价格也随地区和市场条件而异。由于产品种类繁多，成本变化比较频繁，一年之中，变化可达四次之多。结果，每年的调价次数高达12万次。最让高管头疼的是定价促销策略。公司组成了一个11人的团队，希望透过分析消费者的购买记录和相关信息，提高定价的准确度和响应速度。

定价团队的分析围绕着三个关键维度：

（1）数量：团队需要分析海量信息。他们收集了上千万消费者的购买记录，从客户不同维度分析，了解客户对每种产品种类的最高接受能力，从而为产品定出最佳价位。

（2）多样性：团队除了分析购买记录这种结构化的数据外，他们也利用社交媒体发帖这种新型的非结构化数据。由于消费者需要在零售商专页上点赞或留言以获得优惠券，团队利用情感分析公式来分析专页上消费者的情绪，从而判断他们对于公司的促销活动是否满意，并微调促销策略。

（3）速度：为了实现价值最大化，团队对数据进行实时或近似实时的处理。他们成功地根据一个消费者既往的麦片购买记录，为身处超市麦片专柜的他/她即时发送优惠券，为客户带来便利性和惊喜。

透过这一系列的活动，团队提高了定价的准确度和响应速度，为零售商新增销售额和利润数千万美元。

大数据在其他领域和行业都有了普遍应用。总的来说，大数据的终极目标并不仅仅是改变竞争环境，而是彻底扭转整个竞争环境，带来新机遇，企业需要应势而变。企业只有认识到这一点，使用合适的数据分析产品、聪明地使用和管理数据，才能在长期竞争中成为终极赢家。

9.4 人工智能

9.4.1 人工智能概述

人工智能（Artificial Intelligent，AI）的概念是1956年在达特茅斯会议上正式提出的。经过60多年的发展，人工智能已经形成了一个由基础层、技术层与应用层构成的、蓬勃发展的产业生态链，并应用于人类生产与生活的各个领域，深刻而广泛地改变着人类的生产与生活方式。

至今，还没有一种被大家一致认可的精确的人工智能定义。但常见的有两种定义。一种是尼尔斯·尼尔逊教授对人工智能的定义："人工智能是关于知识的学科——怎样表示知识、怎样获得知识并使用知识的学科。"而美国麻省理工学院的帕特里克·温斯顿教授则认为："人工智能就是研究如何使机器去做过去只有人才能做的智能工作。"归纳而言，人工智能是研究如何通过计算机的软硬件来模拟人类某些智能行为的基本理论、方法和技术。

目前人工智能主要有三大学派，即符号主义、连接主义和行为主义。

（1）符号主义是一种基于逻辑推理的智能模拟方法，又称为逻辑主义、心理学派或计算机学派。符号主义认为人工智能源于数学逻辑，其原理主要涉及物理符号系统假设和有限合理性原理。长期以来，符号主义一直在人工智能中处于主导地位。

（2）连接主义又称为仿生学派或生理学派，是一种基于神经网络及网络间的连接机制与学习算法的智能模拟方法。这一学派认为人工智能源于仿生学，特别是人脑模型的研究，其原理主要涉及神经网络和神经网络间的连接机制及学习算法。其中，人工神经网络就是其典型的技术应用。

（3）行为主义又称为进化主义或控制论学派，是一种基于"感知—行动"的行为智能模拟方法。诺伯特·维纳和麦洛克等人提出的控制论和自组织系统以及钱学森等人提出的工程控制论和生物控制论影响了许多领域。到20世纪六七十年代，控制论系统的研究取得了一定的进展，并在20世纪80年代诞生了智能控制和智能机器人系统。

单一学派不足以实现人工智能，很多时候会综合各学派的技术，如在围棋上战胜人类顶尖棋手的AlphaGo就综合运用了3种学习算法——强化学习、蒙特卡洛树搜索和深度学习，这3种算法属于三个人工智能学派。无人驾驶技术同样是突破了人工智能三大学派限制的综合技术，学派进行融合已是大势所趋，特别是在大数据和云计算的帮助下，新一代人工智能将带来社会的第四次技术革命。

9.4.2 人工智能研究领域

随着人工智能理论研究的发展和成熟，人工智能的应用领域更为宽广，应用效果更为显著。从应用的角度看，人工智能的研究主要集中在以下几个方面。

1. 专家系统

专家系统是一个具有大量专门知识与经验的程序系统。它应用人工智能技术，根据某个领域一个或多个人类专家提供的知识和经验进行推理和判断，模拟人类专家的决策过程，以解决那些需要专家决定的复杂问题。

目前在许多领域，专家系统已取得显著效果。专家系统与传统计算机程序的本质区别在于，专家系统所要解决的问题一般没有算法解，并且经常要在不完全、不精确或不确定的信息基础上做出结论。

2. 自然语言理解

自然语言理解是研究实现人类与计算机系统之间用自然语言进行有效通信的各种理论和方法。由于目前计算机系统与人类之间的交互还只能使用严格限制的各种非自然语言，因此解决计算机系统能够理解自然语言的问题，一直是人工智能研究领域的重要研究课题之一。

虽然在理解有限范围的自然语言对话和理解用自然语言表达的小段文章或故事方面的程序系统已有一定的进展，但要实现功能较强的理解系统仍十分困难。从目前的理论和技术现状看，它主要应用于机器翻译、自动文摘、全文检索等方面，而通用的和高质量的自然语言处理系统，仍然是较长期的努力目标。

3. 机器学习

机器学习是人工智能的一个核心研究领域，它是计算机具有智能的根本途径。学习是人类智能的主要标志和获取知识的基本手段。Simon 认为："如果一个系统能够通过执行某种过程而改进它的性能，这就是学习。"机器学习研究的主要目标是让机器自身具有获取知识的能力，使机器能够总结经验、修正错误、发现规律、改进性能，对环境具有更强的适应能力。

目前，机器学习的研究还处于初级阶段，但是一个必须大力开展研究的阶段。只有机器学习的研究取得进展，人工智能和知识工程才会取得重大突破。

4. 计算机视觉

视觉是各个应用领域，如制造业、检验、文档分析、医疗诊断和军事等领域中各种智能系统中不可分割的一部分。计算机视觉涉及计算机科学与工程、信号处理、物理学、应用数学和统计学、神经生理学和认知科学等多个领域的知识，已成为一门不同于人工智能、图像处理和模式识别等相关领域的成熟学科。计算机视觉研究的最终目标是，使计算机能够像人那样通过视觉观察和理解世界，具有自主适应环境的能力。

5. 智能控制

智能控制是把人工智能技术引入控制领域，建立智能控制系统。1965 年，美籍华人科学家傅京孙首先提出把人工智能的启发式推理规则用于学习控制系统。十多年后，建立实用智能控制系统的技术逐渐成熟。1971 年，傅京孙提出把人工智能与自动控制结合起来的思想。1977 年，美国人萨里迪斯（G. N. Saridis）提出把人工智能、控制论和运筹学结合起来的思想。1986 年，我国的蔡自兴教授提出把人工智能、控制论、信息论和运筹学结合起来的思想。根据这些思想已经研究出一些智能控制的理论和技术可以构造用于不同领域的智能控制系统。

6. 智能规划

智能规划是人工智能研究领域近年来发展起来的一个热门分支。智能规划的主要思想是：对周围环境进行认识与分析，根据自己要实现的目标，对若干可供选择的动作及所提供的资源限制施行推理，综合制定出实现目标的规划。智能规划研究的主要目的是建立起高效实用的智能规划系统。该系统的主要功能可以描述为：给定问题的状态描述、对状态描述进行变换的一组操作、初始状态和目标状态。

9.5 区块链

9.5.1 区块链概述

1. 定义

区块链是一个信息技术领域的术语，从科技层面来看，区块链涉及数学、密码学、互联网和计算机编程等多种学科。2008 年中本聪首次提出了区块链的概念。从本质上来讲，区块链是一个共享数据库，从应用视角来看，区块链是一个分布式的共享账本，具有去中心化、不可篡改、全程留痕、可以追溯、集体维护、公开透明等特点。基于这些特征，区块链技术奠定了坚实的"信任"基础,创造了可靠的"合作"机制,具有广阔的运用前景。

列举一个网络上流行的记账的案例,假设有A、B、C、D、E五个对象,每个对象都有路径可到达其余四个对象,网状结构如图9.4所示。

每次发生记账事件,都由A到D中任意节点记录下来,假设其中一次记账由A记录下来,然后A用非对称加密技术将记录内容进行加密,然后将加密内容同时分发到B、C、D、E节点,然后B、C、D、E将加密内容解密,将内容分贝记录在自己的账本中。在这次记账事件的发生中有几个问题:

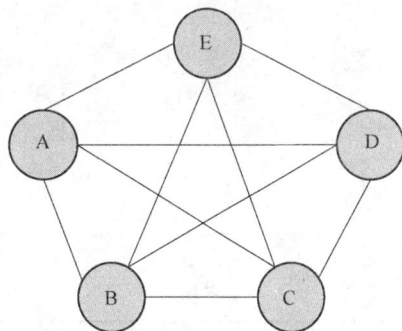

图9.4 网状结构图

（1）B到D是如何保证A分发给他们的内容是一致的？

（2）假如B到D的节点有人合谋更改记账系统,怎么办？

针对以上问题,区块链是有解决的,针对第一个问题时可以这样描述,A可以分发给B到D的内容都可以不一致,面对这种情况,区块链是用共识机制来保证一致性的,至于共识机制是什么,这里不做过多描述。针对第二个问题,区块链是少数服从多数,超过一半以上的节点叛变,我们无法解决这个问题,所以区块链越大越安全,因为链越大要达到一半以上节点叛变的难度将大大增加。

2. 特点

区块链的特点是去中心化+不可篡改+可追溯。每谈区块链时,都要讲到它的去中心化特点,这只是狭义上的去中心化,广义上它并没有去中心化的特点。我们先谈下区块链的私有链、联盟链和公有链,众所周知,公有链的价值最高,其次是联盟链,最后才是私有链。这个价值可以按照去中心化的程度来衡量,如表9.2所示。

表9.2 私有链、联盟链和公有链对比

特性	公有链	联盟链	私有链
定义	公有链上所有人都可以读取、发送交易且能获得有效确认的共识区块链,通过密码学技术和POW、POS等共识机制来维护整个链的安全	联盟链是指有若干个机构共同参与管理的区块链,每个机构都运行着一个或多个节点,其中数据只允许系统内不同的机构进行读写和发送交易,并且共同来记录交易数据	私有链是指其写入权限仅在一个组织手里的区块链,读取权限或者对外开放,或者被任意程度地进行了限制
参与者	任何人	预先设定或满足条件的后进成员	中心控制着决定参与成员
中心化程度	去中心化	多中心化	中心化
是否需要激励	需要	可选	不需要

特性	公有链	联盟链	私有链
特点	（1）保护用户免受开发者的影响； （2）所有数据默认公开； （3）低交易速度	（1）低成本运行和维护； （2）高交易速度及良好的扩展性； （3）可更好地保护隐私	（1）交易速度非常快； （2）给隐私更好地保护； （3）交易成本大度降低甚至为零
代表	比特币、以太坊、NEO、量子链	RIPPLE、R3	企业中心化系统上链

从表9.2，我们可以看出私有链其实还是中心化的，联盟链是多中心化的，而公有链才是去中心化的。所以说，区块链只有是公有链时，才具备去中心化的特点。

不可篡改和可追溯的特点无论是公有链，还是联盟链，甚至是私有链，都完全具备该特点，里面的实现机制不做详细讨论。

9.5.2 区块链的应用

1. 悲剧的赠票事件

在新世界区块链峰会中有提到一位英国某电视台主持人得到电视台赠送的多张世界杯足球票，其中一些票经过多次易手到某广告商手上，而此广告商在世界杯开场做出了影响社会的广告，结果发现此广告商所获得的票是该主持人的赠票，所以电视台将责任追溯到该主持人身上，解雇了该主持人。赠票的过程可表达如图9.5所示。

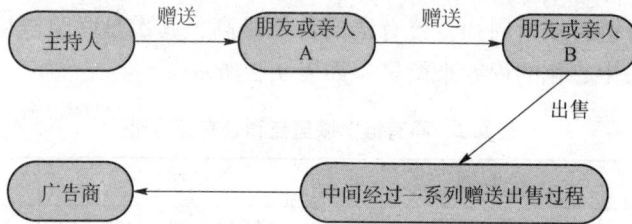

图 9.5 赠票的过程示意图

足球票无法记录这复杂的赠送和出售的过程，但是根据足球票的串号，我们可以知道是主持人的赠票，票的记录过程是主持人的赠票，广告商使用，结果最终责任只能追溯到主持人身上，而不能追溯到广告商实际出票的上一级责任人。如果区块链技术早点出现，那么可以挽救该主持人的职业生涯了。那么区块链会如何挽救该主持人的职业生涯呢？上面我们谈到区块链的特点，其中有不可篡改和可追溯的特点。因为区块链的不可篡改的特点，足球票的赠送和出售过程都是真实记录的，然后加上可追溯的特点，我们可以追溯到广告商上一级实际持有票的人，即最终该事件的责任人。就是这样区块链挽救了该主持人的职业生涯。

2. 中国的食品安全问题

是不是谈到以上区块链的不可篡改和可追溯特点挽救了主持人职业生涯时，我们再谈中国食品安全问题时，我们欣喜万分。因为区块链技术如果真的能够应用到食品上，我们国家一直诟病的食品安全问题可以大大改善。我们想象一下，从一颗种子下土到放在货架上这一过程都被完整地记录。因为不可篡改的特点，每个人和自己的责任绑定了，因为可追溯的特点，能够追溯到责任，然后就能追溯到实际责任人。那么心怀鬼胎的公职人员或者丧心病狂的不法分子对卑劣的手段要敬而远之了。

3. 跨国转账

现在跨国转账或者是普通的转账都要借助第三方中心化的银行，我们知道通过第三方银行转账，条件和规约是非常多的，极大地浪费人工成本和时间成本。

比如 A 公司 boss 因为业务合同关系要转账到 B 公司，第一次他去转账被告知自己转账的卡账户是自己而非公司账户，不能转；第二次去转账被告知今天是周末，银行业务不会对公展开；第三次去转账，由于对方银行的开户行选择错误导致转账失败，且金额只会在 2 小时之后退回；等等。如果是跨国转行的业务借助第三方中心化银行，我们可以想象这其中更为复杂的条件和规约。

区块链技术应用的诞生，我们不需要借助第三方中心化银行，就可以点对点地进行转账，以上我们遇到的问题是不是根本就不会存在，极大地节约了我们的时间成本和人工成本。

9.6　思考与练习

1. 新一代信息技术包含哪些技术？
2. 物联网的体系架构有哪三层？具体分别实现什么功能？
3. 简要说明云计算的基本特征。
4. 简述大数据处理的步骤。
5. 人工智能技术在生活中有哪些应用？

参 考 文 献

[1] 石慧升，王思义. MS Office 2016 高级应用 [M]. 北京：北京邮电大学出版社，2020.

[2] 王磊，崔维响，步英雷. 计算机文化基础 [M]. 北京：清华大学出版社，2019.

[3] 刘明生. 大学计算机基础 [M]. 北京：清华大学出版社，2019.

[4] 黄春风，赵盼盼. WPS Office 办公软件应用标准教程（实战微课版）[M]. 北京：清华大学出版社，2021.

[5] 郭长庚，刘树聘. 计算机应用基础（Windows 10+Office 2016）[M]. 北京：北京邮电大学出版社，2021.

[6] 徐丽. 计算机应用基础项目化教程 [M]. 北京：北京邮电大学出版社，2020.

[7] 李小航. 办公应用与计算思维案例教程 [M]. 北京：人民邮电出版社，2018.

[8] 贾铁军. 数据库原理及应用 [M]. 北京：机械工业出版社，2020.

[9] 卢晓丽. 计算机网络基础与实践 [M]. 北京：北京理工大学出版社，2019.

[10] 杨竹青. 新一代信息技术导论（微课版）[M]. 北京：人民邮电出版社，2020.